职业教育校企合作“互联网+”新形态教材

气动与液压技术及实训

第 2 版

主　编　崔金华

副主编　徐　芳　曲珊珊

参　编　李海霞　李华宇　张爱英

王明清　高士静　顾赛男

机 械 工 业 出 版 社

本书是根据《中等职业学校机电技术应用专业教学标准》，参照有关行业的职业技能鉴定规范及全国职业院校“液压与气动系统装调与维护”技能大赛规程编写而成的。

本书采用项目引领、任务驱动的编写模式，引入企业案例教学，力求深入浅出、简明扼要、通俗易懂、图文并茂。本书共分五个项目，主要内容包括认识气压与液压传动、认识气源装置与气动执行元件、气动基本回路的组装与调试、认识液压泵与液压执行元件、液压基本回路的组装与调试。为便于学生“学中做、做中学”，本书配有实训工作页。

本书可作为中等职业学校自动化类、机械设计制造类、机电设备类等专业的教材，也可作为工程技术人员和工人的岗位培训教材。

为方便教学，本书配套PPT课件、电子教案、习题答案及动画视频（以二维码形式呈现在书中），凡选择本书作为授课教材的教师可登录www.cmpedu.com注册后免费下载。

图书在版编目（CIP）数据

气动与液压技术及实训/崔金华主编. —2版. —北京：机械工业出版社，2024.1（2025.9重印）

职业教育校企合作“互联网+”新形态教材

ISBN 978-7-111-74839-7

Ⅰ.①气… Ⅱ.①崔… Ⅲ.①气压传动-中等专业学校-教材②液压传动-中等专业学校-教材 Ⅳ.①TH138②TH137

中国国家版本馆CIP数据核字（2024）第032343号

机械工业出版社（北京市百万庄大街22号 邮政编码100037）

策划编辑：赵红梅 责任编辑：赵红梅 章承林

责任校对：孙明慧 陈 越 封面设计：马精明

责任印制：刘 媛

三河市国英印务有限公司印刷

2025年9月第2版第6次印刷

184mm×260mm · 16.25印张 · 357千字

标准书号：ISBN 978-7-111-74839-7

定价：49.00元

电话服务 网络服务

客服电话：010-88361066 机 工 官 网：www.cmpbook.com

010-88379833 机 工 官 博：weibo.com/cmp1952

010-68326294 金 书 网：www.golden-book.com

封底无防伪标均为盗版 机工教育服务网：www.cmpedu.com

前　言

本书是根据《中等职业学校机电技术应用专业教学标准》，参照有关行业的职业技能鉴定规范及全国职业院校技能大赛相关规程编写而成的。在国际制造业面临转型升级，国内经济发展进入新常态的背景下，本书坚持落实立德树人根本任务，在教学思路中体现“以能力培养为核心，采用任务驱动方式推进理实一体化教学”的教学思路，力求体现“学中做、做中学”。

本书言简意赅、图文并茂、实例丰富，精选的图例由易到难，操作步骤介绍清晰，便于学生自主学习。本书编写过程中力求体现以下特色：

1. 注重立德树人，引入课程思政，在每个项目中加入素养目标和匠心筑梦内容。

2. 执行现行国家标准 GB/T 786.1—2021 和 GB/T 786.2—2018，采用了最新气动与液压元件图形符号和有关名词术语。

3. 改变了传统教材单纯研究气动与液压回路的不足，引入了继电控制和 PLC 控制技术，将气动与液压和电气控制及 PLC 控制相结合，为学生实训打下良好基础。

4. 每个教学任务包括任务内容、任务分析、任务实施、知识链接、任务评价、课后思考，并配有实训项目，引入企业真实案例，将实训内容与生产实际相结合，以体现工学结合要求。

5. 教材中引入 FESTO FluidSIM 3.6 仿真软件，为教学中气压和液压仿真奠定基础。

6. 突出中职基础地位，在满足职教高考的专业教学需求的同时，注意与高职及本科层次相关课程的对接与区分。

7. 书中配有相关二维码方式呈现的原理视频，符合互联网时代学生获取信息的特点，便于学生进行反复学习。

本书建议学时数为 72 学时，各单元学时的分配见下表：

项目	理论学时	实训学时	项目	理论学时	实训学时
项目一	8	2	项目四	8	2
项目二	4	3	项目五	13	5
项目三	19	8	合计	52	20

本书由崔金华任主编，徐芳、曲珊珊任副主编，参与编写人员还有李海霞、李华宇、张爱英、王明清、高士静和顾赛男。编写人员的具体分工如下：淄博工业学校崔金华编写项目一、李海霞编写项目二、李华宇编写项目三、张爱英编写项目四、王明清和高士静编写项目五，淄博职业教育研究院徐芳编写实训项目一、二，四川博斯威尔药业有限责任公司顾赛男编写实训项目三、四，济南理工中等职业学校曲珊珊编写实训项目五。全书由崔金华统稿。

由于编者水平有限，书中不妥之处在所难免，恳请读者批评指正。

编　者

二维码索引

页码	名　　称	二维码	页码	名　　称	二维码
3	液压千斤顶的工作原理		28	液压冲击	
4	磨床工作台的工作原理		34	空气压缩机的原理	
7	气动剪切机的工作原理		35	直动式减压阀	
13	线隙式过滤器的工作原理		36	油雾器的原理	
17	后冷却器工作原理		40	串联式气液阻尼缸的原理	
18	排水过滤器		41	单作用薄膜式气缸	
20	吸附式干燥器的工作原理		42	叶片式马达工作原理	
21	油水分离器		48	梭阀的原理	
26	帕斯卡原理		49	双压阀	

（续）

页码	名　称	二维码
49	快速排气阀	
50	二位三通电磁换向阀	
52	截止式气控换向阀原理	
53	推拉式手动阀原理	
54	气动延时换向阀原理	
54	单作用气缸换向回路	
55	双作用气缸换向回路原理	
58	消声器	
61	单向顺序阀原理	
61	气动溢流阀的工作原理	
62	压力开关的工作原理	
63	一次压力控制回路原理	
63	二次压力控制回路原理	
64	高低压转换回路的原理	
64	过载保护回路的工作原理	
67	压模机的速度控制回路原理	
68	气动节流阀的原理	
68	排气节流阀的原理	
69	单作用气缸双向调速回路原理	
70	排气节流调速回路原理	
73	缓冲回路原理	
75	连续往复动作回路的原理	

（续）

页码	名　　称	二维码	页码	名　　称	二维码
81	行程阀控制的单往复顺序动作回路		105	斜盘式轴向柱塞泵原理	
87	单作用延时回路原理		115	单活塞杆缸三种连接分析	
89	双手操作回路的原理		118	柱塞式液压缸工作原理	
92	公共汽车车门气压传动系统		118	伸缩式液压缸原理	
93	工件夹紧气压传动系统原理		119	摆动式液压缸的原理	
99	单柱塞液压泵的工作原理		121	液压缸的缓冲原理	
101	外啮合齿轮泵的原理		123	齿轮式液压马达的原理	
102	内啮合齿轮泵的原理		123	叶片式液压马达的原理	
103	双作用叶片泵原理		124	柱塞式液压马达工作原理	
104	单作用式叶片泵原理		130	单向阀的工作原理	
104	限压式变量叶片泵的原理		131	液控单向阀原理	

（续）

页码	名　　称	二维码	页码	名　　称	二维码
131	滑阀式换向阀的工作原理		156	单向顺序阀控制的平衡回路	
135	三位四通换向阀的工作原理		156	液控单向顺序阀控制的平衡回路	
136	电液换向阀原理		162	节流阀的工作原理	
137	手动换向阀的工作原理		163	调速阀的工作原理	
139	锁紧回路		165	进油节流调速回路原理	
143	溢流阀的工作原理		165	回油节流调速回路原理	
144	先导式溢流阀的原理		166	旁路节流调速回路原理	
147	先导式减压阀的原理		167	变量泵-定量马达容积调速回路原理	
149	直动式顺序阀原理		168	容积节流调速回路原理	
152	二级调压回路原理		169	差动连接增速回路原理	
154	换向阀卸荷回路原理		170	行程阀的快速-慢速切换回路	

（续）

页码	名　称	二维码	页码	名　称	二维码
171	调速阀串联的速度切换回路原理		177	行程开关控制的顺序动作回路	
175	顺序阀控制的顺序动作回路		180	YT4543 液压滑台工作原理	
177	行程阀控制的顺序动作回路				

目 录

项目一　认识气压与液压传动

项目概述

液压与气压传动是以流体（液压油或压缩空气）为工作介质进行能量传递和控制的一种传动形式。利用多种元件组成不同功能的基本回路，再由若干个基本回路有机地组合成能完成一定控制功能的传动系统来进行能量的传递、转换和控制，以满足机电设备对各种运动和动力的要求。

随着机电一体化技术的快速发展，气动和液压传动控制技术已成为发展速度最快的技术之一，它与电气控制技术、PLC 技术相结合，是实现工业自动化的一种重要手段，具有广阔的发展前景。

本项目将带领同学们学习：气动和液压传动的基本组成和工作原理、基本介质和基本概念，并会应用仿真软件对气动和液压的基本回路进行原理分析。图 1-0-1 所示为项目一思维导图。

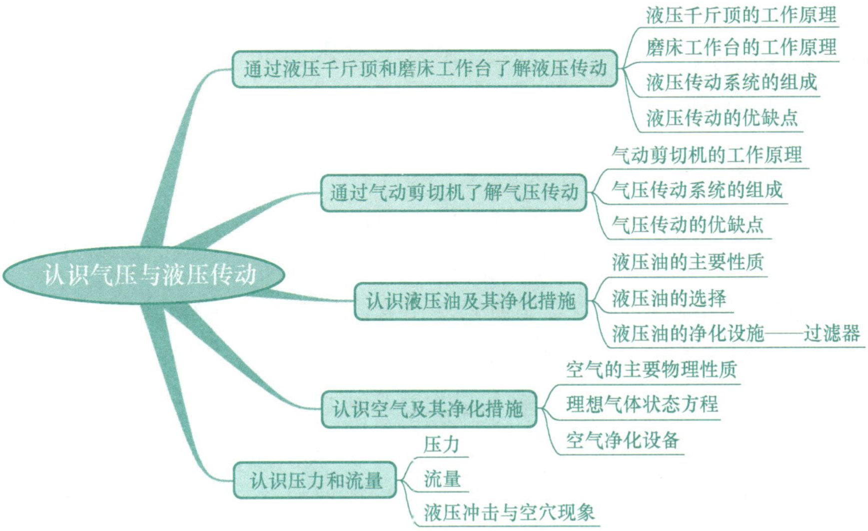

图 1-0-1　项目一思维导图

项目目标

知识目标

1. 掌握气压与液压传动的工作原理及基本组成。
2. 了解气压与液压传动的工作介质的特点。
3. 理解压力和流量等基本概念。
4. 熟悉 FESTO FluidSIM 3.6 仿真软件的基本使用。

技能目标

1. 掌握 FESTO FluidSIM-H 3.6 液压仿真软件的基本使用。
2. 掌握 FESTO FluidSIM-P 3.6 气压仿真软件的基本使用。

素养目标

1. 培养学生的职业兴趣。
2. 培养学生严格遵守职业规范、行业标准的自觉意识。

任务一 通过液压千斤顶和磨床工作台了解液压传动

【任务内容】

请你观察图 1-1-1 所示的液压千斤顶，分析：要顶起重物，应如何操作杠杆机构？液压千斤顶是如何工作的？

图 1-1-1 液压千斤顶

【任务分析】

要认识液压系统，必须从具体实例入手分析液压系统的工作过程。本任务将通过分析液压千斤顶的工作过程，了解液压系统如何进行能量转换，如何实现执行装置的动作要求。

液压千斤顶的工作原理如图 1-1-2 所示，由大缸体和大活塞组成举升液压缸，由杠杆手柄、小缸体、小活塞、单向阀组成手动液压泵。如提起杠杆手柄使小活塞向上移动，小活塞下端油腔容积增大，形成局部真空；此时，油箱中的油液会在大气压力的作用下，经吸油管顶开单向阀 1 进入泵下腔内；用力压下杠杆手柄，小活塞下移，小活塞下腔压力升高，单向阀 1 关闭，下腔内的油液经管道顶开单向阀 2 进入举升液压缸的下腔，迫使大活塞向上移动，顶起重物。再次提起杠杆手柄吸油时，举升液压缸下腔的压力油将力图倒流入手动液压泵内，但此时单向阀 2 自动关闭，使油液不能倒流，从而保证了重物不会自行下落。反复上下扳动杠杆手柄，则液压油会不断地补充进入到大缸体内，重物就会慢慢升起。手动液压泵停止工作，大活塞停止运动。打开放油阀，举升液压缸下腔的油液在重力的作用下流过管道、放油阀流回油箱，重物随大活塞一起向下移动并落回原位。

由此可知：液压千斤顶中通过杠杆手柄摇动的频率来改变重物的运动速度，即通过改变手动液压泵单位时间的供油量来调节提升速度。

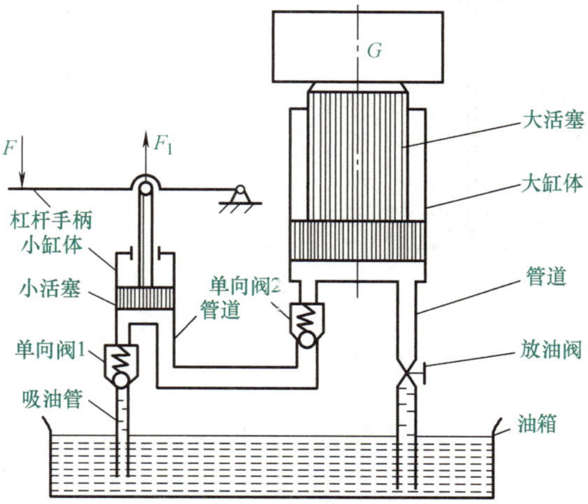

图 1-1-2　液压千斤顶的工作原理

液压千斤顶的工作原理

【任务实施】

1. 教师示范液压千斤顶的工作过程。
2. 学生分析液压千斤顶的上升过程。
3. 学生分析液压千斤顶的复位过程。
4. 探究提升力和提升速度与哪些因素有关。
5. 归纳液压千斤顶的构成，理解液压系统的工作原理。

【知识链接】

一、磨床工作台的工作原理

图 1-1-3 所示为一台简化了的磨床工作台液压系统的工作原理。电动机带动液压泵从油箱吸油，并将压力油送入管路。从液压泵输出的压力油就是推动工作台往复运动的能量来源。

当换向阀处于图 1-1-3a 所示位置时，压力油首先经过节流阀，再经换向阀、油管，然后进入液压缸左腔，推动活塞并带动工作台向右运动。液压缸右腔的油液被排出，经油管、换向阀和油管流回油箱。

当换向阀拉杆向左拉时，由液压泵输出的液压油经节流阀、换向阀、油管，进入液压

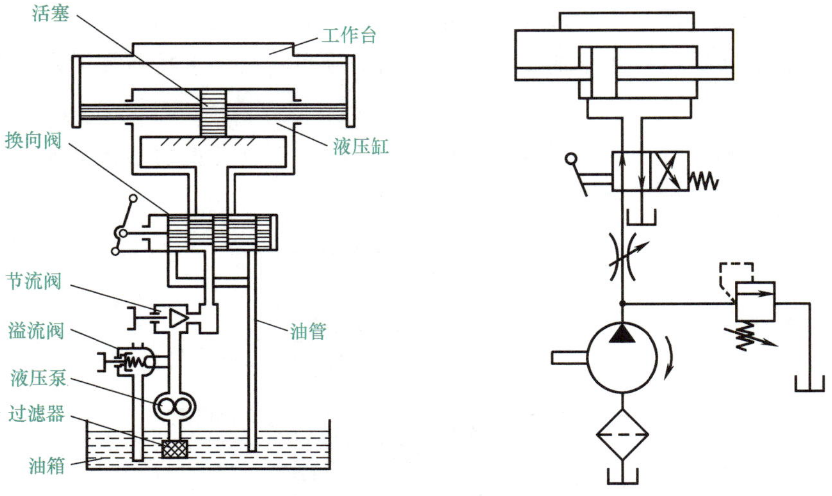

a) 结构　　　　b) 图形符号

图 1-1-3 磨床工作台液压系统的工作原理

磨床工作台的工作原理

缸的右腔，推动活塞并带动工作台向左运动，而液压缸左腔的油液经油管、换向阀、油管流回油箱。

工作台在做往复运动时，其速度由节流阀调节，克服负载所需的工作压力由溢流阀控制。

二、液压传动系统的组成

根据上面实例的分析，液压传动系统主要由以下几部分组成：

（1）能源装置　能源装置可以把机械能转换成流体压力能。常见的能源装置是液压泵，用来给系统提供压力油。

（2）执行元件　执行元件可以把流体的压力能转换成机械能输出。常见的有做直线运动的液压缸，做回转运动的液压马达。

（3）控制元件　控制元件可以控制和调节流体的压力、流量和流动方向，例如溢流阀、流量阀、换向阀等。

（4）辅助元件　辅助元件包括保证系统正常工作所需的上述三种以外的装置或元件，如油箱、过滤器、管件等。

（5）工作介质　传递能量的流体，通常指液压油。

三、液压传动的优缺点

1. 液压传动的优点

液压传动与其他传动相比，具有以下优点：

1）液压传动装置运动平稳、反应快、惯性小，能高速起动、制动和换向。

2）在同等功率情况下，液压传动装置体积小、重量轻、结构紧凑。

3）液压传动装置能在运行中方便地实现无级调速，且调速范围最大可达 1∶2000。

4）操作简便，易于实现自动化。当它与电气控制结合时，能实现复杂的自动工作循环和远距离控制。

5）容易实现直线运动。

6）易实现过载保护。一般采用矿物油为工作介质，液压元件能自行润滑，使用寿命较长。

7）液压元件已实现了标准化、系列化、通用化，便于设计、制造和使用。

2. 液压传动的缺点

液压传动具有以下缺点：

1）由于液压油的泄漏和可压缩性，液压传动不能保证严格的传动比。泄漏如果处理不当，不仅污染场地，还可能引起火灾和爆炸事故。

2）液压传动对油温变化比较敏感，这会影响它的工作稳定性。因此液压传动不宜在很高或很低的温度下工作，一般工作温度为-15～60℃。

3）液压元件在制造精度上要求较高，因此它的造价高，且对油液的污染比较敏感。

4）液压传动在能量转换的过程中，压力、流量损失大，故系统效率较低。

5）液压传动装置出现故障时不易查找原因，使用和维修要求有较高的技术水平。

【练一练】

1. 手动液压叉车（图 1-1-4）是制造类企业经常用到的物体搬运工具，请分析其工作过程。

2. 查询资料，了解液压技术的发展史。

图 1-1-4　手动液压叉车

【任务评价】

考核评价表见表 1-1-1，根据自评、小组互评和教师评价将各项得分以及总评内容和得分填入表中。

表 1-1-1　考核评价表

序号	评价内容	配分	要点总结	自评	组评	师评
1	液压千斤顶操作	20 分				
2	液压系统的组成	20 分				
3	液压系统的应用特点	10 分				

（续）

序号	评价内容	配分	要点总结	自评	组评	师评
4	磨床工作台的原理	20 分				
5	安全文明操作	30 分				
总计得分		100 分				

【课后思考】

一、选择题

1. 下列关于液压传动特点说法错误的是（ ）。

A. 可以在运行中实现大范围的无级调速

B. 运动平稳，易实现快速起动、制动和频繁换向

C. 操作控制方便、省力，易于实现自动控制、中远距离控制和过载保护

D. 液压系统故障便于查找，维护方便

2. 液压控制系统的缺点不包括（ ）。

A. 无法保证严格的传动比　　B. 查找故障原因困难

C. 不易获得较大的扭矩　　D. 不宜用于高温环境下工作

3. 液压传动不宜应用的场合是（ ）。

A. 大型机械　　B. 要求无级调速

C. 要求易实现控制　　D. 要求精确传动比

二、简答题

1. 结合工业生产中的其他液压设备，简述液压传动系统的各个组成部分及作用。

2. 你了解企业中哪些设备用到液压系统吗？

任务二　通过气动剪切机了解气压传动

【任务内容】

图 1-2-1 所示为气动剪切机，请分析气动剪切机的结构组成，观察气动剪切过程和复位过程。

图 1-2-1　气动剪切机

【任务分析】

图 1-2-2a 所示为气动剪切机的结构，图示位置为剪切前的情况。空气压缩机产生的压缩空气经后冷却器、油水分离器、气罐、空气过滤器、减压阀、油雾器到达换向阀，一部分气体经节流通路 a 进入换向阀的下腔，

使上腔弹簧压缩，换向阀阀芯位于上端，而大部分压缩空气经换向阀后由 b 路进入气缸的上腔。气缸的下腔经 c 路、换向阀与大气相通，气缸活塞处于最下端位置。当上料装置把工料送入剪切机并到达规定位置时，工料压下行程阀，此时，换向阀阀芯下腔压缩空气经 d 路、行程阀排入大气，在弹簧的作用下换向阀阀芯向下运动至下端。压缩空气则经换向阀后由 c 路进入气缸的下腔，上腔经 b 路、换向阀和大气相通，气缸活塞向上运动，剪刃随之上行剪断工料。工料被剪下后，与行程阀脱开，行程阀阀芯在弹簧作用下复位，d 路堵死，换向阀的阀芯上移，气缸活塞向下运动，重新恢复到剪断前的状态。

可见，剪刃克服阻力剪断工料的机械能来自于压缩空气的压力能，提供压缩空气的是空气压缩机；气路中的换向阀、行程阀起改变气体流动方向、控制气缸活塞运动方向的作用。

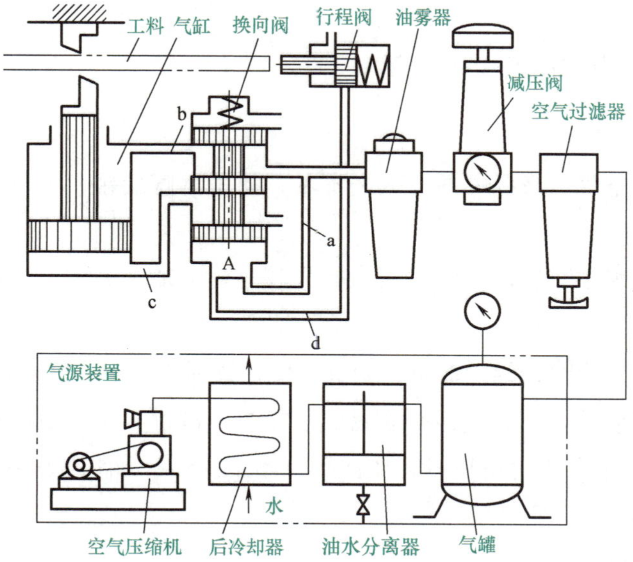

a) 结构

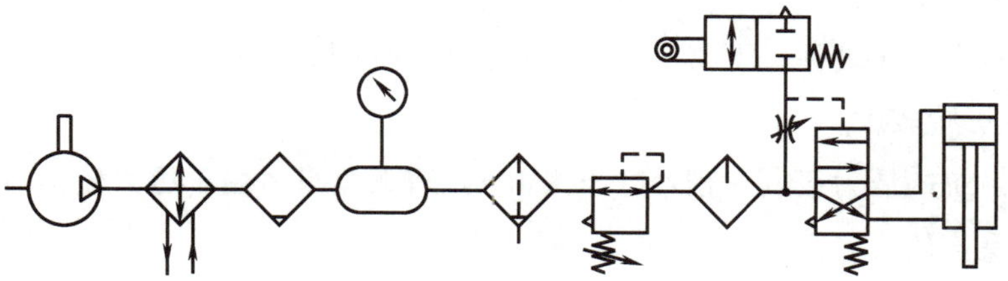

b) 图形符号

图 1-2-2　气动剪切机工作原理

【任务实施】

1. 学生在教师的指导下进行实地观察，或者教师在实训室演示气动剪切机的工作过程。

2. 在教师指导下，了解气动剪切机的主要组成情况。

3. 观察并分析剪切过程和复位过程。

4. 明确剪切速度、剪切力的控制和调节方法。

【知识链接】

一、气压传动系统的组成

根据实例分析，气压传动系统主要由气源设备、气动执行元件、控制元件、辅助元件和工作介质五部分组成。

二、气压传动的优缺点

1. 气压传动的优点

1）工作介质是空气，来源方便，取之不尽，使用后直接排入大气而无污染，不需要设置专门的回收装置。

2）空气的黏度很小，所以流动时压力损失较小，节能、高效，适用于集中供应和远距离输送。

3）动作迅速，反应快，维护简单，调节方便，特别适合于一般设备的控制。

4）工作环境适应性好。特别适合在易燃、易爆、潮湿、多尘、强磁、振动、辐射等恶劣条件下工作，外泄漏不污染环境，在食品、轻工、纺织、印刷、精密检测等环境中采用最为适宜。

5）成本低，过载能自动保护。

6）气动元件结构简单，成本低，寿命长，易于标准化、系列化和通用化。

2. 气压传动的缺点

1）空气具有可压缩性，不易实现准确的速度控制和很高的定位精度，负载变化时对系统的稳定性影响较大。

2）气动系统的压力级（一般小于0.8MPa）较低，只适用于压力较小的场合。

3）排气噪声较大。

4）因空气无润滑性能，故在气路中应设置给油润滑装置。

【想一想】

1. 企业中采用集中供气，可以实现一个车间或一个企业内所有气动设备共用一个气源装置，这样做有什么好处？

2. 液压传动与气压传动特点进行比较，各适用于何种场合？

【任务评价】

考核评价表见表 1-2-1，根据自评、小组互评和教师评价将各项得分以及总评内容和得分填入表中。

表 1-2-1　考核评价表

序号	评价内容	配分	要点总结	自评	组评	师评
1	气动剪切机的操作	30 分				
2	气压传动系统的组成	20 分				
3	气压系统的应用特点	20 分				
4	安全文明操作	30 分				
总计得分		100 分				

【课后思考】

一、选择题

1. 下列不是气压传动缺点的是（　　）。

A. 空气具有可压缩性　　B. 排气噪声较大

C. 用于压力较小的场合　　D. 对温度变化较敏感

2. 下列不属于气压传动优点的是（　　）。

A. 安全可靠　　B. 可远距离传输

C. 速度稳定性好　　D. 储存方便

3. 下列说法中，属于气压传动优点的是（　　）。

A. 清洁　　B. 速度稳定性好

C. 输出压力大　　D. 元件能自行润滑

二、简答题

1. 结合工业生产中的其他气动设备，简述气压传动系统的各个组成部分及作用。

2. 你了解企业中哪些设备用到气压系统呢？

任务三　认识液压油及其净化措施

【任务内容】

如图 1-3-1 所示的液压油，观察三种液压油，哪种液压油的黏度大？哪种液压油的黏度小？

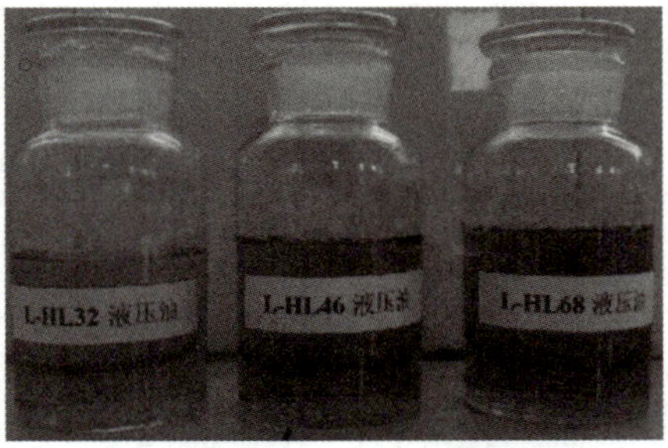

图 1-3-1 液压油

【任务分析】

液压油是液压传动系统中的工作介质，其作用主要是传动、润滑、冷却、防锈、密封、传递信号和吸收冲击等。

污染物一旦混入液压系统内，会加速液压元件的磨损、烧伤，甚至破坏；引起液压阀的动作失灵；引起噪声、振动；导致液压缸动作不稳定、爬行、速度下降；甚至引起液压泵吸油困难。

由此可见，认识液压油的性质，明确如何选用合适的液压油、如何净化液压油等是学习液压技术的基本要求。

【任务实施】

1. 学生从网络查询液压油的牌号，并到供应液压油的商店进行实地调查。
2. 了解液压油的类别及适用场合。
3. 教师进行液压油黏度的测定演示。
4. 探讨液压油黏度与温度的影响。

【知识链接】

一、液压油的主要性质

1. 密度 ρ

密度（单位为 kg/m^3）等于单位体积液压油的质量，即

$$\rho=\frac{m}{V} \tag{1-1}$$

式中 m——液体的质量（kg）；

V——液体的体积（m^3）。

密度随着温度或压力的变化而变化，但变化不大，通常忽略不计，一般取 $\rho=890\sim$

$910kg/m^3$。

2. 黏度

(1) 黏度 液体在外力作用下流动时，分子间的内聚力要阻止分子相对运动而产生一种内摩擦力，液体的这种性质称为黏性。液体只有在流动（或有流动趋势）时才会呈现出黏性，黏性使流动液体内部各处的速度不相等。静止液体不呈现黏性。黏性的大小可以用黏度来表示，常用的黏度有动力黏度和运动黏度等。

动力黏度是指流体内单位面积上的内摩擦力，用 μ 表示，单位是 Pa·s。

运动黏度是指动力黏度与液体密度的比值，用 ν 表示，单位是 m^2/s（实际中常用 cm^2/s 和 mm^2/s），即 $\nu=\mu/\rho$。运动黏度无明确的物理意义，但工程上常用运动黏度作为液体黏度的标志。液压油的牌号就是用液压油在 40℃时运动黏度平均值来表示的，例如牌号为 L-HL32 的液压油是在 40℃时运动黏度的平均值为 $32mm^2/s$。

(2) 黏度与温度的关系 液体的黏度对温度的变化十分敏感，温度升高，黏度下降。液压油的黏度随温度变化的性质称为黏温特性。黏温特性采用黏度指数 VI 值来衡量。一般液压油的 VI 值要求在 90 以上，VI 值越大，表示其黏度随温度的变化越小，黏温特性越好。

3. 可压缩性

液体受压力作用而发生体积变小的性质称为液体的可压缩性。一般情况下可以把液压油当成不可压缩的。但在需要精密控制的高压系统中，油液的压缩率是不能忽略的。另外，在液压设备工作过程中，液压油中总会混进一些空气，由于空气有很强的可压缩性，所以这些气泡的混入会使液压油的压缩率大大提高，严重影响液压系统的工作性能。

【想一想】

把分别盛有水、L-HM32、L-HL68 的容器放到桌面，请分析哪种流体的黏度大，为什么？

二、液压油的选择

1. 对液压油的要求

液压油应具备以下性能：

1）适当的黏度，较好的黏温特性。

2）润滑性能好，在工作压力和温度发生变化时，应具有较高的油膜强度。

3）成分纯、杂质少。

4）对金属和密封件有良好的相容性。

5）具有良好的化学稳定性和热稳定性，油液不易氧化和变质。

6）抗泡沫性好，抗乳化性好，耐蚀性好，抗锈性好。

7）凝点和流动点低，闪点和燃点高。

8）对人体无害，成本低。

2. 液压油的品种

液压油的品种主要分为石油型、乳化型和合成型3大类。液压油的主要品种及其特性和用途见表1-3-1。

表1-3-1 液压油的主要品种及其特性和用途

分类	名称	代号	主要用途
石油型	普通液压油	L-HL	适用于工作压力为7~14MPa的液压系统及精密机床液压系统
	抗磨液压油	L-HM	适用于低、中、高压液压系统，特别适用于有抗磨要求并带叶片泵的液压系统
	低温液压油	L-HV	适用于-25℃以上的高压、高速工程机械，农业机械和车辆的液压系统
	高黏度指数液压油	L-HR	用于数控精密机床的液压系统和伺服系统
	液压导轨油	L-HG	适用于导轨和液压系统共用一种油品的机床
	全损耗系统用油	L-HH	浅度精制矿物油，抗氧化性，抗泡沫性能较差，主要用于机械润滑，可以作为液压油的代用油，一般用于要求不高的低压系统
	汽轮机油	L-TSA	为汽轮机专用油，可作为液压代用油，用于要求不高的低压系统
乳化型	水包油乳化液	L-HFA	高水基液，特点是难燃、温度特性好，有一定的防锈能力，润滑性差，易泄漏，适用于有抗燃要求、油液用量大且泄漏严重的系统
	油包水乳化液	L-HFB	有矿物型液压油的抗磨性、防锈性能，又具有抗燃性，适用于有抗燃要求的中压系统
合成型	水-乙二醇液	L-HFC	难燃、黏温特性和抗蚀性能好，适用于有抗燃要求的中低压系统
	磷酸酯液	L-HFDR	难燃、润滑、抗磨性和抗氧化性好，缺点是有毒，适用于有抗燃要求的高精密液压系统

3. 液压油的选用

首先根据工作条件（工作部件运动速度、工作压力、环境温度）和液压泵的类型选择油液品种。齿轮泵对液压油的抗磨性要求比叶片泵和柱塞泵低，因此齿轮泵可选用L-HL或L-HM油，而叶片泵和柱塞泵一般选用L-HM油。

然后选择液压油的黏度等级。一般来说，工作部件运动速度慢、工作压力高，环境温度高，宜用黏度较高的液压油；反之则选用黏度较低的液压油。

三、液压油的净化设施——过滤器

1. 过滤器的功用和性能参数

液压系统的油液中常存在各种杂质。这些杂质轻则加速液压元件的磨损，影响元件及系统的性能和使用寿命，重则堵塞阀类元件的孔，使元件动作失灵乃至损坏。为了保证系统的工作寿命，必须对系统中杂质的颗粒大小及数量加以控制。过滤器的作用就是不断净化油液，使油液的污染程度控制在允许范围内。

影响过滤器性能的参数主要是过滤精度。它是指过滤器能从油液中对各种不同尺寸杂质颗粒的滤除能力，其评定方法目前常用绝对过滤精度和过滤比两种。绝对过滤精度是指通过滤芯的最大坚硬球形粉粒子的尺寸，过滤比是指过滤器上游油液单位体积内所含大于某一给定尺寸的颗粒数与经过滤后下游油液单位体积内所含大于同一尺寸的颗粒数之比。过滤器按照绝对过滤精度分为粗（$d \geqslant 100\mu m$）、普通（$d = 10 \sim 100\mu m$）、精（$d = 5 \sim 10\mu m$）、和特精（$d = 1 \sim 5\mu m$）四个等级。

2. 过滤器的基本类型及其性能

按滤芯材料和结构的不同，过滤器可分为网式、线隙式、纸芯式、烧结式和磁性过滤器等。

（1）网式过滤器　网式过滤器如图 1-3-2a 所示，在筒形骨架上包一层或多层金属丝粗滤器，过滤器的精度由网孔的大小和网的层数决定。其特点是结构简单，通油能力大，压力损失小，但过滤精度低，一般是 $80 \sim 180\mu m$，常用于吸油管路对油液进行粗过滤。

a) 网式过滤器

b) 线隙式过滤器

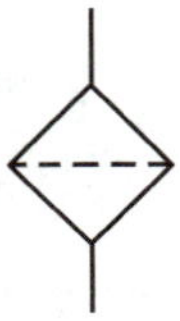

c) 图形符号

图 1-3-2　过滤器

线隙式过滤器的工作原理

（2）线隙式过滤器　线隙式过滤器如图 1-3-2b 所示，在由铜线或铝线构成的筒形骨架外加上滤芯，利用线间的缝隙过滤。其特点结构简单，通油能力大，压力损失小，与网式过滤器相比过滤精度高，一般是 $30 \sim 80\mu m$，但不易清洗。

（3）纸芯式过滤器　纸芯式过滤器与线隙式过滤器的结构相似，滤芯为纸质，其特点是过滤精度高（$5 \sim 30\mu m$），通油能力大，压力损失小，成本低。不过滤芯是纸质的，无法清洗，需要经常更换。

（4）烧结式过滤器　烧结式过滤器滤芯通常由青铜等颗粒状金属烧结而成，利用金属颗粒间的微孔来过滤。它的过滤精度一般是 $10 \sim 100\mu m$，其强度高，耐蚀性好，但易堵塞，难清洗。

（5）磁性过滤器　磁性过滤器如图 1-3-3 所示，其滤芯由永久磁铁制成，用来吸附油液中的铁质微粒，但一般结构的磁性过滤器对其他污染物不起作用。

3. 过滤器的安装位置

如图 1-3-4 所示，在液压泵的吸油管路上，为了保护液压泵，一般都安装粗或普通精度的网式过滤器，要浸没在油箱液面以下，使泵不致吸入较大的机械杂质。在压油管路上，为了滤除可能侵入阀类元件的杂质，一般都采用过滤精度高的精过滤器，安装于安全阀或溢流阀的分支油路之后，或采用与压力阀并联的方式。在回油管路上，为了滤除油液流入油箱以前的杂质，给泵提供清洁的油液，一般可以与安全阀并联安装一个强度较低、体积较小的过滤器。

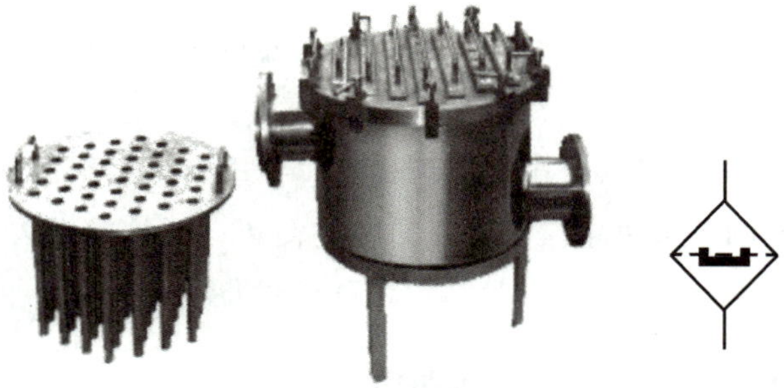
a) 实物　　b) 图形符号

图 1-3-3　磁性过滤器

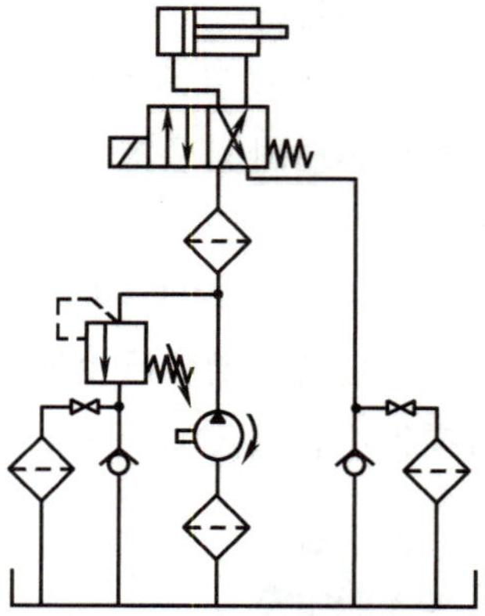
图 1-3-4　过滤器的安装位置

【想一想】

汽车上的机油过滤器与液压油过滤器有何相似之处？

【任务评价】

考核评价表见表 1-3-2，根据自评、小组互评和教师评价将各项得分以及总评内容和得分填入表中。

表 1-3-2　考核评价表

序号	评价内容	配分	要点总结	自评	组评	师评
1	液压油的牌号认知	10 分				
2	液压油的主要性质	20 分				
3	液压油的选择	10 分				
4	过滤器	30 分				
5	安全文明操作	30 分				
总计得分		100 分				

【课后思考】

一、选择题

1. 关于液体特性的错误说法是（　　）。

A. 在液压传动中，液体可近似看作不可压缩的

B. 液体的黏度与温度变化有关，温度升高，黏度变大

C. 黏性是液体流动时，内部产生摩擦力的性质

D. 液压传动中，压力的大小对液体的流动性影响不大，一般不予考虑

2. 液压系统的工作介质是（　　）。

A. 液压油　　B. 空气　　C. 液压泵　　D. 换向阀

3. 要吸附油液中的铁质颗粒，一般采用的过滤器为（　　）。

A. 磁性过滤器　　B. 纸芯式过滤器　　C. 线隙式过滤器　　D. 烧结式过滤器

二、简答题

1. 在我国南方和北方，对于相同的液压设备，在液压油黏度的选择上有何差异？为什么？

2. 液压油有哪些主要类型？选用液压油时应考虑哪些主要因素？

3. 液压油为什么要定期更换？

4. 过滤器有哪些安装位置？

任务四　认识空气及其净化措施

【任务内容】

自然界中的空气是一种混合物，它主要由氧气、氮气、水蒸气、其他微量气体和一些杂质组成。请你分析：

1. 夏天和冬天的空气，哪个季节的空气含水量大？

2. 空调往往有一根排水管，请分析为什么空调制冷时，这根管中有水排出？

【任务分析】

空气是气动系统的工作介质，空气中存在水分、油分和灰分等杂质，这些杂质将会影响气动系统的正常工作。

气压传动设备工作时，常出现气体的高速流动，如气缸、气阀的高速排气，由于出口处气体急剧膨胀，将产生刺耳的噪声。

【任务实施】

1. 教师分析空气在不同温度下的含湿量的不同。

2. 学生分析空调的空气过滤罩的作用。

3. 学生观察气动系统过程中的净化流程。

【知识链接】

一、空气的主要物理性质

空气是一种常见的气体，它主要由以下成分组成：体积分数约为78%的氮气，体积分数约为21%的氧气，其他气体的体积分数约为1%。此外，空气中常含有一定量的水蒸气，含有水蒸气的空气为湿空气，不含水蒸气的空气为干空气。

空气中水蒸气在一定条件下会凝结成水滴，水滴作为溶剂溶解空气中的其他有害物质后，不仅会腐蚀元件，而且对系统工作稳定性带来不良影响。因此，各种气动元件对空气中的含水量都有明确的规定。

湿空气中所含水蒸气的多少常使用湿度来表示，湿度的表示方法分绝对湿度和相对湿度。

（1）绝对湿度　$1m^3$ 湿空气中所含的水蒸气的质量称为绝对湿度。饱和量是指一定温度下的 $1m^3$ 空气中最多能吸收的水蒸气的质量。

（2）相对湿度　绝对湿度与饱和量的比值称为相对湿度。由于饱和量取决于温度，所以温度变化时，即使绝对湿度不变，相对湿度也会发生变化。如果达到露点，相对湿度会增大到100%。

（3）露点　露点是指空气的相对湿度达到100%时的温度。露点越低，就有越多的水凝结，空气中的水蒸气就越少。冷冻干燥法就是利用这个原理。

【想一想】

1. 为什么夏天的空气比较潮湿，而冬天的空气比较干燥？
2. 为什么冬天窗玻璃的室内面会有水？

二、理想气体状态方程

空气的一个特点是它的内聚力极小，在气动系统正常工作条件下，内聚力可忽略，极小的外力就可以改变它的形状，空气的形状取决于它的周围环境。气体的状态由其状态参数（体积 V、压力 p、温度 T）决定，这些参数相互制约。实践证明：压力在1MPa以下、温度在-20～50℃范围内的压缩空气，可看成理想气体。理想气体的状态参数满足如下关系：

$$\frac{pV}{T}=常数 \tag{1-2}$$

式中　V——气体体积（m^3）；

p——气体的绝对压力（Pa）；

T——气体的标准温度（K），0℃对应 273.15K。

（1）等温过程　密闭容器中的气体，保持温度不变时，若增大体积，压力下降，反之压力增大。

（2）等压过程　密闭容器中的气体，保持压力不变时，若温度下降，则体积减小，若温度升高，则体积增大。

（3）等容过程　密闭容器中的气体，保持体积不变时，若温度下降，则压力也下降，若温度升高，则压力也升高。

三、空气净化设备

空气净化设备一般包括：后冷却器、油水分离器、干燥器、空气过滤器、气罐等。

1. 后冷却器

后冷却器安装在空气压缩机出口处的管道上。它的作用是将空气压缩机排出的压缩空气温度由 140~170℃降至 40~50℃。这样就可使压缩空气中的油雾和水汽迅速达到饱和，使其大部分析出并凝结成油滴和水滴，以便经油水分离器排出。后冷却器的结构形式有：蛇形管式、列管式、散热片式、管套式。冷却方式一般是水冷方式，蛇形管和列管式后冷却器的结构如图 1-4-1 所示。为了增强降温效果，在安装使用时要特别注意冷却水与压缩空气的流动方向（图中箭头所指）。

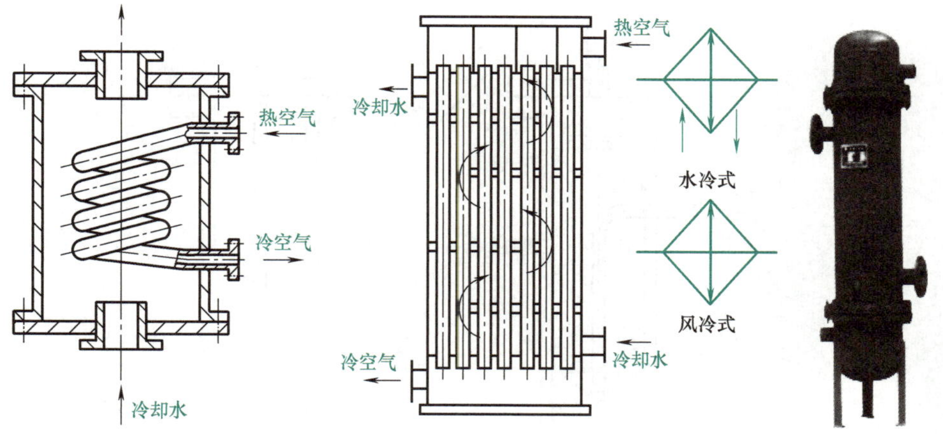

a) 蛇管式　　b) 列管式　　c) 图形符号　　d) 实物

图 1-4-1　后冷却器

后冷却器
工作原理

2. 油水分离器

油水分离器安装在后冷却器出口，作用是分离并排出压缩空气中凝聚的油分、水分等，使压缩空气得到初步净化。油水分离器的结构形式有环形回转式、撞击折回式、离心旋转式、水浴式以及以上形式的组合等。经常采用的是使气流撞击并产生环形回转流动的油水分离器，其结构如图 1-4-2 所示。其工作原理是，当压缩空气由入口进入分离器壳体后，气流先受到隔板阻挡而被撞击折回向下（图 1-4-2a 中箭头所示流向）；之后又上升产

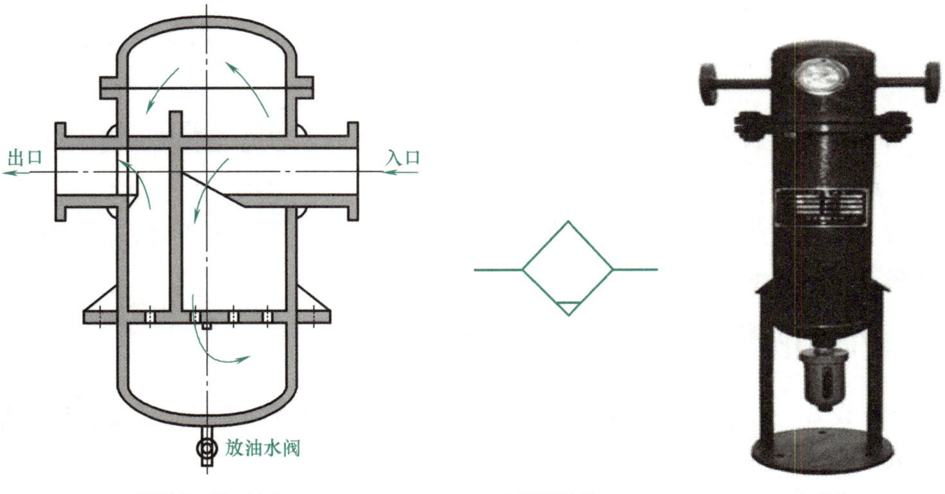

a) 撞击折回并回转式　　b) 图形符号　　c) 实物

排水过滤器

图 1-4-2　油水分离器

生环形回转。这样凝聚在压缩空气中的油滴、水滴等杂质受惯性力作用而分离析出，沉降于壳体底部，由下部的放油水阀定期排出。在要求净化程度较高的气动系统中，可将水浴式与旋转离心式油水分离器串联组合使用，如图 1-4-3 所示。

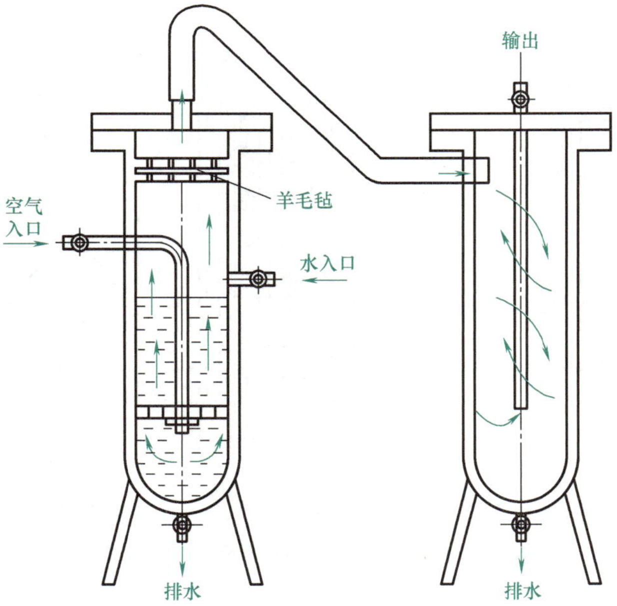

图 1-4-3　水浴式和旋转离心式油水分离器串联结构

从空气压缩机输出的压缩空气经过后冷却器、油水分离器和气罐后已初步净化，满足一般气压传动的需要。但对于一些精密机械、仪表等装置还不能满足要求，为防止初步净化后的气体中所含的水分对精密机械、仪表产生锈蚀，上述压缩空气还必须进行干燥和精过滤处理。

3. 干燥器

【想一想】

在生活中我们往往用吹风机吹干头发，你知道吹风机是利用什么原理把头发吹干的吗？

干燥器的作用是吸收和排除压缩空气中的水分、油分与杂质，使湿空气变成干空气，提供给要求气源质量较高的系统及精密气动装置使用。

压缩空气的干燥方法主要有机械法、离心法、冷冻法和吸附法等。目前使用最广泛的干燥方法有冷冻法和吸附法。冷冻法是利用制冷设备使空气冷却到一定的露点温度，析出空气中超过饱和水蒸气部分的多余水分，从而达到所需的干燥度。此方法适用于处理低压大流量，并对干燥度要求不高的压缩空气，如图 1-4-4 所示。

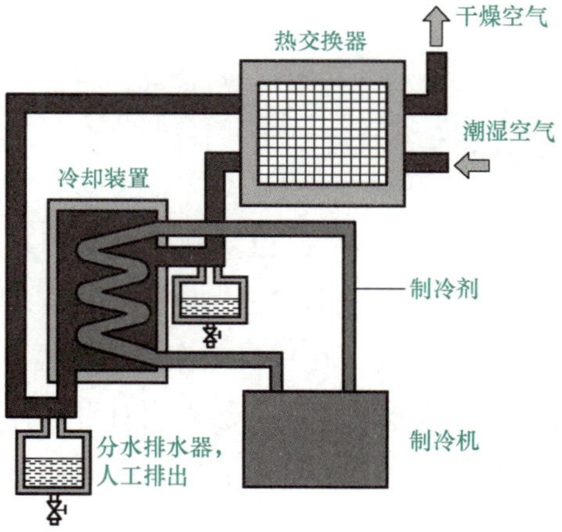

a) 工作原理

b) 实物

图 1-4-4　冷冻式干燥器

吸附法是利用具有吸附性能的吸附剂（如硅胶、活性氧化铝、焦炭、分子筛等物质）表面能够吸附水分的特性来清除水分，从而达到干燥、过滤的目的。吸附剂会因吸附了空气中的水分达到饱和状态而失去吸附能力。为了能连续工作，就必须使吸附剂中的水分再除掉，让吸附剂恢复到干燥状态，这称为吸附剂的再生。

图 1-4-5 所示为吸附式干燥器，其有两个装有吸附剂的容器，它们的作用是吸附从上部流入的湿空气中的水分。这两个吸附器定时交换工作，目的是使接近饱和的那个吸附器中的吸附剂再生。通过干燥器上的 4 个截止阀开关，让一个吸附器工作的同时，另一个则通过通入热空气对吸附剂进行加热再生，这样就可以保证系统持续得到干燥的压缩空气。

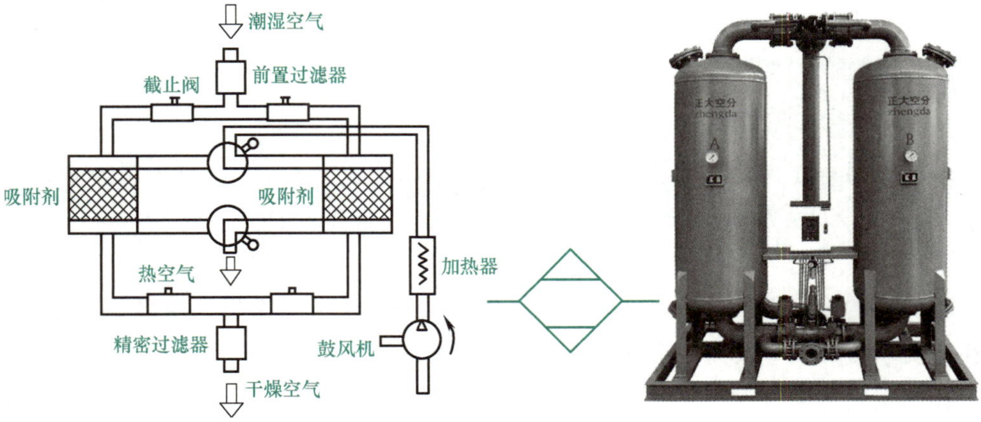

a) 加热再生干燥器原理　　b) 图形符号　　c) 实物

图 1-4-5　吸附式干燥器

吸附式干燥器的工作原理

4. 空气过滤器

【想一想】

要使气动系统中空气洁净，你知道需要加装什么样的装置吗？

过滤器的作用是进一步滤除压缩空气中的水分、油滴及杂质，以达到系统所要求的净化程度。常用的过滤器有一次过滤器（也称简易过滤器，滤灰效率为 50%～70%）；二次过滤器（滤灰效率为 70%～99%）。在要求高的特殊场合，还可使用高效率的过滤器。

(1) 一次过滤器　空气中所含的杂质和灰尘，若进入系统中，将加剧相对滑动件的磨损，加速润滑油的老化，降低密封性能，使排气温度升高，功率损耗增加，从而使压缩空气的质量大为降低。所以在空气进入空气压缩机之前，必须经过一次过滤器，以滤去其中所含的一部分灰尘和杂质。

图 1-4-6a 所示为一次过滤器，气流由切线方向进入筒内，在离心力的作用下分离出液滴，然后气体由下而上通过硅胶、焦炭、细铜丝网、密孔网等过滤吸附材料，干燥清洁的空气从顶部输出。

(2) 二次过滤器（也称为排水过滤器）　在空气压缩机的输出端使用的为二次过滤器。排水过滤器滤灰能力较强。图 1-4-6b 为排水过滤器。其工作原理是：压缩空气从输入口进入后，被引入旋风叶子，旋风叶子上有许多成一定角度的缺口，迫使空气沿切线反方向产生强烈旋转。这样夹杂在空气中的较大水滴、油滴和灰尘等便获得较大的离心力，从空气中分离出来沉到水杯底部。然后，气体通过中间的滤芯，部分杂质、灰尘又被滤掉，洁净的空气便从输出口输出。为防止气体旋转的漩涡将存水杯中积存的污水卷起，在滤芯下部设有挡水板。为保证过滤器正常工作，必须及时将存水杯中的污水通过排水阀排放。

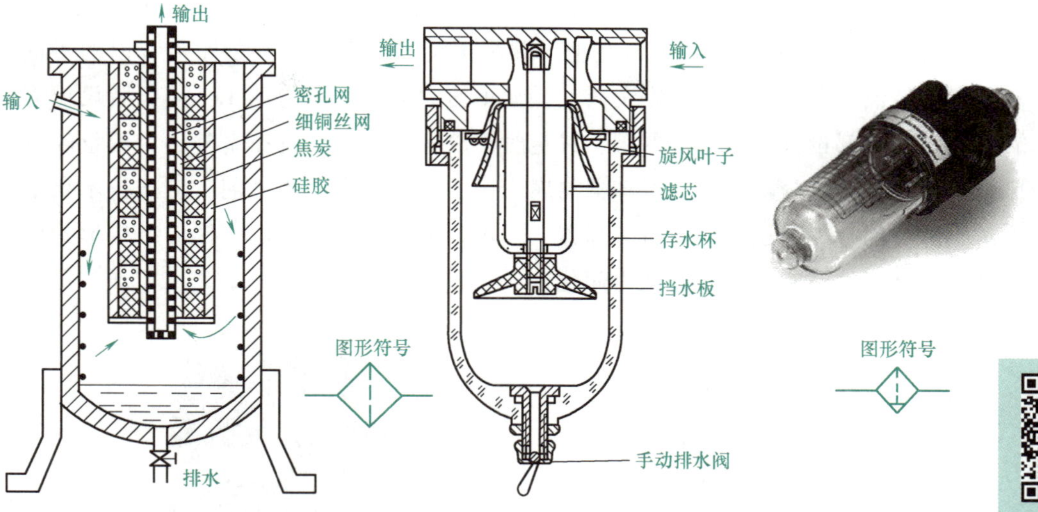

a) 一次过滤器的结构、图形符号　　b) 排水过滤器的结构、图形符号及实物

图 1-4-6　空气过滤器

存水杯由透明材料制成，便于观察工作情况、污水情况和滤芯污染情况。这种过滤器只能滤除固体和液体杂质，因此，使用时应尽可能装在能使空气中的水分变成液态的部位或防止液体进入的部位，如气动设备的气源入口处。

如图 1-4-7 所示，将排水过滤器和减压阀一起称为气动二联件，将排水过滤器与减压阀、油雾器一起称为气动三联件，是气动系统不可缺少的辅助元件。联合使用时，其顺序应为：过滤器→减压阀→油雾器，顺序不能颠倒。因为减压阀内部有阻尼小孔和喷嘴，这些小孔易被杂质堵塞而造成减压阀失灵，所以通过减压阀的气体必须先由过滤器过滤。另外还要注意过滤器和油雾器在使用时一定要垂直安装。

a) 气动二联件的实物　　b) 气动三联件的实物及图形符号

图 1-4-7　气动二联件与三联件

5. 气罐

气罐的作用是储存一定数量的压缩空气，以备发生故障或临时需要应急使用；消除由于空气压缩机断续排气而对系统引起的压力脉动，保证输出气流的连续性和平稳性；进一步分离压缩空气中的油、水等杂质。

气罐一般采用圆筒状焊接结构，有立式和卧式两种，一般以立式居多，其结构如图 1-4-8 所示，进气口在下，出气口在上，并尽可能加大两口之间的距离，以利于进一步分离空气中的油水杂质。罐上设安全阀，其调整压力为工作压力的 1.1 倍；装设压力表指示罐内压力；底部设排放油、水的阀，并定时排放。气罐应布置在室外、人流量较少处和阴凉处。气罐、油水分离器、后冷却器均属于压力容器，在使用之前，应按技术要求进行测压试验。目前，在气压传动中后冷却器、油水分离器和气罐三位一体的结构形式已被采用，这使压缩空气站的辅助设备大为简化。

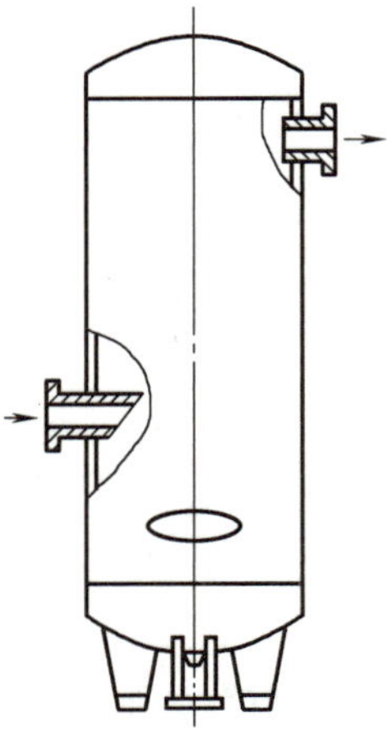
a) 结构

b) 图形符号

c) 实物

图 1-4-8　气罐

【任务评价】

考核评价表见表 1-4-1，根据自评、小组互评和教师评价将各项得分以及总评内容和得分填入表中。

表 1-4-1　考核评价表

序号	评价内容	配分	要点总结	自评	组评	师评
1	空气的主要物理性质	10 分				
2	理想气体状态方程	10 分				
3	空气净化设备	50 分				
4	安全文明操作	30 分				
总计得分		100 分				

【课后思考】

一、选择题

1. 绝对湿度是指 $1m^3$ 湿空气中所含的水蒸气的（　　）。

A. 质量 B. 体积 C. 密度 D. 压力

2. 不属于气动三联件的是（ ）。

A. 空气过滤器 B. 油雾器 C. 油水分离器 D. 减压阀

3. 后冷却器一般安装在（ ）。

A. 空压机的进口管路上 B. 空压机的出口管路上

C. 气罐的进口管路上 D. 气罐的出口管路上

4. 气动三联件在联合使用时，其连接顺序应为（ ）。

A. 过滤器、减压阀、油雾器 B. 减压阀、油雾器、过滤器

C. 减压阀、过滤器、油雾器 D. 过滤器、油雾器、减压阀

5. 通常所说的空气是指（ ）。

A. 干空气 B. 湿空气 C. 氧气 D. 氮气

二、简答题

1. 空气的绝对湿度和相对湿度有何区别？

2. 空气净化设施包括哪些设备？它们在空气净化过程中分别起什么作用？

任务五 认识压力和流量

【任务内容】

在我国北方居民家中，安装暖气的进户管道有进水管和回水管，试分析为什么进水管的压力高，回水管的压力低？在暖气管路中，我们经常见到阀门，当阀门开度不同时，流过阀门的水量有何不同？

【任务分析】

要认识液压系统的压力和流量，首先我们要明确压力的实质是物理课本中所学的压强，液体在管路中流动是由于管路中存在不同的压力，液体总是从压力高的地方流向压力低的地方，管路中的阀门开度大时，流过管路的液体量就多，反之则少。

【任务实施】

1. 读短文并分析说明：为什么海底探索意义重大？为什么深海压力惊人？

2020 年 11 月 10 日，“奋斗者”号全海深载人潜水器（图 1-5-1）成功坐底马里亚纳海沟，创下中国载人深潜 10909m 新纪录。海水中每下降 10m，相当于压力增大 1atm（$1atm=1.013\times10^5Pa$），10909m 处水压已经约为 1000atm。

“奋斗者”号全海深载人潜水器的研制成功，标志着我国在大深度载人深潜领域已经

达到世界领先水平，从此，人类探索万米深渊拥有了一个强大的新平台。

我国已拥有“蛟龙号”“深海勇士号”“奋斗者号”三台深海载人潜水器，还有“海斗号”“潜龙号”“海燕号”“海翼号”和“海龙号”等系列无人潜水器，已经初步建立全海深潜水器谱系，并不断实现了深海装备技术发展的新突破和新跨越。

图 1-5-1　“奋斗者号”全海深载人潜水器

2. 学生开闭水龙头，分析水的流量大小，理解流量的单位。

3. 学生查询资料和调查分析：暖气片串联和并联的区别，有何特点。

【知识链接】

一、压力

1. 压力及其表示

液体单位面积上所受的法向力，液压传动中习惯称压力。通常以 p（N/m^2）表示，其计算公式为

$$p=\frac{F}{A} \tag{1-3}$$

式中　F——法向力（N）；

A——受力面积（m^2）。

压力的法定单位为帕斯卡，简称帕，符号为 Pa，$1Pa=1N/m^2$。工程上常用单位为兆帕（MPa）。它们的换算关系是 $1MPa=10^6Pa$。以前沿用和惯用的单位还有 bar（巴）、at（工程大气压，即 kgf/cm^2）、atm（标准大气压）、mmH_2O（毫米水柱）或 mmHg（毫米汞柱）等。各种压力单位的换算关系见表 1-5-1。

表 1-5-1　压力计量单位之间的换算关系

Pa	bar	at	atm	mmH_2O	mmHg
1×10^5	1	1.02	0.987	1.02×10^4	750

压力的重要特性：液体的压力沿着内法线方向作用于承压面；静止液体在任一点处的压力在各个方向上都相等。

压力的表示法有两种：绝对压力和相对压力。绝对压力是以绝对真空作为基准所表示的压力；相对压力是以大气压力作为基准所表示的压力。由于大多数测压仪表所测得的压力都是相对压力，故相对压力也称表压力。绝对压力与相对压力的关系为：

绝对压力＝相对压力＋大气压力

如果液压中某点处的绝对压力小于大气压，这时在这个点上的绝对压力比大气压力小的那部分数值称为真空度。即：

真空度＝大气压力－绝对压力

绝对压力、相对压力和真空度的相互关系如图 1-5-2 所示。

2. 液体静力学的基本方程

如图 1-5-3 所示，密度为 ρ 的液体在容器内处于静止状态，作用在液面上的压力为 p_0，距液面深度为 h 处某点的压力为 p，则

$$p=p_0+\rho gh \tag{1-4}$$

该式称为液体静力学基本方程。由式可知：

1）静止液体任一点处的压力由两部分组成，一部分是液面上的压力 p_0，另一部分是液柱的重力所产生的压力 ρgh。当液面上只受大气压力 p_a 时，则 $p=p_a+\rho gh$。

2）静压力随液体深度呈线性规律递增。

3）离液面深度相同处各点的压力均相等，由压力相等的点组成的面称为等压面，此等压面为一水平面。

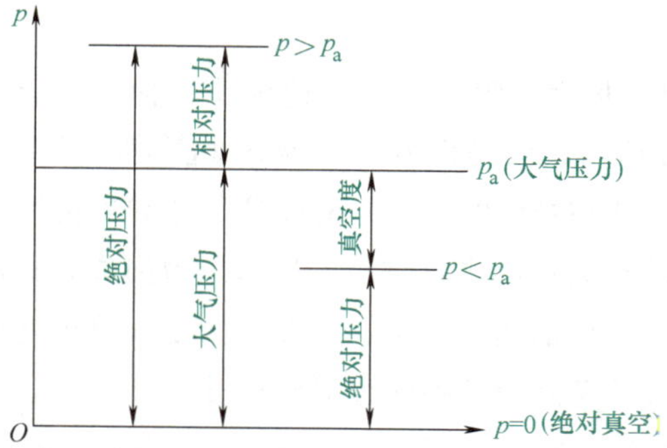

图 1-5-2　绝对压力、相对压力和真空度的相互关系

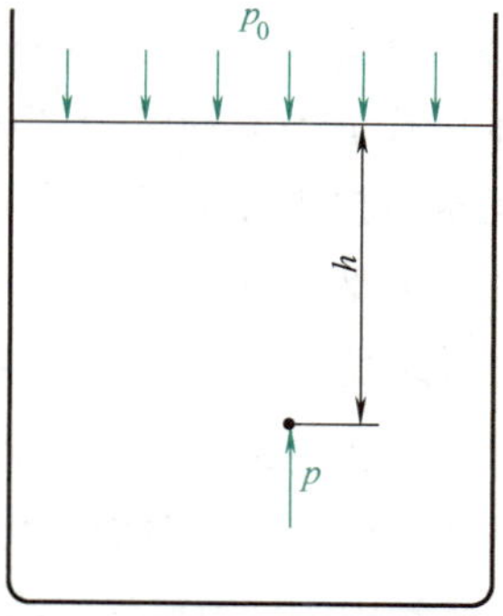

图 1-5-3　静止液体内的压力分布规律

3. 压力的传递——帕斯卡原理

由静力学基本方程可知，液体的压力是靠外力作用而形成的。在密闭容器中的静止液体，当一处受到外力作用而产生压力时，这个压力将通过液体等值传递到液体内部的各点。这就是静压传递原理，又称帕斯卡原理。

图 1-5-4 所示为应用帕斯卡原理的液压千斤顶工作原理。大活塞和小活塞的面积分别为 A_1 和 A_2，当大、小活塞上分别施加力 F_1 和 F_2 时，则由于两缸互通而构成一个密封容器，根据帕斯卡原理 $p_1=p_2$，则

$$\frac{F_1}{A_1}=\frac{F_2}{A_2} \tag{1-5}$$

若大活塞上 $F_1=0$，则不论如何推动小活塞，也不能在液体中形成压力；反之，F_1 越大，液压缸中的压力也越大，小活塞上的推力 F_2 也越大。这说明了液压系统的工作压力决定于外负载。

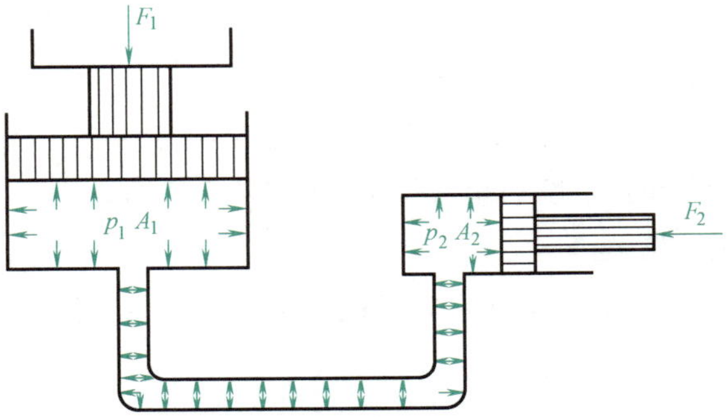

图 1-5-4　应用帕斯卡原理的液压千斤顶工作原理

帕斯卡原理

【想一想】

如图 1-5-5 所示，当活塞运动时，$F_1 = F_2$，试分析此时两缸中的流体哪边的压力大。

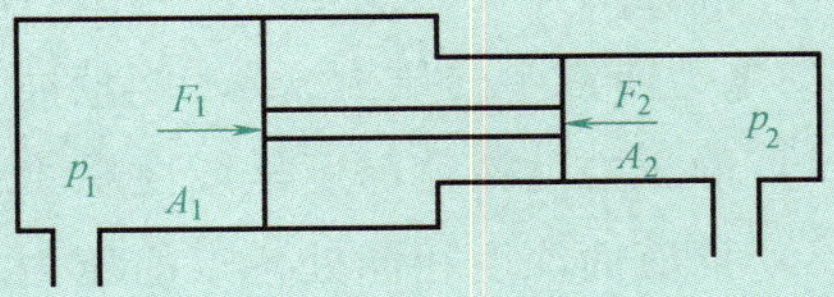

图 1-5-5　想一想图

4. 液体流动时的压力损失

流体在管道内流动时会产生阻力，这种阻力称为液阻。液阻会造成压力损失，压力损失有沿程压力损失和局部压力损失两种。沿程压力损失是指液体沿等截面直管流动造成的压力损失，主要原因是液体在直管内流动时，液体与管壁的摩擦，液体分子之间的内摩擦引起的。管道越长，直径越小，流速越快，损失就越大；反之就越小。局部压力损失是指液体流过管道截面和形状突变或管道弯曲等局部地方造成的压力损失，主要原因是因管道弯曲处出现漩涡区，或在管道截面变化处液流收缩造成分子之间的碰撞和附加摩擦引起的。

液压传动中的压力损失，绝大部分转变为热能，使油温升高，泄漏增多，引起能量损失。

5. 压力表

压力表用来观测系统的工作压力，其种类很多，最常用的是弹簧管式压力表。

弹簧管式压力表如图 1-5-6 所示，主要由弹簧管、指针、刻度盘、拉杆、扇形齿轮传动机构组成。弹簧管是一个环形金属弯管，其断面是椭圆形，开口端与测量点相通，封闭端通过拉杆和扇形齿轮传动机构相连，扇形齿轮传动机构上的小齿轮通过转轴和指针连接，并装在刻度盘中心。被测点的压力油通过开口端进入弹簧管，引起弹簧管变形使其曲率半径变大，封闭端的移动通过拉杆使扇形齿轮机构摆动，带动小齿轮回转，从而使指针转动，通过刻度盘读出压力值。

用压力表测量压力时，被测压力不应超过压力表量程的 3/4。压力计必须直立安装，压力表接入压力管道时，应通过阻尼小孔，以防止被测点压力突然升高而使压力表损坏。

二、流量

1. 流量和平均流速

（1）流量　流量是指单位时间内流过某一通流截面（垂直于液体流动方向的截面）

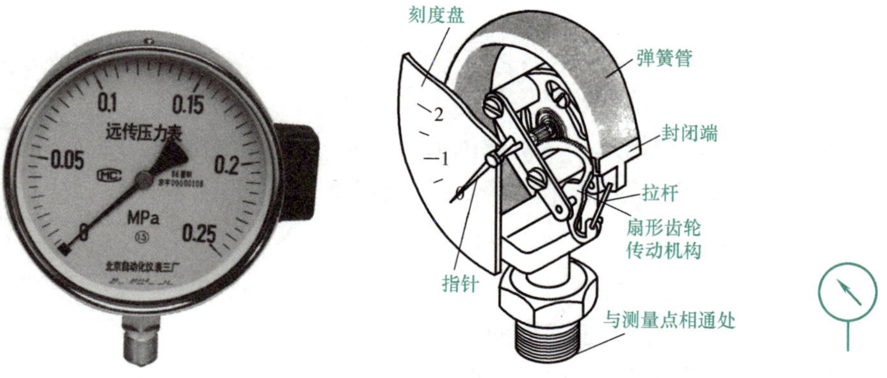

a) 实物　　b) 结构　　c) 图形符号

图 1-5-6　弹簧管式压力表

的液体体积。即

$$q=\frac{V}{t} \tag{1-6}$$

式中　V——液体体积（m^3）；

t——液体流过的时间（s）；

q——流量（m^3/s）或（L/min），换算关系为：$1m^3/s=6\times10^4L/min$。

【想一想】

在水龙头下要灌满一个10L的水桶，需要1min时间，求水龙头的流量。

（2）平均流速　液体流动时，由于黏性的作用，使得在同一截面上各点的流速不同，越靠近管道中心，流速越大，如图1-5-7所示。在进行液压计算时，实际流速不便使用，需要使用平均流速。现假设通流截面上各点的流速均匀分布，液体以此平均流速 v 流过通流截面的流量与以实际流速 u 流过的流量相等，这时的流速称为平均流速。即

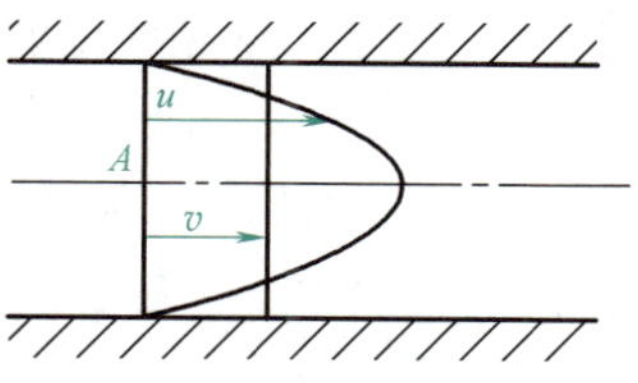

图 1-5-7　实际流速和平均流速

$$v=\frac{q}{A} \tag{1-7}$$

式中　A——通流截面的面积。

【想一想】

液压缸有效作用面积一定时，其活塞的运动速度由什么来决定？

2. 液流连续性原理

根据质量守恒定律，液体流动时其质量既不会增加，也不会减少，而且液体流动时又被认为是几乎不可压缩的。这样，液体流经无分支管道时每一通流截面上通过的流量一定是相等的，这就是液流连续性原理。如图1-5-8所示的管道中，流过截面1和截面2的流量分别为q_1和q_2，则$q_1=q_2$，即

$$v_1A_1=v_2A_2=\text{常数} \tag{1-8}$$

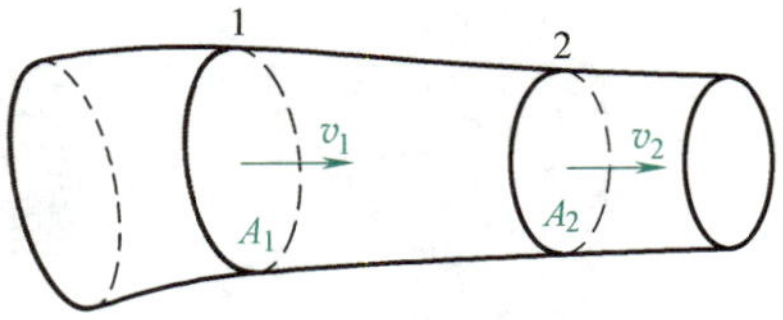

图1-5-8 液流连续性原理

式1-8表明，液体流动时，通过管道不同截面的平均流速与其截面积大小成反比，即管径粗的地方流速慢，管径细的地方流速快。

3. 流量损失

液压系统中存在不同程度的泄漏，泄漏有内泄漏和外泄漏两种。外泄漏是元件连接部分密封不好引起的，应该通过改进密封条件来消除。内泄漏是元件内部配合表面间的泄漏，是无法避免的，这种泄漏与配合间隙、封油长度、两端压降、油液黏度、加工质量等多种因素有关。所有泄漏都是油液从高压向低压处流动造成的。泄漏必然会有压力损失，造成液压系统中的能量损失。

三、液压冲击与空穴现象

在液压传动系统中，空穴现象和液压冲击会给系统带来不利影响，因此需要了解这些现象产生的原因，并采取措施加以防治。

液压冲击

1. 液压冲击

在液压传动系统中，常常由于一些原因而使液体压力突然急剧上升，形成很高的压力峰值，这种现象称为液压冲击。

（1）液压冲击的危害 系统中出现液压冲击时，液体瞬时压力峰值可以比正常工作压力大好几倍。液压冲击会损坏密封装置、管道或液压元件，还会引起设备振动，产生很大噪声。有时冲击会使某些液压元件（如压力继电器、顺序阀等）产生误动作，影响系统正常工作。

（2）液压冲击产生的原因 当阀门瞬间关闭时，管道内便产生液压冲击。液压冲击的实质主要是管道中的液体因突然停止运动，而导致动能向压力能的瞬时转变。

另外，液压系统中运动着的工作部件突然制动或换向时，由于工作部件的动能将引起液压执行元件的回油腔和管路内的油液产生液压激振，导致液压冲击。液压系统中某些元件的动作不够灵敏，也会产生液压冲击。如系统压力突然升高，但溢流阀反应迟钝而不能迅速打开时，便产生压力超调，形成液压冲击。

（3）减小液压冲击的措施 缓慢开关阀门；限制管路中液流的速度；在系统中设置蓄能器或安全阀；在液压元件中设置缓冲装置（如节流孔）。

2. 空穴现象

在流动的液体中，因某点处的压力低于空气分离压而产生气泡的现象，称为空穴现

象。在一定的温度下，如压力降低到某一值时，过饱和的空气将从油液中分离出来形成气泡，这一压力值称为该温度下的空气分离压。当液压油在某温度下的压力低于某一数值时，油液本身迅速汽化，产生大量蒸气气泡，这时的压力称为液压油在该温度下的饱和蒸气压。一般来说，液压油的饱和蒸气压相当小，比空气分离压小得多，因此，要使液压油不产生大量气泡，它的压力最低不得低于液压油所在温度下的空气分离压。

（1）空穴现象产生的原因　节流口处，液压泵吸油管直径太小，或吸油阻力太大，或液压泵转速过高时，由于吸油腔压力低于空气分离压而产生空穴现象。

（2）形成气泡的危害　气泡随着液流流到下游压力较高的部位时，会因承受不了高压而破灭，产生局部的液压冲击，发出噪声并引起振动；当附着在金属表面上的气泡破灭时，它所产生的局部高温和高压会使金属剥落，使表面粗糙，或出现海绵状的小洞穴。这种固体壁面的腐蚀、剥蚀的现象称为气蚀。

（3）减少空穴现象的措施　减小流经节流小孔前后的压差，一般希望小孔前后压力比小于 3.5；正确设计液压泵的结构参数，适当加大吸油管的内径；提高零件的抗气蚀能力、增加零件的机械强度、采用耐蚀性好的金属材料减小零件的表面粗糙度值；管路要有良好的密封，防止空气的进入。

【任务评价】

考核评价表见表 1-5-2，根据自评、小组互评和教师评价将各项得分以及总评内容和得分填入表中。

表 1-5-2　考核评价表

序号	评价内容	配分	要点总结	自评	组评	师评
1	压力的概念及单位	10 分				
2	液体静力学的基本方程	10 分				
3	帕斯卡原理	10 分				
4	液体流动时的压力损失和压力表	10 分				
5	流量的概念及液流连续性原理	10 分				
6	流量损失	10 分				
7	液压冲击与空穴现象	10 分				
8	安全文明操作	30 分				
总计得分		100 分				

【课后思考】

一、选择题

1. 普通压力表所测得的压力值是（　　）。

A. 大气压力　　B. 绝对压力　　C. 相对压力　　D. 真空度

2. 在静止的液体内部某一深度处的一点，所受到的压力是（　　）。

A. 向上的压力大于向下的压力　　B. 向下的压力大于向上的压力

C. 左右两侧的压力小于向下的压力　　D. 各个方向的压力都相等

3. 液压千斤顶大小活塞直径之比为 6：1，如果大活塞上升 2mm，则小活塞被压下的距离为（　　）。

A. 72mm　　B. 36mm　　C. 24mm　　D. 12mm

4. 压力的单位是（　　）。

A. N　　B. Pa　　C. m/s　　D. L/min

5. 液压缸有效作用面积一定时，其活塞的运动速度取决于（　　）。

A. 流量　　B. 压力　　C. 力　　D. 功率

6. 油液在一无分支管道中流动，该管道内有两处不同的横截面，其内径之比为 1：2，则油液经过两截面处的流量之比是（　　）。

A. 4：1　　B. 1：4　　C. 1：1　　D. 1：2

二、简答题

1. 压力有哪几种表示方法？静止液体内的压力是如何传递的？

2. 液压冲击是怎样产生的？如何避免和减小液压冲击？

3. 液流连续性原理的内容是什么？

4. 空穴现象是如何产生的？有何危害？如何防止？

【匠心筑梦】

焊出 50 座“埃菲尔铁塔”

参与大小 50 余项工程的安装与制作，焊接钢构件超过 40 万吨，相当于 50 座埃菲尔铁塔，以“梁飞”命名的蓝领创新工作室 5 年时间培养出合格焊工超 700 人。

“人生在勤，不索何获。”梁飞说，他不算聪明，但认死理儿，坚信勤能补拙、熟能生巧。

1993 年，走出校门的梁飞成了中建系统内的一名焊工。入职伊始，梁飞苦练基本功，天不亮就到车间拿起焊枪练习，等别人上班时他已经练习了 1 个多小时。

看得见的成功背后是看不见的努力。梁飞曾在高空悬挑架上被温度高达 1630℃的铁液穿过劳保鞋烫伤脚面，他依旧坚持完成作业；在北方寒冷的冬季，他与 7 位同事挤住在仅有一个烤火炉的 $30m^2$ 房间里，换来了月产量超过 500t、焊缝合格率 100%的业绩。

近年来，他屡屡攻克技术难题，累计为企业贡献专利 3 项，技术革新 10 余项，减本增效超过 450 万元。特别是二氧化碳气体保护焊技术，为发展绿色建筑提供了保障。

项目二 认识气源装置与气动执行元件

项目概述

气压传动系统是以压缩空气为工作介质实现动力传递和工程控制的系统。与机械、电气、液压传动相比，气压传动由于工作介质是空气，因此具有来源方便、不污染环境、节能、高效、动作迅速、维护简单、调节方便、气动元件结构简单、成本低、寿命长等优点，近年来得到了迅速发展，在机械、轻工、航空、交通运输等行业中得到广泛应用。

气源装置与气动执行元件是气压传动系统中两个重要的组成部分。气源装置将机械能转化为气压能，并向控制元件和执行元件提供清洁的压缩空气，是气动系统的动力部分。气动执行元件则将气压能转化为机械能，并完成人们所需要的各种动作。

因此，认识气源装置与气动执行元件及其组成、类型、结构形式等是学习气压传动的重要一步。

图 2-0-1 所示为项目二思维导图。

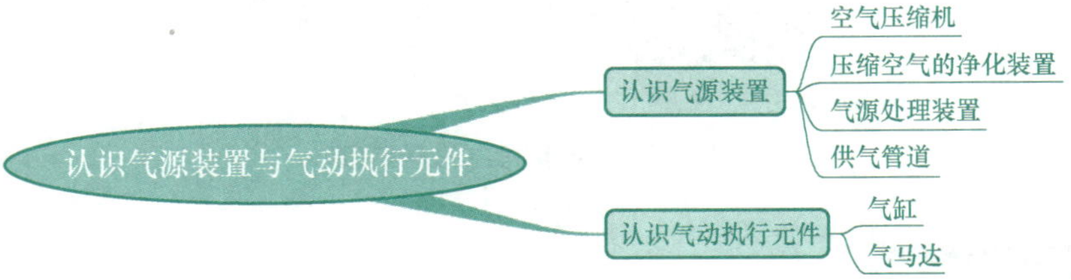

图 2-0-1 项目二思维导图

项目目标

知识目标

1. 掌握气源装置及气动执行元件的结构原理及图形符号。
2. 掌握气动执行元件的结构及特性。

技能目标

1. 认识气源装置和气动执行元件。
2. 会使用气源装置和气动执行元件。

素养目标

1. 培养学生实事求是的学习态度、积极探索的学习习惯。
2. 激发学生参与专业实践的热情。

任务一　认识气源装置

【任务内容】

请你观察如图 2-1-1 所示的容积式空气压缩机，并分析：气罐部分、电动机部分、压缩机部分分别处于何位置？它属于几缸几活塞式压缩机？

图 2-1-1　容积式空气压缩机

【任务分析】

气源装置为气动系统提供满足一定质量要求的压缩空气，它是气动系统的动力部分。这部分元件性能的好坏直接关系到气动系统能否正常工作。

气源装置是气动系统的动力源，它的作用是提供清洁、干燥且具有一定压力和流量的压缩空气，以满足不同条件的使用场合对压缩空气质量的要求。气源装置一般包括产生压缩空气的空气压缩机、输送压缩空气的管道、压缩空气的净化装置和气源处理装置组成。

压缩空气的净化装置一般包括后冷却器、油水分离器、干燥器、气罐等。气源处理装置，即气动三联件，包括空气过滤器、减压阀和油雾器。

图 2-1-2 所示为气源装置。

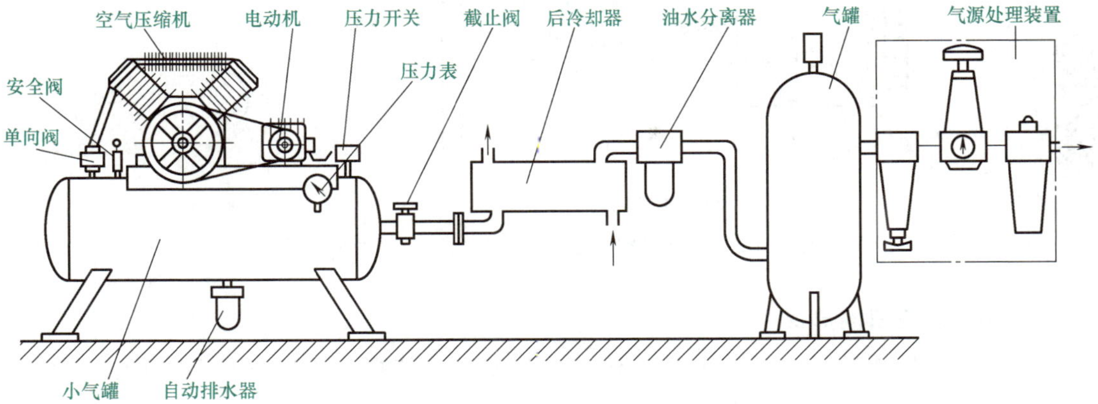

图 2-1-2　气源装置

【任务实施】

1. 教师引导学生观看实物，认识气源装置的各部分名称及作用。
2. 学生整理气源装置各部分的连接关系。
3. 关闭输出气口，起动空气压缩机，向气罐充气。
4. 调节压力自动开关，使气罐维持在一个安全压力上。
5. 检查油水分离器、减压阀、油雾器是否能正常工作。

【知识链接】

一、空气压缩机

空气压缩机是气动系统的动力源，它把电动机输出的机械能转换成气压能输送给气压系统。空气压缩机按工作原理主要可分为容积型和速度型两类，目前，使用最广泛的是容积型活塞式压缩机。空气压缩机按输出压力可分为低压型（0.2～1MPa）、中压型（1～10MPa）、高压型（>10MPa）。

1. 空气压缩机的工作原理

如图 2-1-3 所示，当活塞向右运动时，气缸内活塞左腔的压力低于大气压力，吸气阀被打开，空气在大气压力作用下进入气缸内，这个过程称为“吸气过程”。当活塞向左移动时，吸气阀在缸内压缩气体的作用下而关闭，缸内气体被压缩，这个过程称为“压缩过程”。当气缸内空气压力增高到略高于输气管内压力后，排气阀被打开，压缩空气进入输气管道，这个过程称为“排气过程”。活塞的往复运动是由电动机带动曲柄转动，通过连杆、滑块、活塞杆转化为直线往复运动而产生的。大多数空气压缩机是多缸多活塞的组合。

空气压缩机的原理

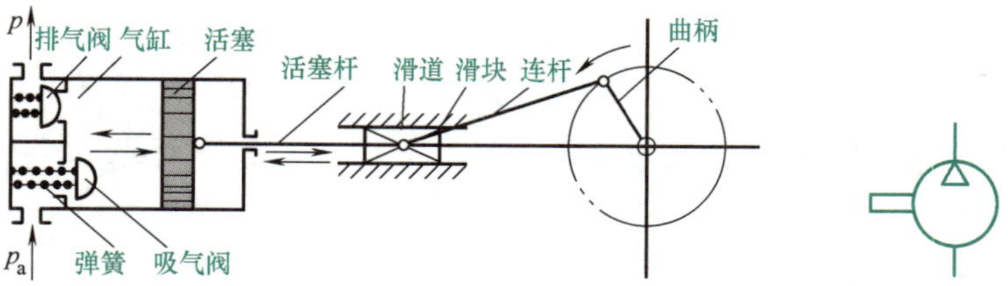

a) 工作原理　　　　b) 图形符号

图 2-1-3 活塞式空气压缩机工作原理及其图形符号

2. 空气压缩机的选择

主要以气压传动系统所需要的工作压力和流量为依据。一般气动系统的工作压力为 0.5~0.8MPa，选用额定排气压力为 0.7~1MPa 的空气压缩机。输出流量要根据整个气动系统对压缩空气的需要，再加一定的备用余量，作为选择空气压缩机流量的依据。

由空气压缩机输出的压缩空气，虽然能够满足一定的压力和流量要求，但不能直接被气动装置使用。因为一般气动设备所使用的空气压缩机为工作压力较低、用油润滑的活塞式空气压缩机。它从大气中吸入含有水分和灰尘的空气，经压缩后空气温度升高到 140~170℃，这时压缩机气缸中的润滑油也部分地成为气态。这样油分、水分以及灰尘便形成混合的胶体微雾及杂质，混合在压缩空气中一同排出。如果将此压缩空气直接送给气动装置使用，将会影响设备的寿命，严重时导致整个气动系统工作不稳定甚至失灵。因此必须设置一些除油、除水、除尘并使压缩空气干燥的气源净化辅助设备，以提高压缩空气质量。

二、气源处理装置

在气动技术中，将空气过滤器、减压阀和油雾器无管直接连接为一体，称为气源处理装置，也称为气动三联件，具有净化、调压和润滑三大功能。它是多数气动系统中不可缺少的气动组件，通常安装在用气设备的进气口附近。其工作过程：经初步净化的压缩空气首先进入空气过滤器，经除水、滤灰净化后进入减压阀，经减压后得到满足气动系统的要求压力，最后进入油雾器，将润滑油雾化后，混入压缩空气一起输往气动控制和执行装置。

气源处理装置中的过滤器的功能已在任务“认识空气及净化措施”中介绍，这里重点介绍减压阀和油雾器的功能。

1. 减压阀

减压阀也称为调压阀，在气动系统中，一般都是由空气压缩机先将空气压缩后贮存在气罐内，然后经管路输送给各个气动装置使用，气罐提供的空气压力往往比各台装置实际所需要的压力高些，同时其压力波动值也较大。因此需要用减压阀调节或控制气体压力的变化，并保持压力值稳定在需要的数值上，确保系统压力稳定。

减压阀的调压方式有直动式和先导式两种，直动式是借助改变弹簧力来直接调整压力的，而先导式则用预先调整好的气压来代替直动式调压弹簧来进行调压。一般先导式减压阀的流量特性比直动式的好。

图 2-1-4 所示为直动式减压阀，当顺时针旋紧调压旋钮时，调压弹簧被压缩，推动膜片和阀芯下移，阀口开启，减压阀输出口、输入口导通。阀口具有节流作用，气流流经阀口后压力降低。输出气压通过反馈管作用在膜片上，产生向上的推力。当这个推力和调压弹簧的作用力相平衡时，调压阀就获得了稳定的压力输出。通过旋紧和旋松调节旋钮就可以得到不同的阀口大小，也就得到不同的输出压力。为了调节方便，经常将压力表直接安装在调压阀的出口。

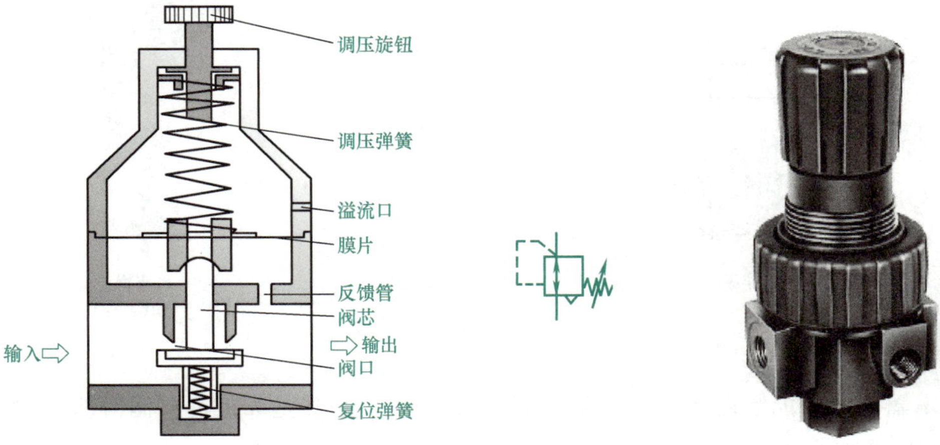

a) 结构　　b) 图形符号　　c) 实物

图 2-1-4　直动式减压阀

直动式液压阀

假设输出压力调定后，当输入压力升高时，输出压力也随之升高，膜片上移，阀口开度减小。阀口开度的减小会使气体流过阀口时的节流作用增强，压力损失增大，这样输出压力又会下降至调定值。反之，当输入压力下降时，阀口开度则会增大，使输出压力仍能基本保持在调定值上，实现了调压阀的稳压作用。

溢流口的作用是不管膜片上移还是下移，膜片上方腔体内的气体压力始终等于大气压。

安装减压阀时，要按气流的方向和减压阀上所示的箭头方向，依照排水过滤器、减压阀、油雾器的安装次序进行安装。调压时应由低向高调，直至规定的调压值为止。阀不用时应把手柄放松关掉阀口，以免膜片经常受压变形。

2. 油雾器

油雾器是一种特殊的注油装置，它以压缩空气为动力，将润滑油喷射成雾状并混合于压缩空气中，随压缩空气进入需要润滑的部位，达到润滑气动元件的目的。其主要作用：减少相对运动件间的摩擦，保证元件动作正常；减少密封材料的磨损，防止泄漏；防止管道及金属零部件的腐蚀，延长元件使用寿命。

目前，气动控制阀、气缸等主要是靠这种带有油雾的压缩空气来实现润滑，其优点是方便、干净、润滑质量高。但食品、药品、电子等行业的气动装置由于安全和健康原因是不允许油雾润滑的。

普通型油雾器能在进气状态下加油。图 2-1-5 所示为普通型油雾器，当气流经过节流小孔时，压力降为 p_2，当输入压力 p_1 和 p_2 的压力差大于位能 ρgh 时，油液被向上吸，并被节流口处的高速气体射散，雾化后从输出口喷出。

油雾器的原理

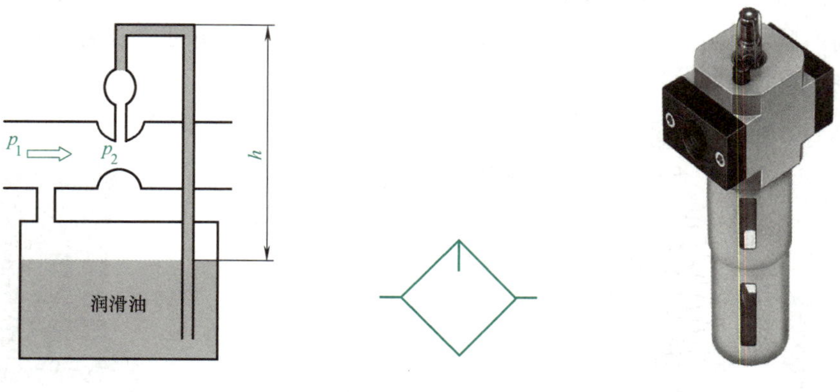

a) 工作原理　　b) 图形符号　　c) 实物

图 2-1-5　普通型油雾器

油雾器一般应配置在排水过滤器和减压阀之后，且应尽量靠近需要润滑的气动元件部位，与换向阀的距离一般不应超过 5m。安装油雾器时应注意进、出口不能接错；垂直安装，不可倒置或倾斜；保持正常油面，不应过高或过低。

三、供气管道

1. 管件

管件在气动系统中起连接各元件的重要作用，通过它向各气动元件、装置和控制点输送压缩空气。

管件的材料有金属和非金属之分，金属管件多用于车间气源管道和大型气动设备；非金属管件多用于中小型气动系统元件之间的连接，以及需要经常移动的元件之间的连接（如气动工具）。

气动软管是气动系统最主要的连接管件。软管的特点有可挠性、吸振性、消声性，以及连接、调整方便等。气动软管主要有橡胶管、尼龙管、聚氨酯管和聚乙烯管等。

2. 管接头

气动系统中使用的管接头的结构及工作原理与液压管接头基本相似。气动软管管接头的种类、规格很多，常用的结构形式有快换式管接头、快插式管接头、快拧式管接头和宝塔式管接头等。管接头的形式有直通、终端、直角、三通、四通、多通、异径等，如图 2-1-6 所示。软管管接头的材料一般为黄铜或工程塑料。

a) PX Y形螺纹三通　　b) PV二通　　c) PU直通

图 2-1-6　管接头的部分型式

【任务评价】

考核评价表见表 2-1-1，根据自评、小组互评和教师评价将各项得分以及总评内容和得分填入表中。

表 2-1-1　考核评价表

序号	评价内容	配分	要点总结	自评	组评	师评
1	气源装置的组成	10 分				
2	空气压缩机的原理	20 分				
3	减压阀的原理	20 分				
4	油雾器的原理	10 分				
5	供气管道	10 分				
6	安全文明操作	30 分				
总计得分		100 分				

【课后思考】

一、选择题

1. 空气压缩站不包括（　　）。

A. 空气压缩机　　B. 过滤器　　C. 气缸　　D. 气罐

2. 油雾器的作用是（　　）。

A. 过滤空气中的水蒸气　　B. 去除空气中的杂质

C. 加入润滑油　　D. 分离润滑油

3. 气源装置的核心元件是（　　）。

A. 气马达　　B. 空气压缩机　　C. 油水分离器　　D. 气缸

4. 关于气动减压阀，描述错误的是（　　）。

A. 使出口压力保持基本稳定　　B. 在不工作时进出口是不通的

C. 通常安装在过滤器和油雾器之间　　D. 有直动式和先导式两种

二、简答题

1. 结合工业生产中的气源装置设备，简述气源装置的各个组成部分及作用。

2. 为什么空气压缩机一会起动，一会停止？

3. 空气压缩机的噪声很大，查询资料并简述如何降低其噪声。

任务二　认识气动执行元件

【任务内容】

图 2-2-1 所示为气动扳手，观察并分析：输出端做的是直线运动还是旋转运动？在实际生产生活中是如何工作的？

图 2-2-1　气动扳手

【任务分析】

气动执行元件是将压缩空气的压力能转化为机械能的能量转换装置，包括气缸和气马达，气缸用于实现直线往复运动，气马达用于实现旋转运动。

【任务实施】

1. 学生在教师指导下，去当地气动元件商店、气动元件生产厂家或气动设备使用企业，实地了解气动执行元件。

2. 教师在课件准备好气缸和气马达。

3. 进行气缸的拆装。

【知识链接】

一、气缸

气缸结构简单、成本低、工作可靠，因此气缸应用广泛。但是气缸也有其缺点，主要是由于空气的压缩性使速度和位置控制的精度不高，输出功率小。

1. 气缸的分类

气缸的分类有多种，按压缩空气对活塞作用力的方向可分为单作用式和双作用式；按气缸的结构特征可分为活塞式、薄膜式和柱塞式；按气缸的安装形式可分为固定式（耳座式、凸缘式和法兰式）、轴销式（尾部轴销、中间轴销和头部轴销）、回转式和嵌入式；按气缸的功能又可分为普通气缸（包括单作用式气缸和双作用式气缸）和特殊气缸（包括缓冲气缸、摆动气缸、冲击气缸和气-液阻尼缸等)。

2. 气缸的工作原理和用途

(1) 单作用气缸　压缩空气作用在活塞端面上，推动活塞运动，而活塞的反向运动依靠复位弹簧力、重力或其他外力，这类气缸称为单作用气缸，如图 2-2-2 所示。

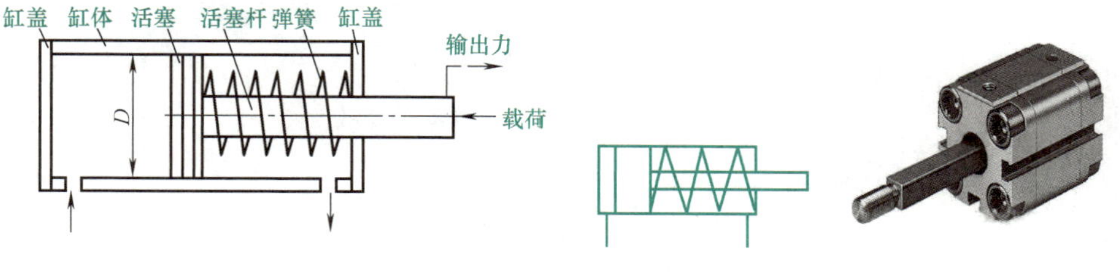

a) 结构　　b) 图形符号　　c) 实物

图 2-2-2　单作用气缸

这种气缸的特点是：

1) 由于单边进气，所以结构简单，耗气量小。

2) 由于用弹簧复位，使压缩空气的能量有一部分用来克服弹簧的弹力，因而减少了活塞杆的输出力。

3) 缸体内因安装弹簧而减少了空间，缩短了活塞的有效行程。

4) 气缸复位弹簧的弹力是随其变形大小而变化的，因此活塞杆的推力和运动速度在行程中是变化的。

因此，单作用气缸多用于短行程及对活塞杆推力、运动速度要求不高的场合，如用于定位和夹紧等。

气缸工作时，活塞杆上输出的推力必须克服弹簧的弹力及各种阻力，可用式 2-1 计算

$$F=\frac{\pi}{4}D^2p\eta_C-F_S \qquad (2\text{-}1)$$

式中　F——活塞杆上的推力；

D——活塞直径；

p——气缸工作压力；

F_S——弹簧力；

η_C——气缸的效率，一般取 0.7~0.8，当活塞运动速度<0.2m/s 时取大值，活塞运动速度≥0.2m/s 时取小值。

气缸工作时的总阻力包括运动部件的惯性力和各密封处的摩擦阻力等，它与多种因素有关，综合考虑以后，以效率 η_C 的形式计入公式中。

(2) 双作用气缸　活塞在两个方向上的运动都是依靠压缩空气的作用而实现的，这类气缸称为双作用气缸，如图 2-2-3 所示。

无杆腔进气时，活塞杆上的输出力：

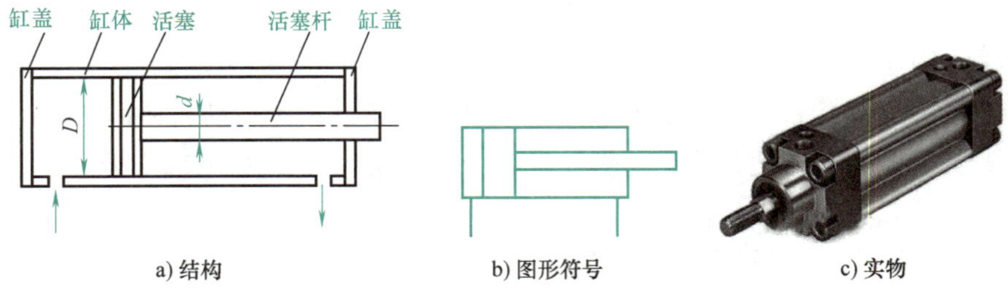

图 2-2-3　双作用气缸

$$F_1=\frac{\pi}{4}D^2p\eta_C$$

有杆腔进气时，活塞杆上的输出力：

$$F_2=\frac{\pi}{4}(D^2-d^2)p\eta_C$$

式中　D——活塞直径；

d——活塞杆直径；

p——气缸工作压力；

η_C——气缸的效率，一般取 0.7～0.8，当活塞运动速度<0.2m/s 时取大值，活塞运动速度≥0.2m/s 时取小值。

（3）气-液阻尼缸　普通气缸工作时，由于气体的压缩性，当外部载荷变化较大时，会产生“爬行”或“自走”现象，使气缸的工作不稳定。为了使气缸运动平稳，普遍采用气-液阻尼缸。气-液阻尼缸由气缸和液压缸组合而成。利用油液的不可压缩性和控制油液排量来获得活塞的平稳运动和调节活塞的运动速度。

气-液阻尼缸按其组合方式不同可分为串联式和并联式两种，如图 2-2-4 所示。

串联式气液阻尼缸的原理

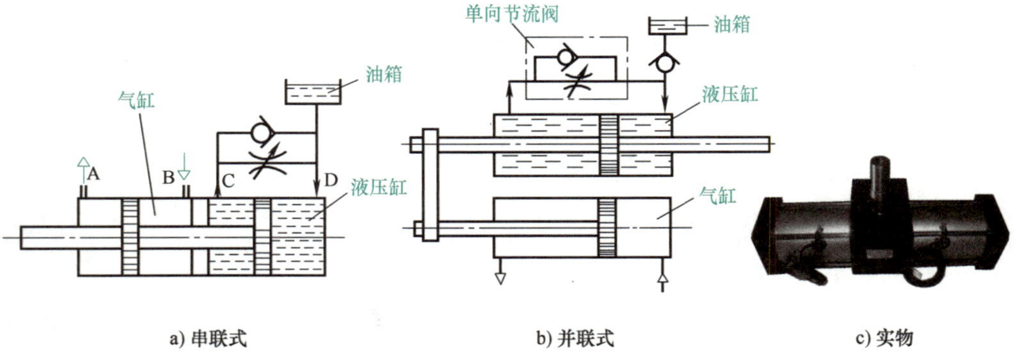

图 2-2-4　气-液阻尼缸

图 2-2-4a 所示为串联式气-液阻尼缸，它将液压缸和气缸串联成一个整体，两个活塞固定在一根活塞杆上。若压缩空气进入气缸右侧，必推动活塞向左运动，因液压缸活塞与气缸活塞是同一个活塞杆，故液压缸活塞也将向左运动，此时液压缸左腔排油，由于单向阀关闭，油液经节流阀流回右腔，对整个活塞的运动产生阻尼作用，调节节流阀即可改变

活塞的输出速度；反之，压缩空气进入气缸左侧，活塞向右移动，液压缸右侧排油，此时单向阀开启，无阻尼作用，活塞快速向右运动。这种缸的缸体较长，加工与装配的工艺要求高，且两缸间可能产生窜气窜油现象。

这种气-液阻尼缸也可将双活塞杆腔作为液压缸，这样可以使液压缸左、右腔的排油量相等，以减小高位油箱的容积。此时，油箱的作用只是补充液压缸因外泄漏而减少的油量，因此改用油杯就可以了。

图 2-2-4b 所示为并联式气-液阻尼缸，它由气缸和液压缸并联而成，其工作原理和作用与串联式气-液阻尼缸相同。这种气-液阻尼缸的缸体短，结构紧凑，消除了气缸和液压缸之间的窜气现象。但由于气缸和液压缸不在同一轴线上，安装时对其平行度要求较高，此外还必须设置油箱，以便在工作时用它来储油和补充油液。

（4）薄膜式气缸　薄膜式气缸是一种利用膜片在压缩空气作用下产生变形来推动活塞杆做往复直线运动的气缸。分单作用式和双作用式两种，如图 2-2-5 所示。单作用式薄膜气缸如图 2-2-5a 所示，其工作原理：当压缩空气进入上腔时，膜片在气压作用下产生变形使活塞杆伸出，夹紧工件；松开工件则靠弹簧的作用使膜片复位。

薄膜式气缸和活塞式气缸相比较，具有结构简单、紧凑、制造容易、成本低、维修方便、寿命长、泄漏小、效率高的优点。但是膜片的变形量有限，故其行程短（一般不超过 40mm），且气缸活塞杆上的输出力随着行程的加大而减小，因此应用范围受到一定限制，常用于各种自锁机构及夹具。

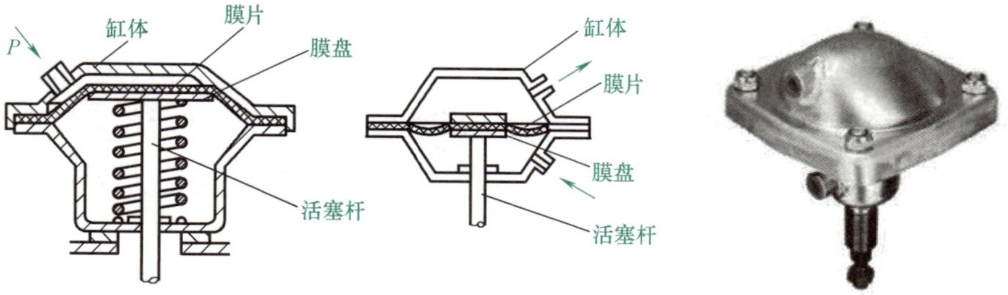

a) 单作用式　　b) 双作用式　　c) 实物

图 2-2-5　薄膜式气缸

单作用薄膜式气缸

（5）冲击气缸　冲击气缸是把压缩空气的压力能转换为活塞、活塞杆的高速运动，输出动能，产生较大的冲击力，打击工件做功的一种气缸。

冲击气缸是一种体积小、结构简单、易于制造、耗气功率小但能产生相当大的冲击力的一种特殊气缸。与普通气缸相比，冲击气缸的结构特点是增加了具有一定容积的蓄能腔和喷嘴。

冲击气缸的整个工作过程：图 2-2-6 所示为冲击气缸，当压缩空气输入蓄能腔时，其压力只能通过喷嘴口的小面积作用在活塞上，还不能克服活塞杆腔的排气压力所产生的向上的推力以及活塞与缸体间的摩擦力，喷嘴口处于关闭状态，从而使蓄能腔的充气压力逐渐升高。当充气压力升高到能使活塞向下移动时，活塞的下移使喷嘴口开启，聚集在蓄能腔中的压缩空气通过喷嘴口突然作用于活塞的全面积上。高速气流进入活塞腔进一步膨胀

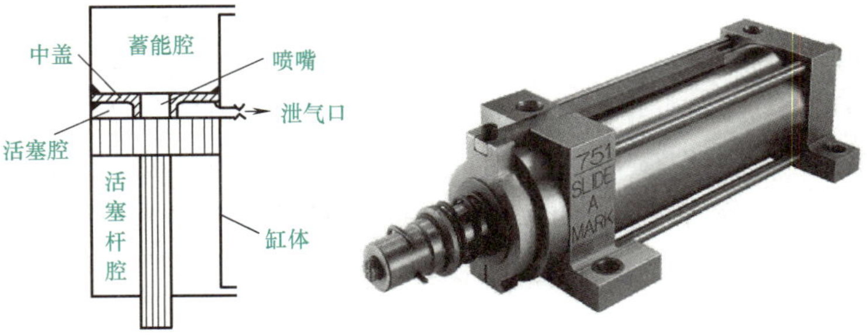

a) 结构　　b) 实物

图 2-2-6　冲击气缸

并产生冲击波，波的阵面压力可高达气源压力的几倍到几十倍，给予活塞很大的向下推力。此时活塞杆腔内的压力很低，活塞在很大的压差作用下迅速加速，在很短的时间内以极高的速度向下冲击，从而获得很大的动能。利用这个能量实现冲击做功，可产生很大的冲击力。

冲击气缸广泛应用于锻造、冲压、下料、压坯等方面。

二、气马达

气马达是将压缩空气的压力能转换成旋转的机械能的装置。

1. 气马达的工作原理

在气压传动中使用最广泛的是叶片式和活塞式气马达。图 2-2-7 所示为叶片式气马达，主要包括一个径向装有 3~10 个叶片的转子，偏心安装在定子内，转子两侧有前后盖板，叶片在转子的槽内可径向滑动，叶片底部通有压缩空气，转子转动是靠离心力和叶片底部气压将叶片紧压在定子内表面上。定子内有半圆形的切沟，提供压缩空气及排出废气。

叶片式马达工作原理

a) 工作原理　　b) 实物　　c) 图形符号

图 2-2-7　叶片式气马达

当压缩空气从 A 口进入定子内，会使叶片带动转子逆时针旋转，产生转矩。废气从排气口 C 排出；而定子腔内残留气体则从 B 口排出。如需改变气马达旋转方向，只需改变进、排气口即可。

叶片式气马达主要用于风动工具（如风钻、风扳手、风砂轮）、高速旋转机械及矿山机械等。

2. 气马达的特点

(1) 气马达的优点

1）可以无级调速，只要控制进气流量，就可以调节输出转速，额定转速以每分钟几十转到几十万转。

2）工作安全。因为其工作介质是空气，可以在易燃易爆场所工作，同时不受高温和振动的影响。

3）过载时能自动停转。可以长时间满载工作而温升较小，过载时马达只是降低转速或停车，当过载解除后，可立即重新正常运转。

4）具有较高的起动力矩，可以直接带负载起动。

5）结构简单、操纵方便、维护容易、成本低。

(2) 气马达的缺点　输出功率小、耗气量大、效率低、噪声大以及易产生振动。

【任务评价】

考核评价表见表2-2-1，根据自评、小组互评和教师评价将各项得分以及总评内容和得分填入表中。

表 2-2-1　考核评价表

序号	评价内容	配分	要点总结	自评	组评	师评
1	气缸的分类	10分				
2	气缸的原理	30分				
3	气马达的原理	20分				
4	气马达的特点	10分				
5	安全文明操作	30分				
总计得分		100分				

【课后思考】

一、选择题

1. 在要求双向行程时间相同的场合，应采用（　　）气缸。

A. 多位气缸　　B. 膜片式气缸　　C. 伸缩套筒气缸　　D. 双出杆活塞缸

2. 气马达用于实现连续的（　　）。

A. 直线运动　　B. 往复摆动　　C. 旋转运动　　D. 加速运动

3. 压缩空气作用在活塞一端面上，推动活塞运动，而活塞的反向运动依靠复位弹簧力、重力或其他外力来工作的这类气缸称为（　　）。

A. 双作用气缸　　B. 单作用气缸　　C. 冲击气缸　　D. 缓冲气缸

二、简答题

1. 木工用的气动打钉枪是气动执行元件，查询资料分析其原理。
2. 简述常见气缸的类型。

【匠心筑梦】

匠心守护飞机“心脏”

他是我国航空发动机制造行业的佼佼者，登上过国家科技最高领奖台，他通过十几年的潜心钻研，研究出“航空发动机叶片磨削用滚轮精密制造技术”，成为行业领军人物，他就是中国航发沈阳黎明航空发动机有限责任公司车工、高级技师洪家光。

航空发动机被誉为现代工业“皇冠上的明珠”，相当于飞机的“心脏”。洪家光加工的精密零件正是影响发动机安全性能的关键承载部件。

多年前，在加工发动机的修正工具金刚石滚轮时，恰巧当时掌握此项技术的师傅生病住院，任务节点迫在眉睫。得知此事后，洪家光主动承担起任务。

加工这一零件精度要求极高，如果金刚石滚轮有1个尺寸超差，就会导致修理的零件报废。他与团队成员仔细研究叶片的结构特点，用心揣摩，找资料、请专家、做实验，不断潜心探索实践，终于攻克了这项难题。

此后，经过不断努力，他与团队成员研发出叶片磨削用金刚石滚轮制造工具。这一工具经生产单位应用后，叶片加工质量和合格率得到了提升。2018年，凭借该项技术，39岁的洪家光获得国家科技进步二等奖，是当时所有获奖者中最年轻的一位。

如今，看洪家光干活已成为一种享受：一身整洁的工装，双手协调操作将圆形坯料装夹在卡盘上，调整加工参数，打开切削液开关，起动车床，左手摇动床鞍手柄，右手移动中滑板，对刀，调零，试切，退刀，停车，检测。调整中滑板进刀，再次起动机床重复车削、停车、检测等步骤，直至尺寸合格。整套动作行云流水，一气呵成。

遇到棘手问题，他总是挖空心思想办法解决。他擅长采用先进的加工方法，充分发挥设备、刀具的加工能力。20年来，他先后完成了200多项革新，解决了300多个难题。

项目三 气动基本回路的组装与调试

项目概述

在现代工业中，气动系统为了实现各种功能，就构成了不同的气动系统形式。但无论多么复杂的系统都是由一些基本的回路组成：方向控制回路、速度控制回路、压力控制回路、顺序动作控制回路等，了解这些回路的功能，熟悉回路中相关元件的作用，就可以帮助我们去正确安装、维护这些元件，调试回路实现其功能。

本项目将学习：气动方向控制回路的组装与调试、气动压力控制回路的组装与调试、气动速度控制回路的组装与调试、气动顺序动作控制回路的组装与调试、气动多缸动作控制回路的组装与调试，通过这些基本回路的分析，进一步完成气压传动系统的识读和维护，为维护维修打下基础。

图 3-0-1 所示为项目三思维导图。

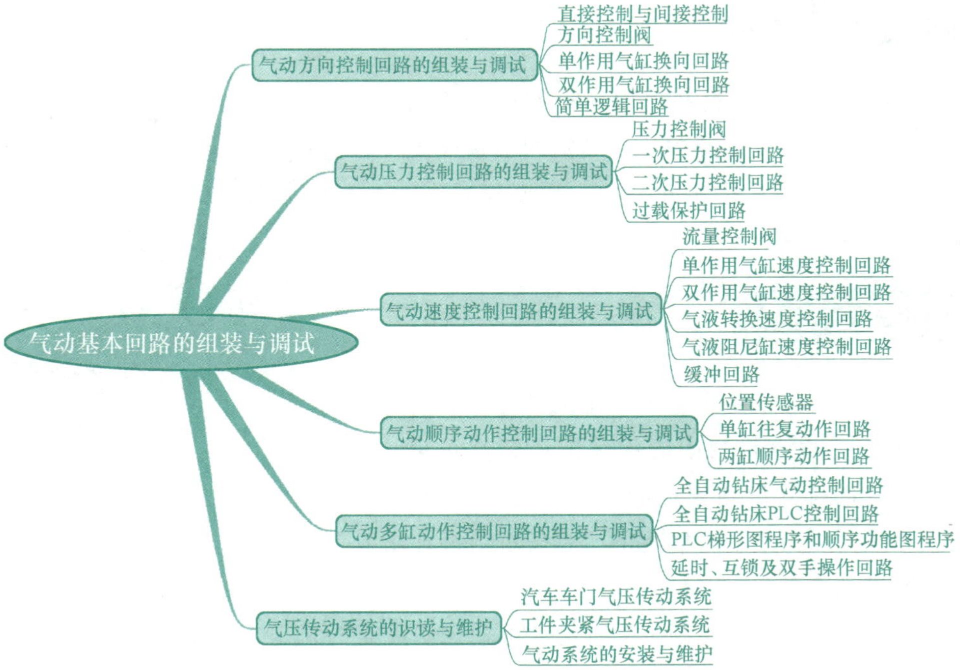

图 3-0-1 项目三思维导图

项目目标

知识目标

1. 理解气动方向控制阀的工作过程，会分析方向控制的基本回路。
2. 理解气动压力控制阀的工作过程，会分析压力控制的基本回路。
3. 理解气动速度控制阀的工作过程，会分析速度控制的基本回路。
4. 理解气动顺序控制阀的工作过程，会分析顺序控制的基本回路。
5. 理解多缸动作控制回路的工作过程，会分析简单 PLC 控制程序。
6. 了解典型气压传动系统的分析方法及使用维护常识。

技能目标

1. 会安装常用气动控制回路的气路连接。
2. 会安装常用气动控制回路的电路连接及 PLC 编程分析。

素养目标

1. 培养团结协作、沟通交流的能力。
2. 培养分析问题、解决问题的能力。

任务一　气动方向控制回路的组装与调试

【任务内容】

如图 3-1-1 所示的送料装置用于将物料推送到加工位置。要求按下按钮开关后，气缸的活塞杆向前运动推送物料；松开按钮开关后，活塞杆返回，准备推送下一个工件。

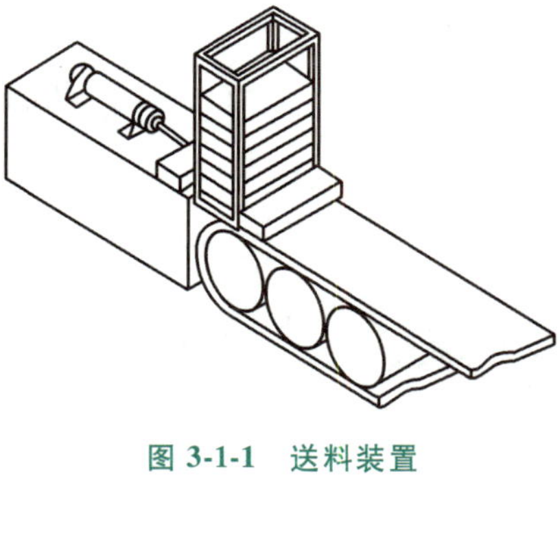

图 3-1-1　送料装置

【任务分析】

送料装置是机电设备中常见的组成部分，利用送料装置将位于垂直料仓中的物件推送到传送带上，并由传送带将其送到规定的加工位置。其中，工件的推出是由一只气缸来实现的，当气缸活塞伸出时，物料推出；当气缸活塞返回时，为下次物料推送作准备。

为实现该送料装置的控制，执行元件可根据实际需要采用单作用气缸或双作用气缸。如果所推物件很重，那么执行元件可采用双杆气缸，反之可选用单杆气缸，以减小耗气量。确定好执行元件的类型后，根据气缸的类型选取具有相应“位”和“通”路数的方向控制阀，控制阀可根据具体要求采用人力、机械或电磁等控制方式。

图 3-1-2a 所示为采用单作用单杆气缸的直接控制，通过人力或机械外力直接控制换向阀换向来控制执行元件动作的控制方式称为直接控制。直接控制所用元件少，回路简单，主要用于单作用气缸或双作用气缸的简单控制，但无法满足换向条件比较复杂的控制要求。而且由于直接控制是由人力和机械外力直接操纵换向阀换向的，操纵力较小，只适用于所需气体流量和控制阀的尺寸相对较小的场合。

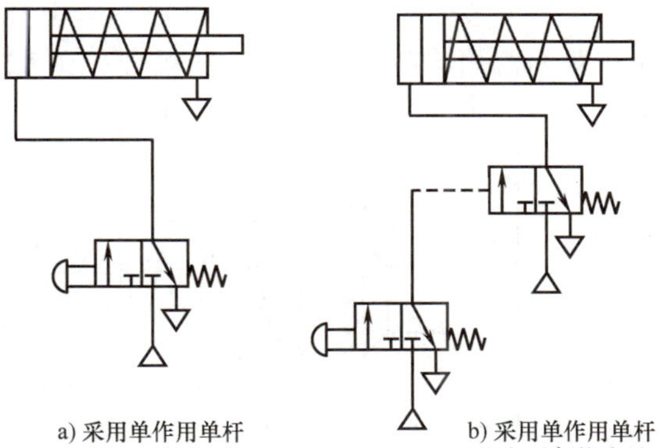

a) 采用单作用单杆气缸的直接控制　　b) 采用单作用单杆气缸的间接控制

图 3-1-2　送料装置的直接控制和间接控制

图 3-1-2b 所示为采用单作用单杆气缸的间接控制，间接控制是指执行元件由气控换向阀来控制动作，人力、机械外力等外部输入信号只是用来控制气控换向阀的换向、不直接控制执行元件动作。

间接控制主要用于下面两种场合：

（1）控制要求比较复杂的回路　在多数气压控制回路中，控制信号往往不止一个，或输入信号要经过逻辑运算、延时等处理后才去控制执行元件动作。如果采用直接控制，将无法满足控制要求，这时宜采用间接控制。

（2）高速或大口径执行元件的控制　执行元件所需气流量的大小决定了所采用的控制阀通径的大小。对于高速或大口径执行元件，其运动需要较大的压缩空气流量，相应控制阀的通径也较大。这样使得驱动控制阀阀芯动作需要较大的操纵力，宜采用间接控制。

【任务实施】

1. 教师利用 FESTO FluidSIM-P3. 6 气动仿真软件进行仿真。

2. 在教师的帮助下，学生按照回路图中的元件图形选择合适的气缸、换向阀等气动元件。

3. 在实训平台上固定气动元件。

4. 分别按照直接控制和间接控制方式进行回路连接，并检查连接是否正确。

5. 打开气源，按下按钮观察气缸运动情况，松开按钮，观察气缸运动情况。

6. 经教师检查评估后，关闭气源，拆下管路和元件，并将其放回原位。

【知识链接】

一、方向控制阀

方向控制阀是通过改变压缩空气的流动方向和气流的通断，以控制执行元件起动、停止及运动方向的气动控制元件。

1. 单向型控制阀

（1）单向阀　在单向阀中，气体只能沿着一个方向流动，反向不能流动，如图 3-1-3 所示。单向阀用于防止气体倒流的场合，在大多数情况下与节流阀组合来控制气缸的运动速度。

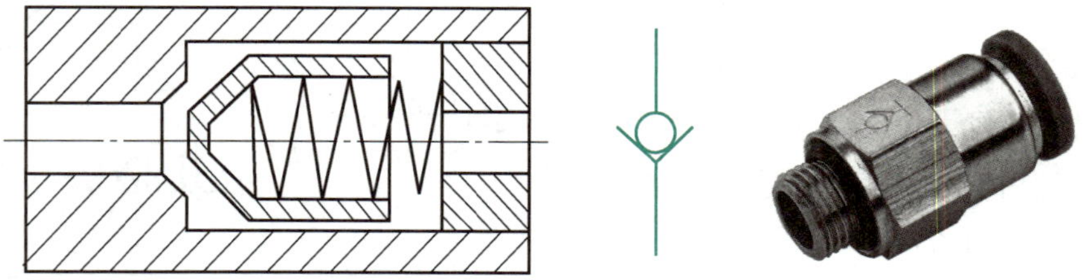

a) 结构　　b) 图形符号　　c) 实物

图 3-1-3　单向阀

（2）梭阀　在气压传动系统中，当两个通路 P_1、P_2 口均与通路 A 口相通，而不允许 P_1 和 P_2 口相通时，就要采用梭阀。梭阀相当于共用一个阀芯而无弹簧的两个单向阀的组合，其作用相当于“或门”逻辑功能，在气动系统中应用较广。如图 3-1-4 所示为梭阀。只要 P_1 或 P_2 口有压缩空气输入时，A 口就会有压缩空气输出。当 P_1 口进气时，推动阀芯右移，使 P_2 口堵塞，压缩空气从 A 口输出；当 P_2 口进气时，推动阀芯左移，使 P_1 口堵塞，A 口仍有压缩空气输出，如图 3-1-4a 所示；当 P_1、P_2 口都有压缩空气输入时，按压力加入的先后顺序和压力的大小而定，若压力不同，则高压口的通路打开，低压口的通路关闭，A 口输出高压口压缩空气。

梭阀的原理

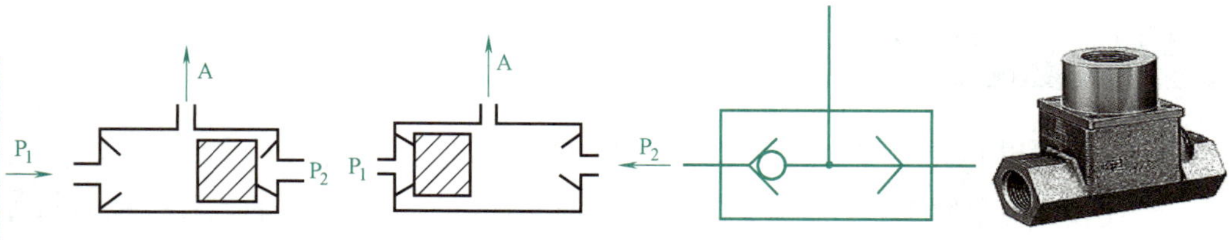

a) 结构　　b) 符号　　c) 实物

图 3-1-4　梭阀

（3）双压阀　如图 3-1-5 所示，双压阀的作用相当于逻辑元件中的“与门”，即当两控制口 P_1、P_2 口均有输入时，A 口才有输出，否则均无输出。当 P_1、P_2 口气体压力不等时，则气压低的通过 A 口输出。

（4）快速排气阀　图 3-1-6 所示为快速排气阀，进气口 P 进入压缩空气，并将密封活塞迅速上推，开启阀口，同时关闭排气口 T，使进气口 P 和工作口 A 相通；P 口没有压缩空气进入时，在 A 口和 P 口压差作用下，密封活塞迅速下降，关闭 P 口，使 A 口通过 T 口快速排气。

快速排气阀常安装在换向阀和气缸之间。

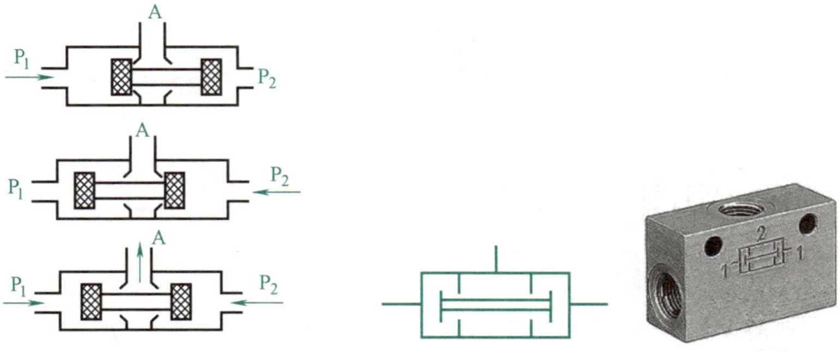

a) 结构　　b) 图形符号　　c) 实物

图 3-1-5　双压阀

双压阀

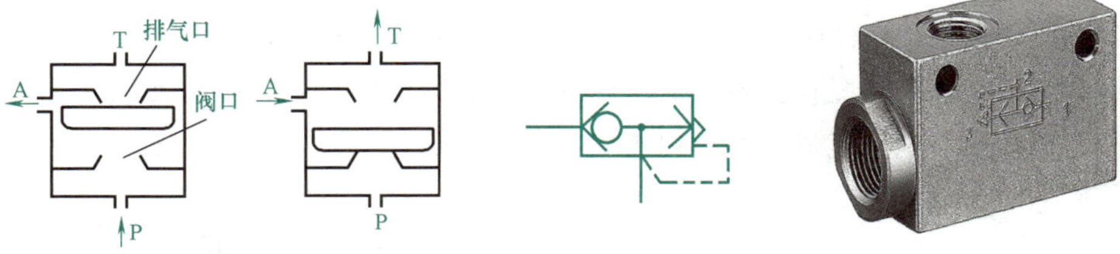

a) 结构　　b) 图形符号　　c) 实物

图 3-1-6　快速排气阀

快速排气阀

图 3-1-7 所示为快速排气阀的应用回路。它使气缸的排气不用通过换向阀而快速排出，从而加速了气缸往复的运动速度，缩短了工作周期。

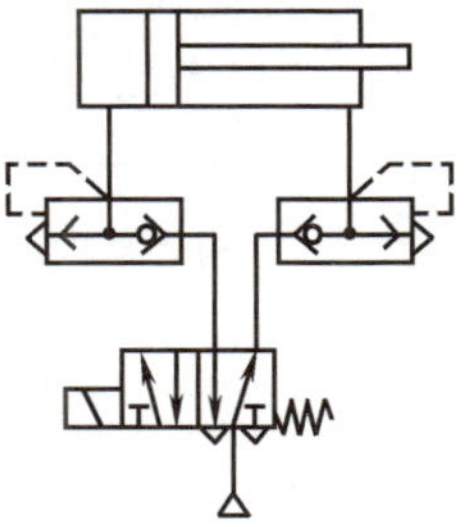

图 3-1-7　快速排气阀的应用回路

2. 换向型控制阀

换向型控制阀又称为换向阀，是通过改变气体通道，使气体流动方向发生变化，来改变气缸或气马达等执行元件的运动方向的元件。

(1) 换向阀的图形符号　图 3-1-8 所示为二位五通电磁先导换向阀图形符号及说明。

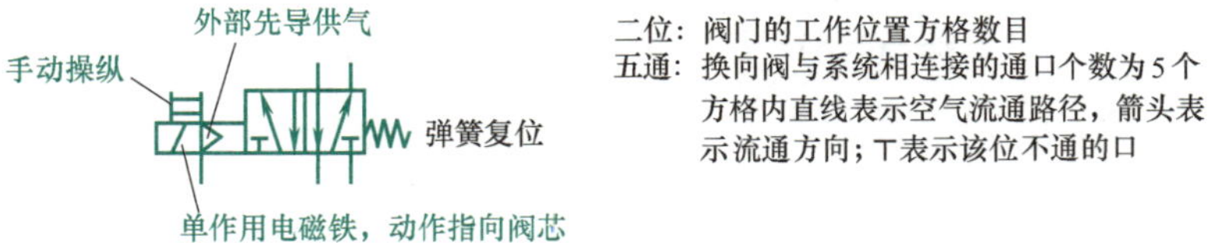

图 3-1-8　二位五通电磁先导换向阀图形符号及说明

【练一练】

请指出图 3-1-9 所示图形符号的名称及含义。

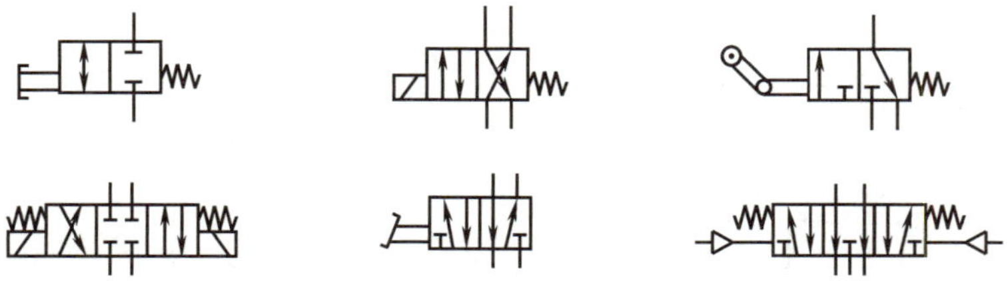

图 3-1-9　练一练图

（2）电磁控制换向阀　电磁控制换向阀是利用电磁力的作用推动阀芯换向，从而改变气流方向的气动换向阀。常用的电磁换向阀有直动式和先导式两种。

二位三通电磁换向阀如图 3-1-10 所示，激励线圈不通电时，阀在复位弹簧的作用下处于上端位置，A 口与 T 口相通，T 口排气；当通电时，电磁铁推动阀芯向下移动，P 口与 A 口相通，A 口输出。这种阀的阀芯移动靠电磁铁，复位靠弹簧，换向冲击较大，故一般制成小型阀。若将阀中的复位弹簧改成电磁铁，就成为双电控直动式电磁阀，它有两个电磁铁，若电磁线圈断电，气流通路仍保持原状态。

二位三通电磁换向阀

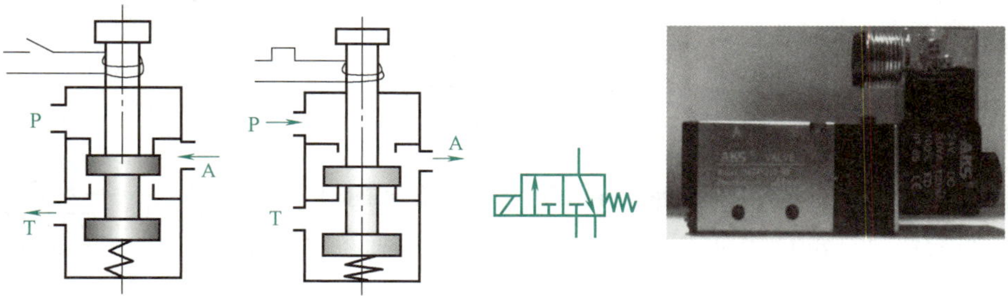

a) 线圈不通电　b) 线圈通电　c) 图形符号　d) 实物

图 3-1-10　二位三通电磁换向阀

图 3-1-11 所示为二位五通双电控直动式电磁换向阀。当电磁铁 1 通电、电磁铁 2 断电时，如图 3-1-11a 所示，阀芯被推至右侧，A 口有输出，B 口经 T_2 口排气；当电磁铁 1 断

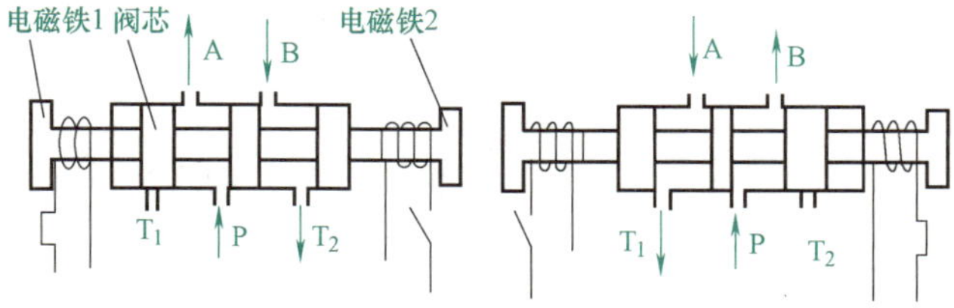

a) 左线圈通电　b) 右线圈通电

c) 图形符号　d) 实物

图 3-1-11　二位五通双电控直动式电磁换向阀

电时，阀芯位置不动，仍为 A 口输出，B 口排气，即阀具有记忆功能。直到电磁铁 2 通电后，阀的输出状态才改变，如图 3-1-11b 所示。使用时两个电磁铁不能同时得电。

直动式电磁换向阀的特点是结构紧凑，换向频率高，但用于交流电磁铁时，若阀杆卡死就易烧坏线圈，并且阀杆的行程受电磁铁吸合行程的控制。

直动式电磁换向阀是由电磁铁直接推动阀芯移动的，当阀通径较大时，用直动式结构所需的电磁铁体积和电力消耗都必然加大，为克服此弱点可采用先导式结构。

（3）先导式电磁换向阀（电磁先导阀）　先导式电磁换向阀是由电磁铁首先控制气路，产生先导压力，再由先导压力推动主阀阀芯，使其换向。

二位五通先导式双电控换向阀如图 3-1-12 所示，当电磁先导阀 1 的线圈通电，主阀 3 的左腔进气，右腔排气，使主阀阀芯向右移动。此时 P 口与 A 口、B 口与 T_2 口相通，如图 3-1-12a 所示。当电磁先导阀 2 通电，主阀的右腔进气，左腔排气，使主阀阀芯向左移动；此时 P 口与 B 口、A 口与 T_1 口相通，如图 3-1-12b 所示。先导式双电控电磁阀具有记忆功能，即通电换向，断电保持原状态。

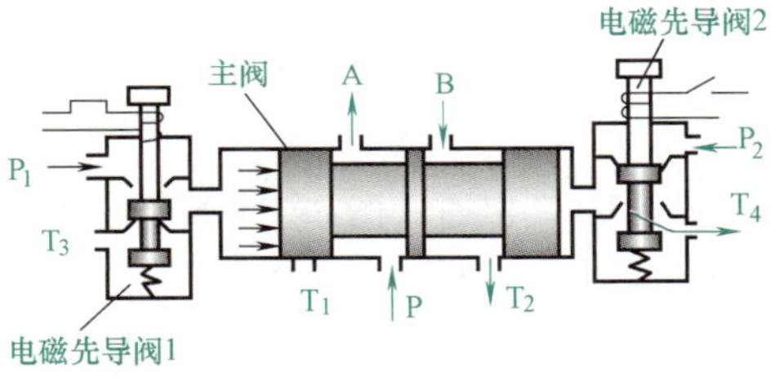

a) 左线圈通电

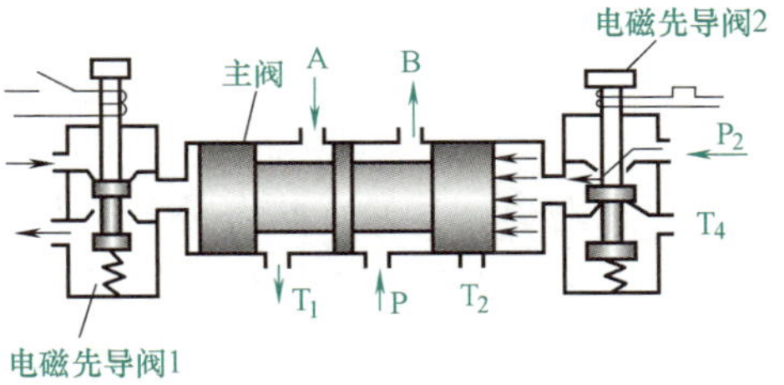

b) 右线圈通电

c) 图形符号

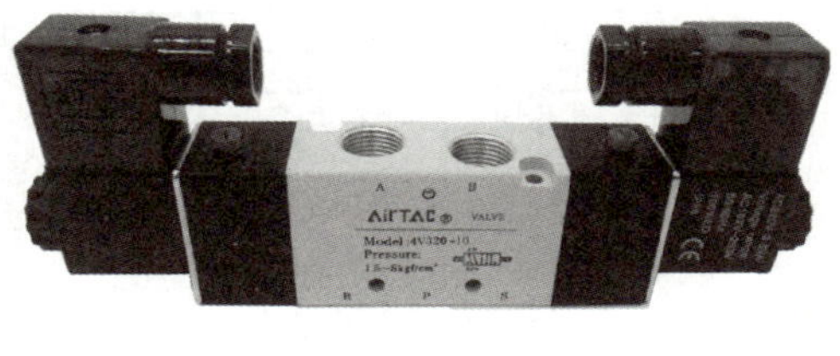

d) 实物

图 3-1-12　二位五通先导式双电控换向阀

（4）气压控制换向阀（气控换向阀）　气控换向阀可以利用气体压力使主阀芯和阀体发生相对运动而改变气体流向。气控换向阀避免了电磁线圈通电、断电时产生的电火花或潮湿等原因造成的漏电，对于易燃、易爆、潮湿、多尘等环境，它可以确保操作的安全性。

气控换向阀按主阀结构不同，又可分为截止式和滑阀式两种主要形式。图 3-1-13 所示为二位三通单气控截止式换向阀，无气控信号 K 时阀的状态即为常态。此时阀芯在弹簧的作用下处于上端位置，使阀口 A 与 T 口接通；当有气控信号 K 而动作时的状态，由于气压的作用，阀芯压缩弹簧下移，使阀口 A 与 T 口断开，P 口与 A 口接通。

图 3-1-14 所示为双气控滑阀式换向阀。图 3-1-14a 所示为有气控信号 K_1 时阀的状态，

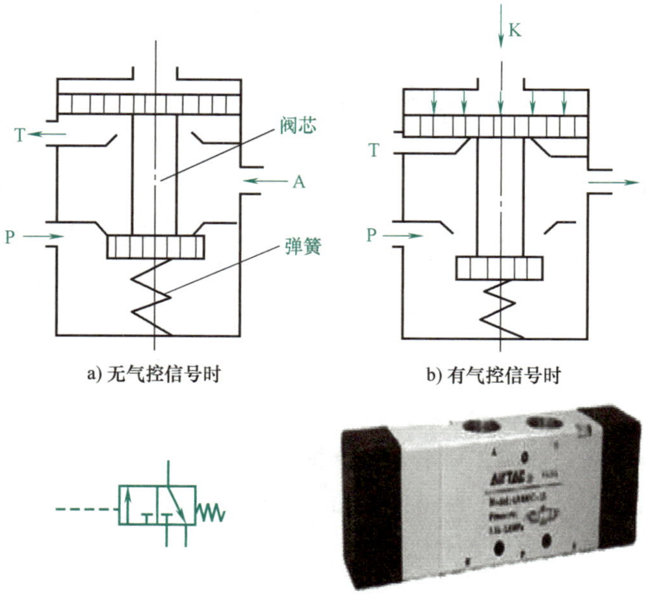

a) 无气控信号时　b) 有气控信号时
c) 图形符号　d) 实物

截止式气控换向阀原理

图 3-1-13 二位三通单气控截止式换向阀

此时阀芯停在左边，其通路状态是 P 口与 A 口、B 口与 T_2 口相通；图 3-1-14b 所示为有气控信号 K_2 时阀的状态，阀芯换位，其通路状态变为 P 口与 B 口，A 口与 T_1 口相通。双气控滑阀式换向阀具有记忆功能，即气控信号消失后，阀仍能保持在有信号时的工作状态。

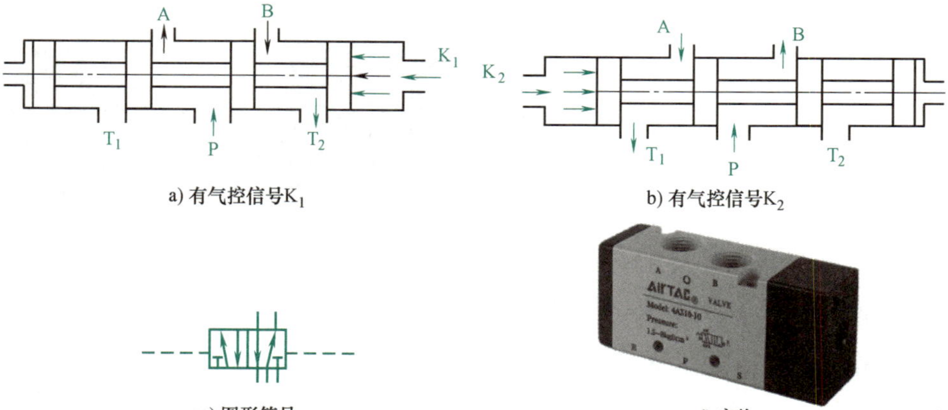

a) 有气控信号K_1　b) 有气控信号K_2
c) 图形符号　d) 实物

图 3-1-14 双气控滑阀式换向阀

（5）人力控制换向阀　人力控制换向阀按操作方式分为手动阀与脚踏阀两种。手动阀的操作方式又有按钮式、旋钮式、锁式及推拉式等多种形式。

图 3-1-15 所示为推拉式手动阀。当用手压下阀芯，如图 3-1-15b 所示，则 P 口与 A 口、B 口与 T_2 口相通；手放开，阀芯依靠定位机构保持状态不变。当用手将阀芯拉出时，如图 3-1-15a 所示，则 P 口与 B 口、A 口与 T_1 口相通，气路方向改变，并能维持该状态不变。

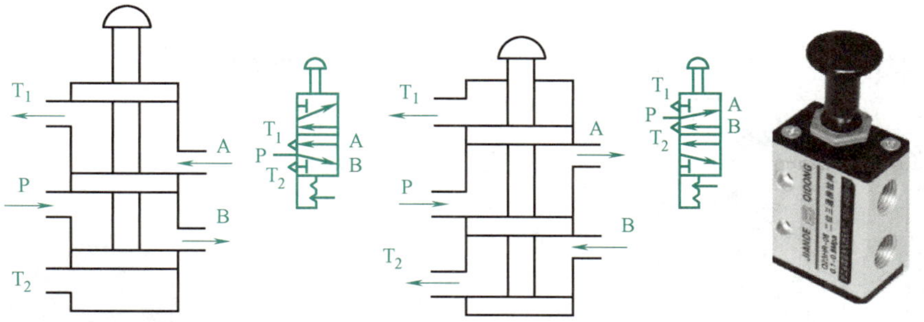

a) 拉出阀芯时结构及图形符号　　b) 压下阀芯时结构及图形符号　　c) 实物

图 3-1-15　推拉式手动阀

推拉式手动阀原理

（6）机械控制换向阀　机械控制换向阀又称行程阀，多用于行程控制系统，作为信号阀使用，常依靠凸轮撞块或其他机械外力推动阀芯，使阀换向。图 3-1-16 所示为杠杆滚轮式机械控制换向阀。当凸轮或撞块直接与滚轮接触后，通过杠杆使阀芯换向。其优点是减少了顶杆所受的侧向力；同时，通过杠杆传力也减小了外部的机械压力。

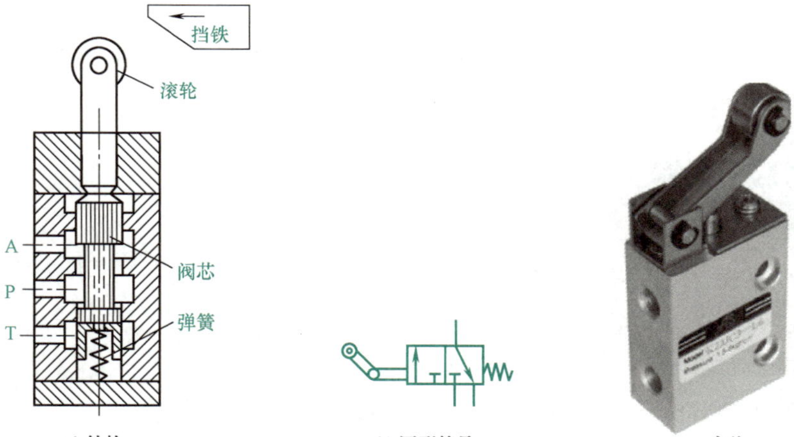

a) 结构　　b) 图形符号　　c) 实物

图 3-1-16　杠杆滚轮式机械控制换向阀

（7）延时换向阀　延时换向阀是气压传动系统中一种时间控制元件，它是利用节流阀和气室来调节换向阀气控口充气压力的变化速率来实现延时的。

如图 3-1-17 所示为气动延时换向阀，当信号输入口有信号输入时，能使气室压力上升，由于节流阀的存在，使气室压力上升速度较慢，达到单侧气控二位三通换向阀的动作压力需要一定的时间；到达给定压力值后，换向阀换向，P 口与 A 口接通，A 口与 T 口断开。从信号输入口到 A 口有输出需要一定的时间间隔。

当输入信号消失时，气室压力通过单向阀很快排出，换向阀在复位弹簧的作用下迅速复位，输出信号也就被切断了，所以延时阀的作用相当于电气控制元件通电延时的时间继电器。它们都是在有信号输入时，延时输出；输入信号消失后，输出迅速切断。

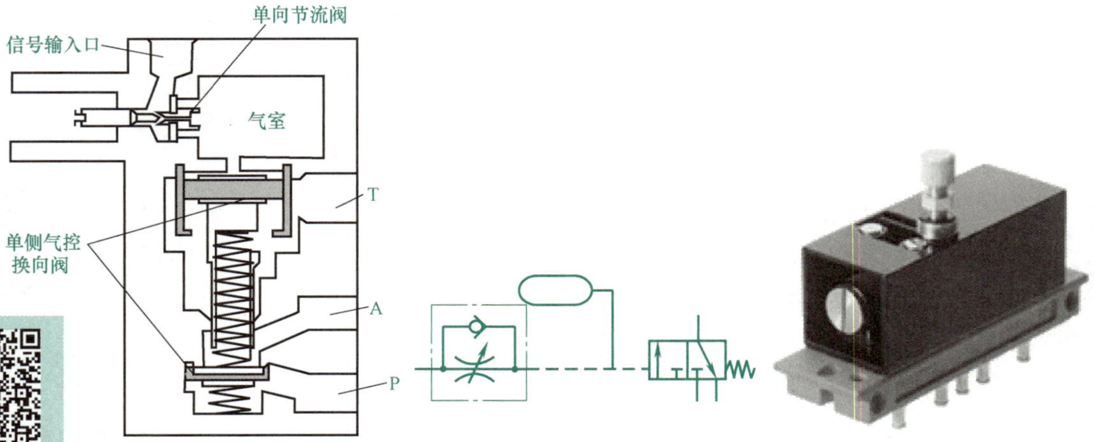

a) 结构示意　　b) 图形符号　　c) 实物

图 3-1-17　气动延时换向阀

气动延时换向阀原理

二、单作用气缸换向回路

换向回路是通过进入执行元件压缩空气的通、断或变向来实现气动系统执行元件的起动、停止和换向作用的回路。

【做一做】

请你观察如图 3-1-18 所示的气动回路，用 FESTO FluidSIM-P 3.6 进行仿真并验证分析。

图 3-1-18 所示为单作用气缸换向回路。当按下按钮 SB 时，电磁铁 1YA 线圈通电，活塞杆向右伸出；当松开按钮 SB 时，电磁铁断电，活塞杆在弹簧作用下返回。

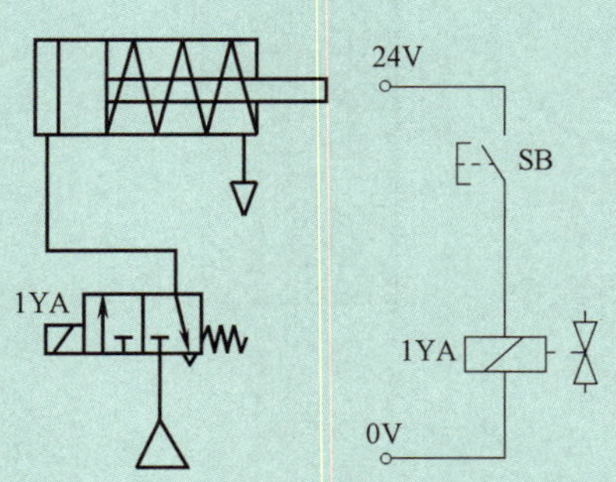

图 3-1-18　单作用气缸换向回路

单作用气缸换向回路

三、双作用气缸换向回路

1. 电磁控制

图 3-1-19 所示为用电磁控制双作用气缸的换向回路。如图 3-1-19a 所示，当按下按钮 SB1 时，电磁铁线圈 1YA 通电，活塞右移，松开按钮，活塞继续右移，当按下按钮 SB2 时，活塞左移返回。如图 3-1-19b 所示，当按下按钮 SB 时，电磁铁线圈 1YA 通电，活塞左移，当松开按钮 SB 时，活塞返回。

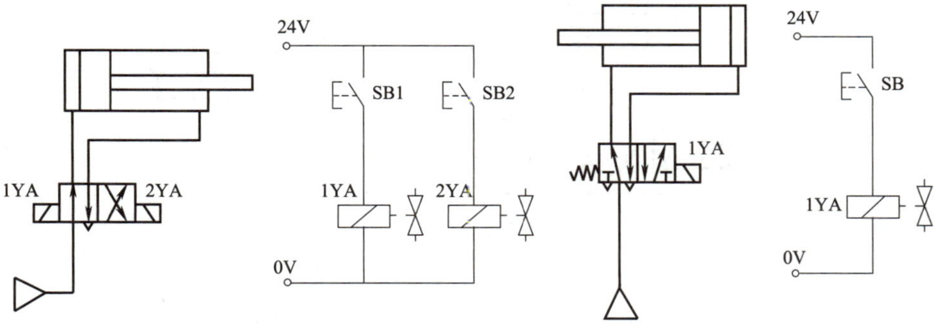

a) 用二位四通电磁阀控制　　b) 用二位五通电磁阀控制

图 3-1-19　用电磁控制双作用气缸的换向回路

双作用气缸换向回路原理

【练一练】

请将图 3-1-20 所示的气动回路与图 3-1-19a 对比，并说明换向控制方面有何区别。

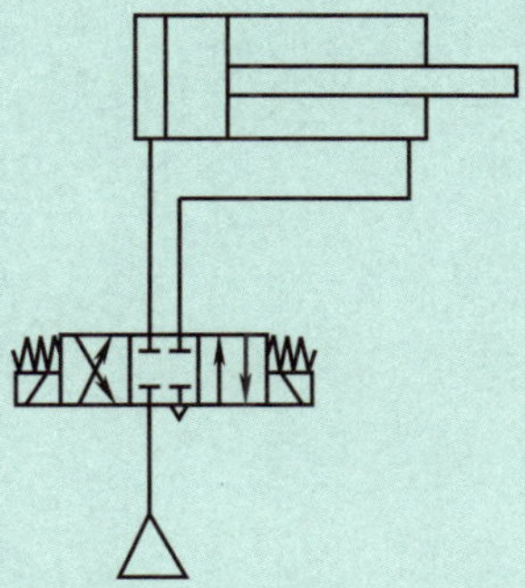

图 3-1-20　气动回路

2. 气动控制与手动控制

图 3-1-21 所示为双作用气缸的气动与手动控制换向回路。如图 3-1-21a 所示，当按下左边的按钮操作二位三通阀，活塞右移，当按下右边的二位三通阀的按钮时，活塞返回；如图 3-1-21b 所示回路中，活塞右移后，按下二位三通阀的按钮时，活塞返回；如图 3-1-21c 所示，当加入气控信号 K 后，活塞右移，当气控信号消失后，活塞返回；如图 3-1-21d 所示，当按下手动按钮操作二位五通阀后，活塞左移，当松开手动按钮后，活塞返回。

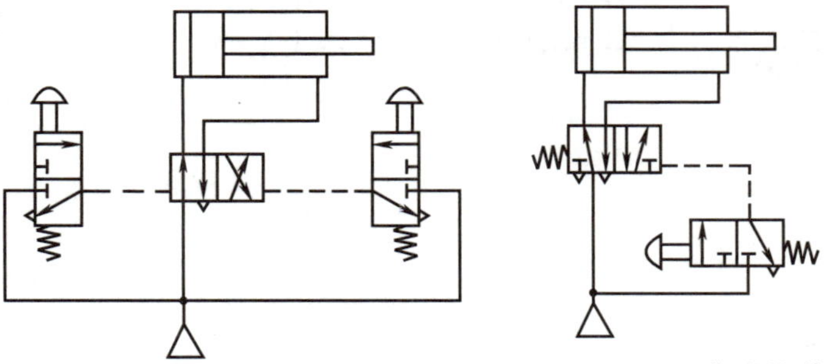

a) 用二位四通阀控制　　b) 用二位五通阀控制

图 3-1-21　双作用气缸的气动与手动控制换向回路

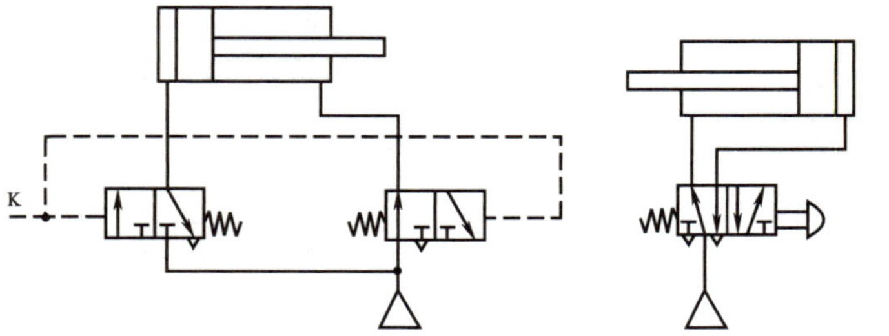

c) 用二位三通阀控制　　d) 用二位五通阀手动控制

图 3-1-21　双作用气缸的气动与手动控制换向回路（续）

【练一练】

请分析如图 3-1-22 所示的自锁式换向回路，并简述其工作过程。

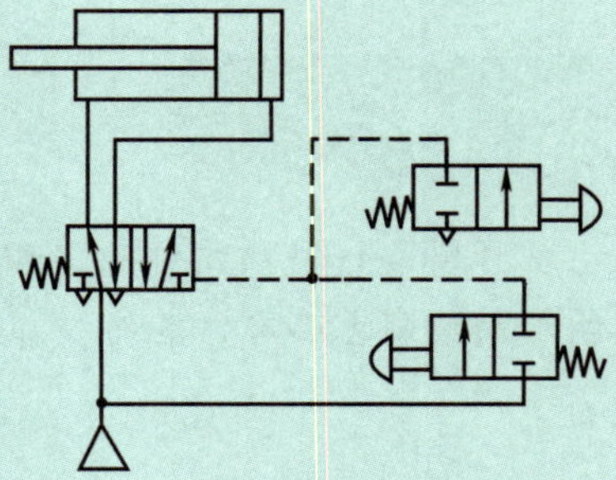

图 3-1-22　自锁式换向回路

四、简单逻辑回路

1. 与门回路

把两个常断式二位三通阀按图 3-1-23a 所示串联起来，就成了一个与门回路；图 3-1-23b 所示的双压阀也是一个与门回路；图 3-1-23c 所示为将常断式二位三通阀的气源口作为信号输入口，也成为一个与门回路。在锻压和成形机床中，为避免事故发生，常采用与门回路，要求双手按下操作按钮时机床才能正常工作。

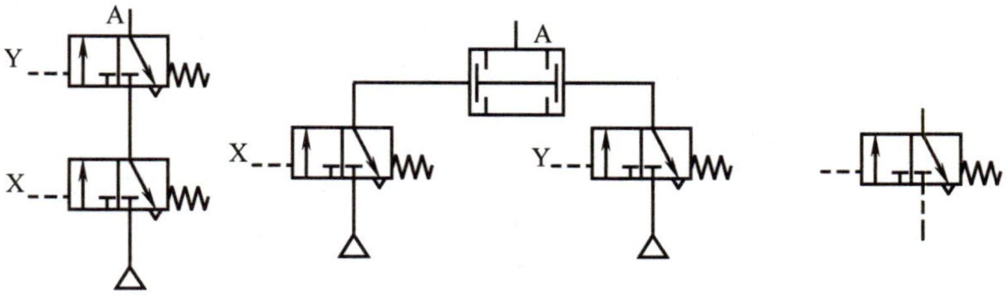

a)　b)　c)

图 3-1-23　与门回路

2. 或门回路

把两个常断式二位三通阀按图 3-1-24a 所示并联起来，就组成了一个或门回路。由图 3-1-24a 可知，两个阀中只要有一个换向，或门回路应有气输出。或门回路常用于需要进行两地控制的回路。图 3-1-24b 所示的梭阀也是一个或门回路。

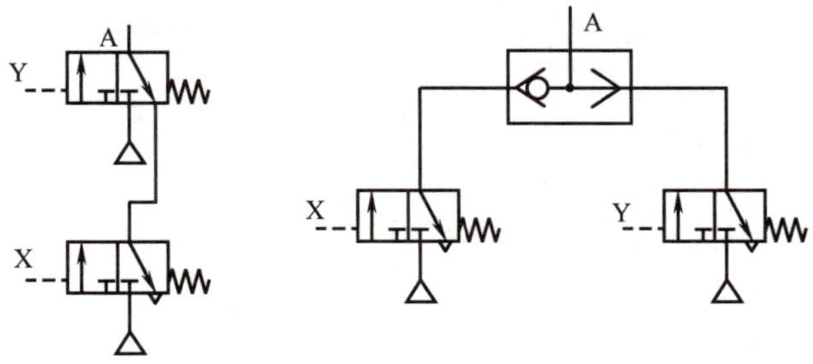

图 3-1-24　或门回路

3. 非门回路

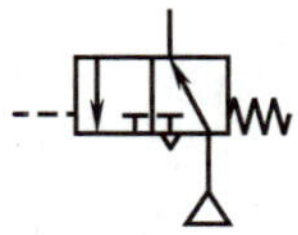

图 3-1-25　非门回路

若把二位三通阀换成常通式，就是一个非门回路，如图 3-1-25 所示。当没有气控信号时，阀有气输出；当有气控信号时，阀反而没有气输出。

【任务评价】

考核评价表见表 3-1-1，根据自评、小组互评和教师评价将各项得分以及总评内容和得分填入表中。

表 3-1-1　考核评价表

序号	评价内容	配分	要点总结	自评	组评	师评
1	方向控制阀的分类	10 分				
2	方向控制阀的原理	10 分				
3	单作用气缸换向回路	20 分				
4	双作用气缸换向回路	20 分				
5	简单逻辑回路	10 分				
6	安全文明操作	30 分				
总计得分		100 分				

【知识拓展】

消　声　器

消声器的作用是排除压缩气体高速通过气动元件排到大气时产生的刺耳噪声污染。

气动元件使用的消声器一般有三种类型：吸收型消声器、膨胀干涉型消声器和膨胀干涉吸收型消声器。

如图 3-1-26 所示，吸收型消声器结构简单，具有良好的消除中、高频噪声的性能，消声效果大于 20dB。在气压传动系统中，排气噪声主要是中、高频噪声，尤其是高频噪声，所以采用这种消声器是合适的。在主要是中低频噪声的场合，应使用膨胀干涉型消声器。

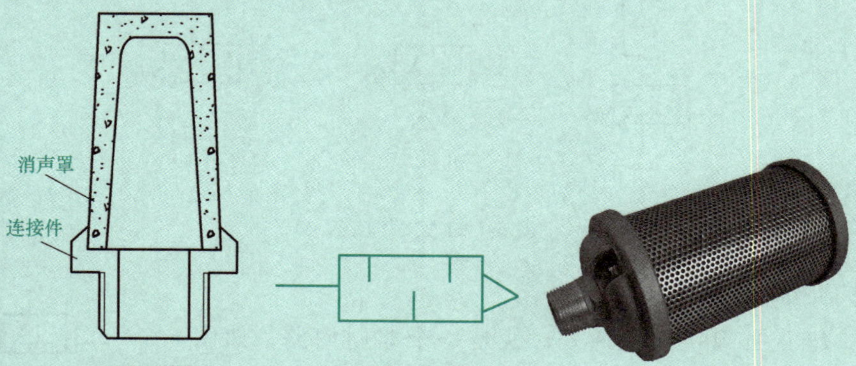

a) 吸收型消声器　　b) 图形符号　　c) 实物

图 3-1-26　消声器

消声器

【想一想】

为什么快速排气阀的出口常安装消声器？

【课后思考】

一、选择题

1. 气动方向控制阀按阀芯的结构形式分为截止阀和（　　）。

A. 单向阀　　B. 机械操纵换向阀　　C. 滑阀　　D. 软质密封阀

2. 梭阀相当于两个（　　）的组合阀。

A. 节流阀　　B. 排气阀　　C. 溢流阀　　D. 单向阀

3. “与门”逻辑功能在气动控制中由（　　）来实现，其逻辑表达式为 S=AB。

A. 换向阀　　B. 梭阀　　C. 双压阀　　D. 快速排气阀

4. 气压传动中方向控制阀是用来（　　）。

A. 调节压力　　B. 截止或导通气流

C. 调节执行元件的气流量　　D. 控制气缸流量

5. 二位三通换向阀的阀口数目是（　　）。

A. 2　　B. 3　　C. 5　　D. 6

二、简答题

1. 分析如图 3-1-27 所示的回路，气缸活塞伸出和返回的条件是什么？

2. 如图 3-1-28 所示，若将两个常断式二位三通阀直接并联，能否实现或门关系？

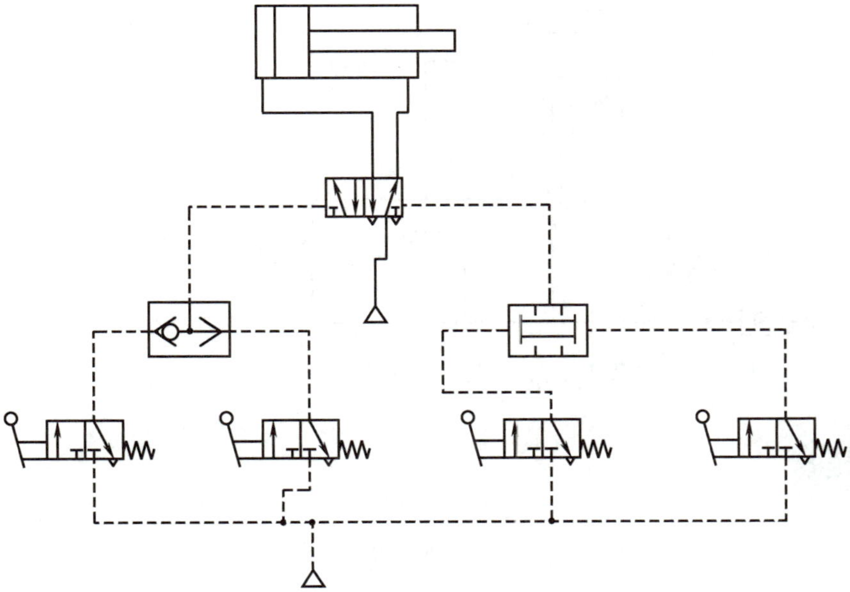

图 3-1-27　题 1 图

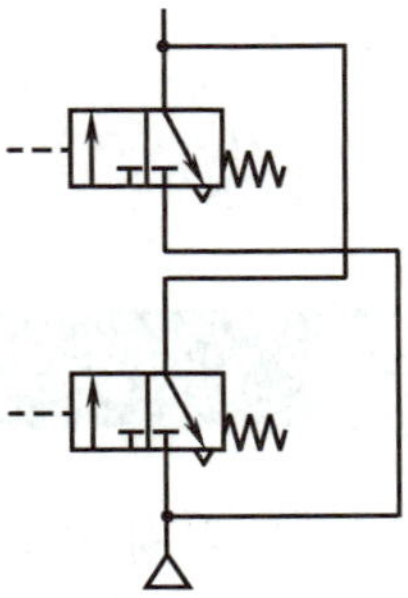

图 3-1-28　题 2 图

任务二　气动压力控制回路的组装与调试

【任务内容】

图 3-2-1 所示为压印机工作示意图，压印机常用于对塑料件等材料进行压印加工。按下起动按钮后，气缸活塞伸出，当活塞完全伸出时开始对工件进行压印。为达到压印效果，当压印压力升到一定值时，才说明压印动作完成，气缸活塞才可以做返回运动，压印压力可根据工件材料的不同进行调整。

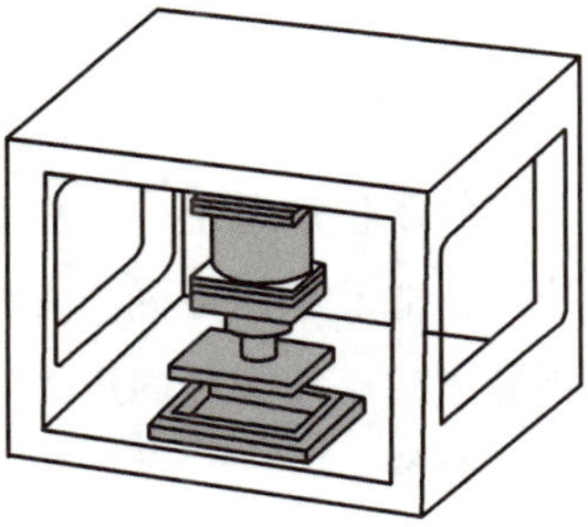

图 3-2-1　压印机工作示意图

【任务分析】

压力控制回路是使回路中的压力保持在一定范围内，或使回路得到高、低不同压力的基本回路。要使气动回路系统稳定地工作，必须让系统工作在稳定的气压中。要得到稳定的气压，就必须使用压力控制回路对系统的工作气压进行调整。

图 3-2-2 所示为利用压力顺序阀的压力控制回路，按下起动换向阀 T1 后，二位五通气控换向阀换向，气缸活塞作进气节流伸出动作，伸出至终点后，气缸进气腔的压力开始上升，当达到压力顺序阀中顺序阀的动作压力时，顺序阀打开，压力顺序阀中的换向阀换向，致使二位五通气控换向阀换向，气缸活塞做返回动作。

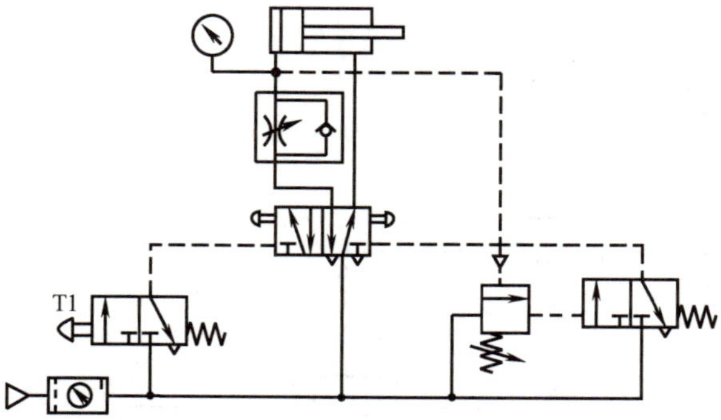

图 3-2-2　利用压力顺序阀的压力控制回路

【任务实施】

1. 教师利用 FESTO FluidSIM-P3.6 气动仿真软件进行仿真。

2. 在教师的帮助下，学生按照回路图中的元件图形选择合适的气缸、换向阀等气动元件。

3. 在实训平台上固定气动元件。

4. 按照控制方式进行回路连接，并检查连接是否正确。

5. 打开气源，按下起动换向阀观察气缸运动情况。

6. 经教师检查评估后，关闭气源，拆下管路和元件，并将其放回原位。

【知识链接】

一、压力控制阀

在气压传动系统中，用于控制压缩空气压力的元件，称为压力控制阀。压力控制阀按其控制功能及作用可分为减压阀、溢流阀和顺序阀。压力控制阀的共同特点是，利用作用于阀芯上的压缩空气的压力和弹簧力相平衡的原理来进行工作。其中，减压阀在前面的任务中已介绍。

1. 顺序阀

顺序阀的作用是在两个以上的分支回路中，能够依据气压的高低控制执行元件按规定的程序进行顺序动作。顺序阀是根据弹簧的预压缩量来控制其开启压力。如图 3-2-3 所示的顺序阀，当输入压力达到或超过开启压力时，顶开弹簧，于是 P 口到 A 口才有输出，反之 A 口无输出。

顺序阀很少单独使用，常与单向阀组合成单向顺序阀。如图 3-2-4 所示为单向顺序阀。当压缩空气由 P 口输入时，单向阀在压差力及弹簧力的作用下处于关闭状态，作用在活塞输入侧的空气压力超过压缩弹簧的预紧力时，活塞被顶起，顺序阀打开，压缩空气由 A 口

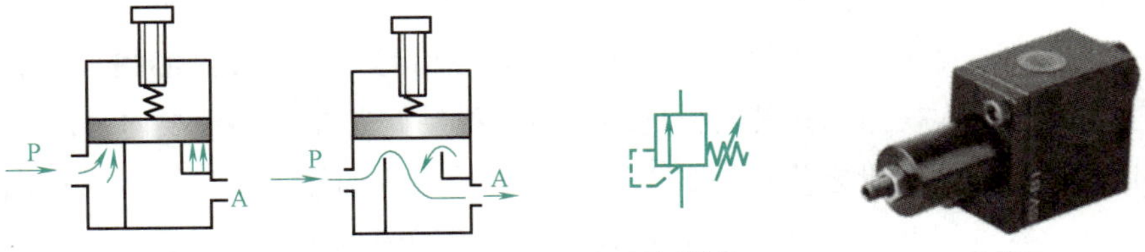

a) 关闭状态　b) 开启状态　c) 图形符号　d) 实物

图 3-2-3　顺序阀

输出，如图 3-2-4a 所示；当压缩空气反向流动时，输入侧变成排气口，输出侧变成进气口，其进气压力将顶开单向阀，由 T 口排气，如图 3-2-4b 所示。

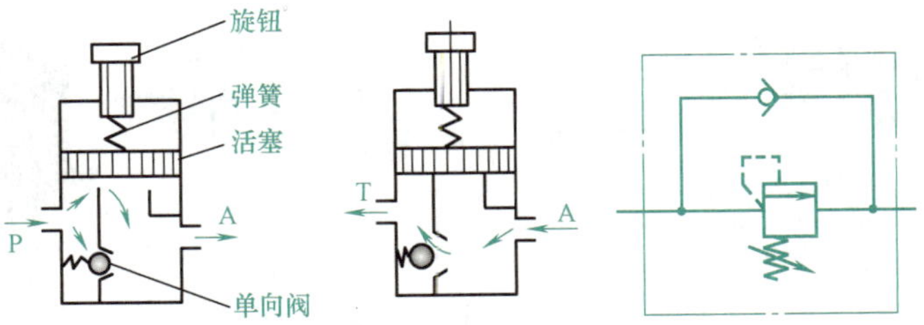

a) 开启状态　b) 关闭状态　c) 图形符号

图 3-2-4　单向顺序阀

单向顺序阀原理

2. 溢流阀

溢流阀又称为安全阀，当回路中气压上升到所规定的调定压力以上时，气流需经溢流阀排出，以保证输入压力不超过设定值。溢流阀按控制形式分为直动式和先导式两种。

图 3-2-5 所示为溢流阀，当系统中气体压力在调定范围内时，作用在活塞上的压力小于弹簧的力，活塞处于关闭状态；当系统压力升高，作用在活塞上的压力大于弹簧的预定压力时，活塞向上移动，阀门开启排气。

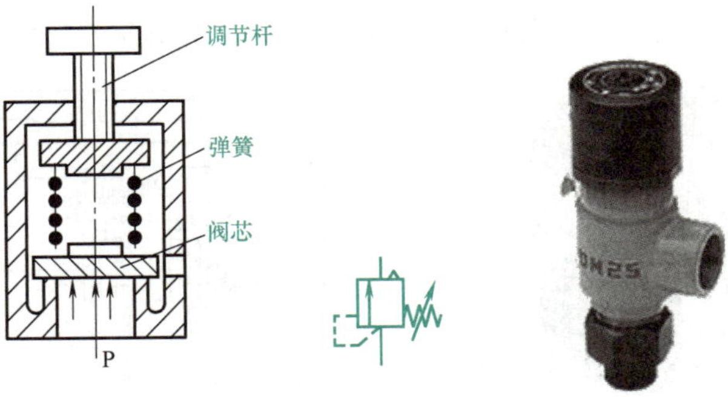

a) 直动式溢流阀　b) 图形符号　c) 实物

图 3-2-5　溢流阀

气动溢流阀的工作原理

3. 压力顺序阀

在进行气压传动控制时，有时需要根据气压的大小来控制回路各执行元件顺序动作，能实现这种控制功能的压力控制阀称为压力顺序阀。

图 3-2-6 所示为压力顺序阀，由导阀信号输入口输入的空气压力和弹簧力相平衡。当压力达到一定值时，克服弹簧力使导阀的工字形阀芯抬起。工字形阀芯抬起后，换向阀 P 口的压缩空气就能进入换向阀阀芯右侧的气控口，推动阀芯左移实现换向，使换向阀 P 口和 A 口相通产生输出。因此压力顺序阀只有在信号输入口的输入气压达到通过调节旋钮所设定的压力时，换向阀 P 口才能与 A 口接通，使 A 口产生输出信号。

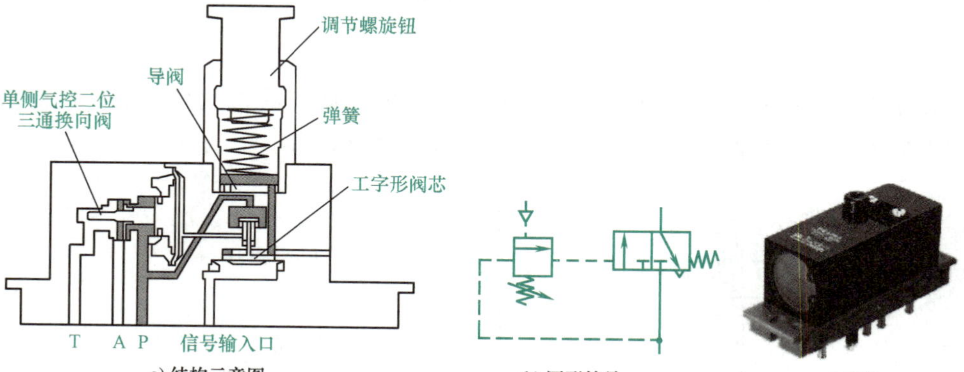

a) 结构示意图　b) 图形符号　c) 实物

图 3-2-6　压力顺序阀

由于安装行程阀进行位置检测比较困难，在有些气动设备中也可采用安装位置相对比较灵活的压力顺序阀来代替行程阀。在空载或轻载时气缸活塞运动，供气腔压力较低，只有运动到位停止时，压力才会上升。利用只有到位时才会出现的压力升高来使压力顺序阀产生输出，这时它的作用也就相当于行程阀。

4. 压力开关

采用电气控制时，要实现气动执行元件在压力控制下的顺序动作，需要有能将压力信号转换为电气信号的控制元件。利用气压信号来接通或断开电路的装置称为压力开关，或称为气电转换器或压力继电器。压力开关的输入信号是气压信号，输出信号是电信号。如图 3-2-7c 所示，当输入气压达到设定值时，顶杆顶起，微动开关动作，发出接通或断开电

压力开关的工作原理

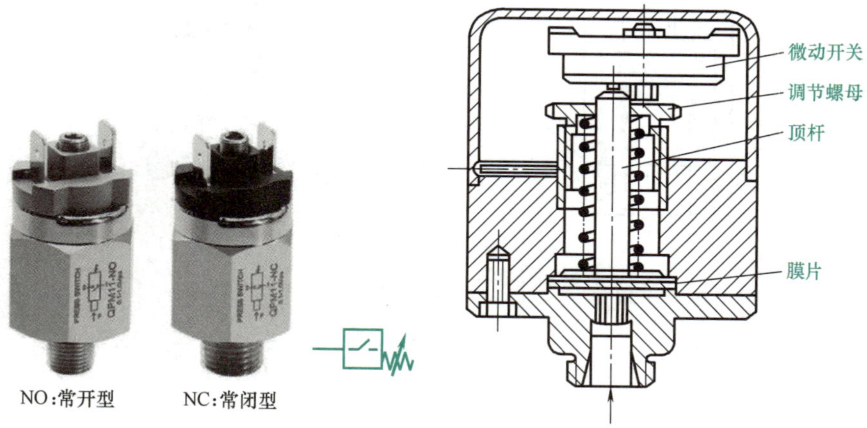

a) 实物　b) 图形符号　c) 结构

图 3-2-7　压力开关

信号；当输入压力低于设定值时，压力开关复位，电气开关发出断开或接通信号。如图 3-2-7a、b 所示分别为压力开关的实物图和图形符号。

二、一次压力控制回路

【做一做】

请你观察如图 3-2-8 所示的控制回路，分析外控溢流阀和电接点压力表的作用。

一次压力控制回路主要用来控制气罐的压力，使之不超过规定的压力值。图 3-2-8 所示为一次压力控制回路，它常用外控溢流阀或用电接点压力表来控制气罐内的压力。当采用溢流阀控制，气罐内压力超过规定压力，溢流阀接通，空气压缩机输出的压缩空气由外控溢流阀排入大气，使气罐内压力保持在规定范围内。当采用电接点压力表进行控制时，可用它直接控制空气压缩机的停止和起动，使气罐内压力保持在规定范围内。

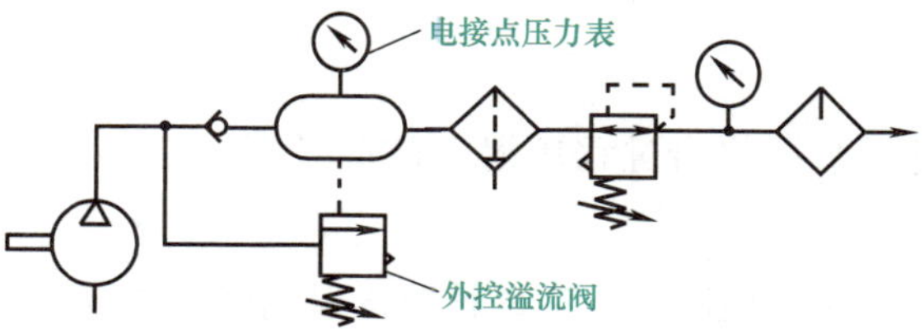

图 3-2-8　一次压力控制回路

一次压力控制回路原理

三、二次压力控制回路

二次压力控制回路主要是对气动控制系统的气源压力进行控制。

1. 气动三联件构成的二次压力控制回路

图 3-2-9 所示为二次压力控制回路，该气路主要由排水过滤器、减压阀和油雾器组成，三者常联合使用，一起称为气源处理装置。注意供给逻辑元件的压缩空气不需要加入润滑油。回路的压力由减压阀来控制。

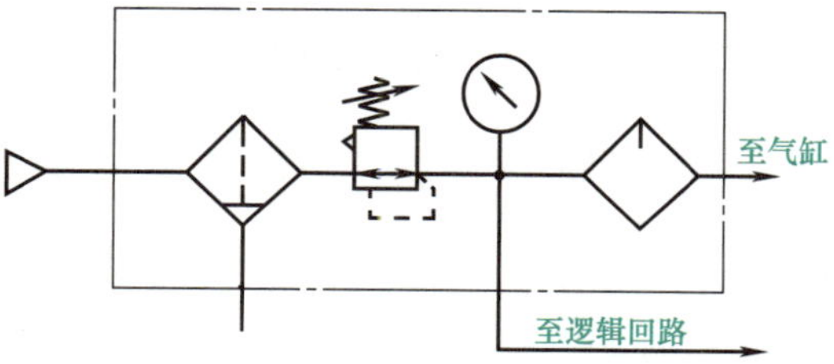

图 3-2-9　气动三联件二次压力控制回路

二次压力控制回路原理

2. 高低压转换回路

图 3-2-10 所示为高低压转换回路。图 3-2-10a 所示为由换向阀对同一系统实现输出高低压力 p_1、p_2 的控制；图 3-2-10b 所示为由减压阀来实现对不同系统输出不同压力 p_1、p_2 的控制。

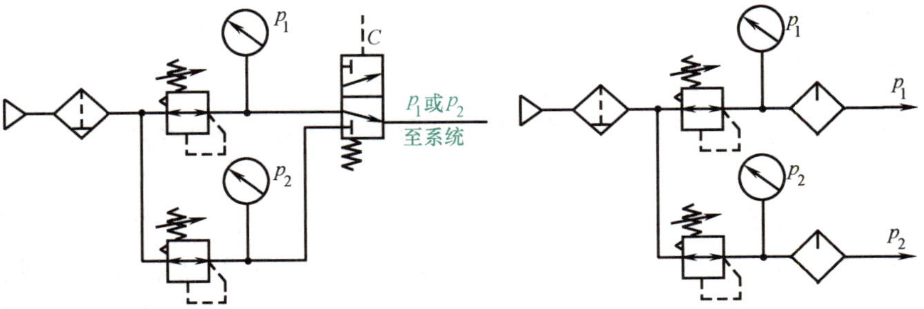

a) 由换向阀控制高低压力　　b) 由减压阀控制高低压力

图 3-2-10　高低压转换回路

高低压转换回路的原理

四、过载保护回路

过载保护回路是当活塞杆伸出过程中遇到故障造成气缸过载，而使活塞自动返回的回路。

图 3-2-11 所示为过载保护回路，当活塞杆前进碰到障碍物或行程阀时，气缸左腔压力升高超过预定值时，顺序阀打开，控制气体可经梭阀将主控阀切换至右位，使活塞缩回，气缸左腔的气体经阀排掉，防止系统过载。

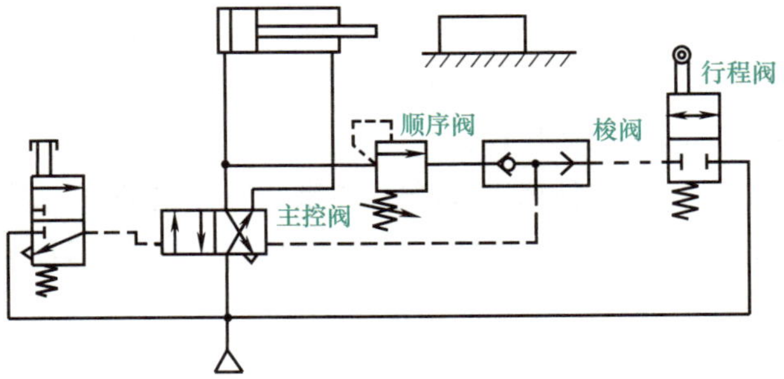

图 3-2-11　过载保护回路

过载保护回路的工作原理

【练一练】

请分析如图 3-2-12 所示的过载保护回路，指出应用的器件名称，并分析其回路工作过程。

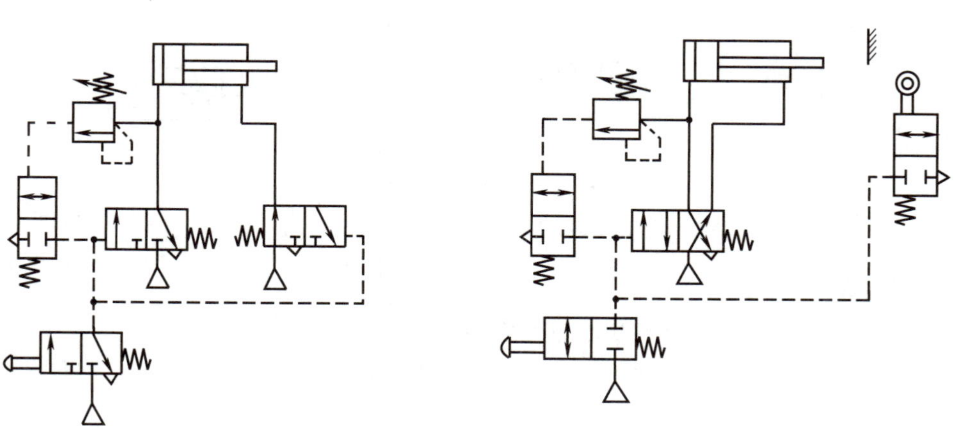

a) 回路1　　　　b) 回路2

图 3-2-12　过载保护回路

【任务评价】

考核评价表见表 3-2-1，根据自评、小组互评和教师评价将各项得分以及总评内容和得分填入表中。

表 3-2-1　考核评价表

序号	评价内容	配分	要点总结	自评	组评	师评
1	压力控制阀的分类	10 分				
2	压力控制阀的原理	20 分				
3	一次和二次压力控制回路原理	30 分				
4	过载保护回路的原理	10 分				
5	安全文明操作	30 分				
总计得分		100 分				

【课后思考】

一、选择题

1. 二次压力控制回路的主要作用是（　　）。

A. 控制气动系统的气源压力　　B. 控制气罐的压力

C. 控制气缸压力　　D. 控制气马达压力

2. 经（　　）后输出的系统压力相对稳定，压力波动值不大。

A. 安全阀　　B. 调压阀　　C. 梭阀　　D. 单向阀

3. 如图 3-2-13 所示的符号属于顺序阀的是（　　）。

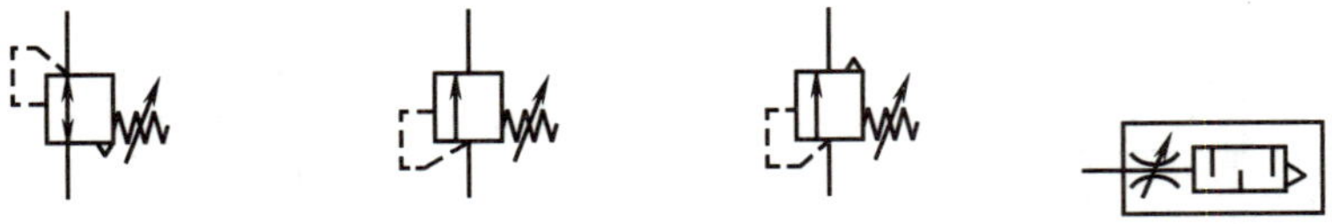

图 3-2-13　题 3 图

A. a)　B. b)　C. c)　D. d)

二、简答题

1. 气动系统中常用的压力控制回路有哪些?
2. 为何在安全回路中，都不可缺少过滤装置和油雾器?

任务三　气动速度控制回路的组装与调试

【任务内容】

图 3-3-1 所示为压模机工作示意图，在压模加工时，由气缸驱动，带动模具做慢速推进动作，并进行压制加工，为保证压制效果，应在压制 10s 后，气缸活塞才做快速返回运动。

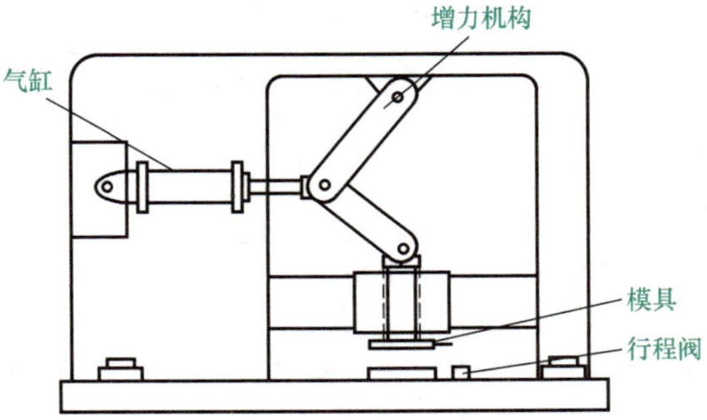

图 3-3-1　压模机工作示意图

【任务分析】

速度控制回路通过调节进入执行元件压缩空气的压力和流量来实现气动系统执行机构运动速度的调整或者缓冲等。

图 3-3-2 所示为压模机的速度控制回路，通过延时阀来进行延时控制的气动回路，按下起动换向阀 T1 后，二位五通气控换向阀换向，气缸活塞做排气节流伸出动作，伸出至终点后，二位三通行程阀动作通知延时阀延时，延时结束后自动换向，气缸活塞做快速返回动作。

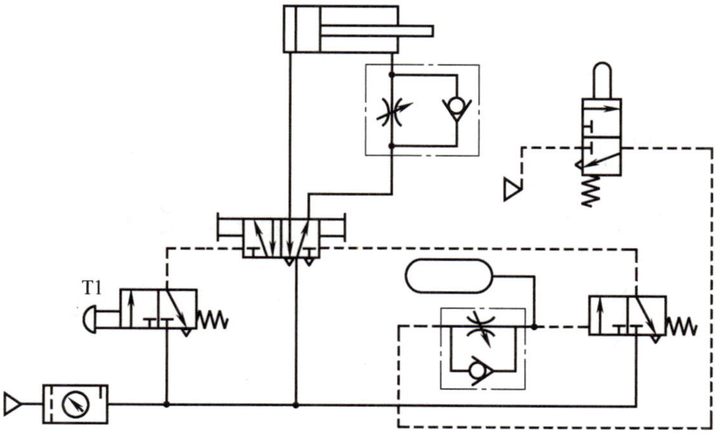

图 3-3-2　压模机的速度控制回路

压模机的速度控制回路原理

【任务实施】

1. 教师利用 FESTO FluidSIM-P 3.6 气动仿真软件进行仿真。

2. 在教师的帮助下，学生按照回路图中的元件图形选择合适的气缸、换向阀等气动元件。

3. 在实训平台上固定气动元件。

4. 按照控制方式进行回路连接，并检查连接是否正确。

5. 打开气源，按下起动换向阀观察气缸运动速度及终点延时情况。

6. 经教师检查评估后，关闭气源，拆下管路和元件，并将其放回原位。

【知识链接】

一、流量控制阀

流量控制阀的作用是通过改变阀的通流面积来调节压缩空气的流量。流量控制阀包括节流阀、单向节流阀、排气节流阀等。

1. 节流阀

图 3-3-3a 所示为圆柱斜切型节流阀。压缩空气由 P 口进入，经过节流后，由 A 口流出。旋转阀芯螺杆可改变节流口的开度大小，这样就调节了压缩空气的流量。由于这种节流阀的结构简单、体积小，故应用范围较广。

2. 单向节流阀

单向节流阀是由单向阀和节流阀并联而成的组合式流量控制阀，常用于控制气缸的运动速度，又称为速度控制阀。图 3-3-4 所示为单向节流阀，当气流由 P 口向 A 口流动时，经过节流阀节流，如图 3-3-4a 所示；反方向流动时，单向阀打开，不节流，如图 3-3-4b 所示。

气动节流阀的原理

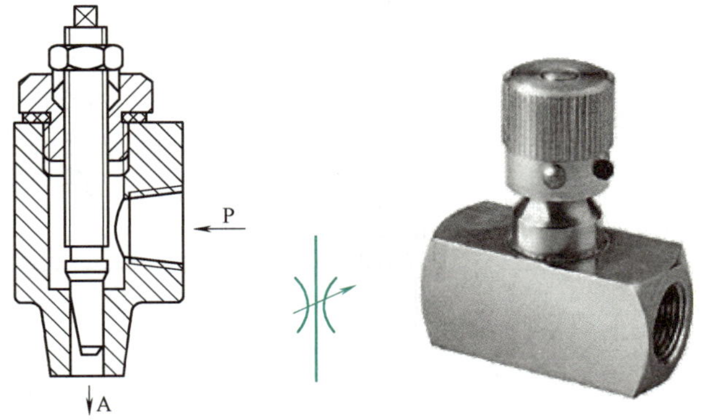

a) 结构　　b) 图形符号　　c) 实物

图 3-3-3　圆柱斜切型节流阀

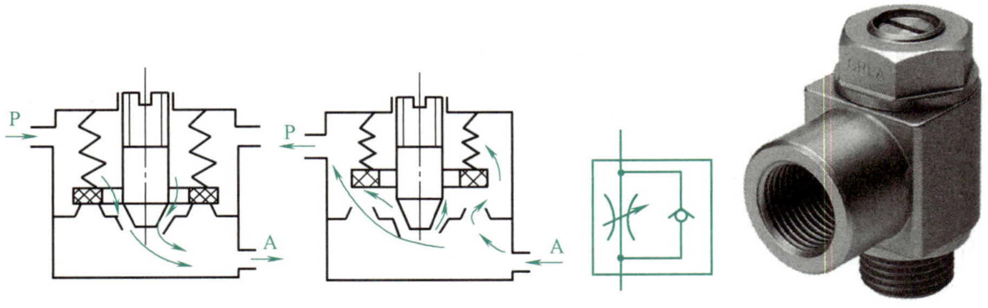

a) 单向阀关闭　　b) 单向阀打开　　c) 图形符号　　d) 实物

图 3-3-4　单向节流阀

3. 排气节流阀

排气节流阀是装在执行元件的排气口处，调节进入大气中气体流量的一种控制阀。它不仅能调节执行元件的运动速度，还常带有消声器件，所以也能起降低排气噪声的作用。图 3-3-5 所示为排气节流阀。

排气节流阀的原理

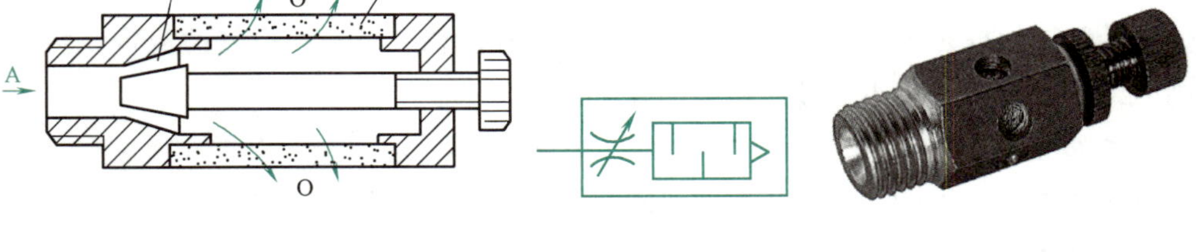

a) 结构　　b) 图形符号　　c) 实物

图 3-3-5　排气节流阀

二、单作用气缸速度控制回路

【做一做】

请你观察如图 3-3-6 所示的气动回路，用 FESTO FluidSIM-P 3.6 进行仿真并验证分析。

图 3-3-6 所示为单作用气缸速度控制回路。在图 3-3-6a 所示的回路中，活塞杆的伸缩速度均通过节流阀调节，通过两个反向安装的单向节流阀，可分别实现进气节流和排气节流，从而控制活塞杆的伸出及缩回速度。在图 3-3-6b 所示回路中，活塞杆伸出时可调速，缩回时则通过快速排气阀排气，使气缸快速返回。图 3-3-6c 所示为两个气动回路的控制电路。

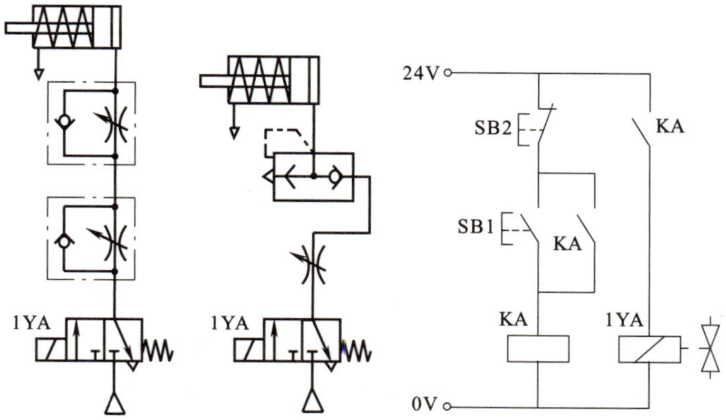

a) 双向调速　　b) 单向调速　　c) 控制电路

图 3-3-6　单作用气缸速度控制回路

单作用气缸双向调速回路原理

三、双作用气缸速度控制回路

1. 进气节流调速和排气节流调速

图 3-3-7 所示为双作用气缸单向调速回路。图 3-3-7a 所示为进气节流调速回路，当气控换向阀在图示位置时，进入气缸无杆腔的气流流经节流阀，有杆腔排出的气体直接经换向阀快排。当节流阀开度较小时，由于进入无杆腔的流量较小，压力上升缓慢。当气压达到能克服负载时，活塞前进，此时无杆腔容积增大，结果使压缩空气膨胀，压力下降，使作用在活塞上的力小于负载，因而活塞就停止前进。待压力再次上升时，活塞才再次前进。这种由于负载及供气的原因使活塞忽走忽停的现象，称为气缸的“爬行”。

进气节流的不足之处主要表现在：一是当负载方向与活塞的运动方向相反时，活塞运动易出现不平稳的爬行现象。二是当负载方向与活塞运动方向一致（负值负载）时，由于排气经换向阀快排，几乎没有阻尼，负载容易产生“跑空”现象，使气缸失去控制。所以进气节流多用于竖直安装气缸的供气回路中。

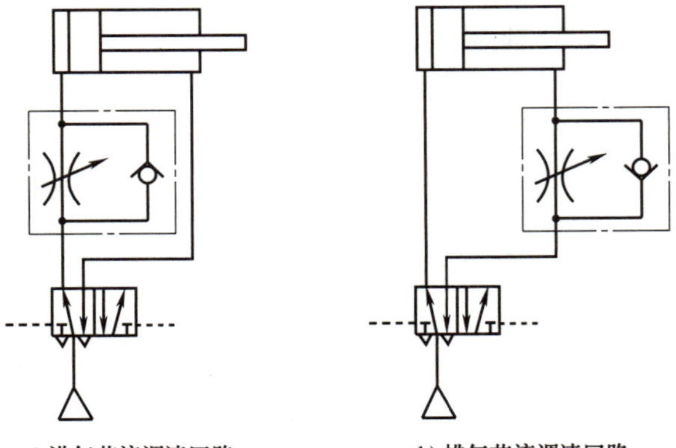

a) 进气节流调速回路　　　　b) 排气节流调速回路

图 3-3-7　双作用气缸单向调速回路

排气节流调速回路原理

对于水平安装的气缸，其调速回路一般采用图 3-3-7b 所示的排气节流调速回路，当气控换向阀在图示位置时，压缩空气经气控换向阀直接进入气缸的无杆腔，而有杆腔排出的气体经节流阀、气控换向阀排入大气，因而有杆腔中的气体就具有一定的背压力。此时，活塞在无杆腔和有杆腔的压差作用下前进，从而减小了“爬行”发生的可能性。调节节流阀的开度，就可控制不同的排气速度，从而也就控制了活塞的运动速度。排气节流调速回路的特点是气缸速度随负载变化较小，运动较平稳，能承受负值负载。

以上两种调速回路适用于负载变化不大的场合。如果要求气缸具有准确而平稳的速度，特别是在负载变化较大的场合，常采用气液转换速度控制回路。

【想一想】

请分析图 3-3-8 所示的气动控制回路的工作过程，它们分别是进气节流还是排气节流，各有何特点？

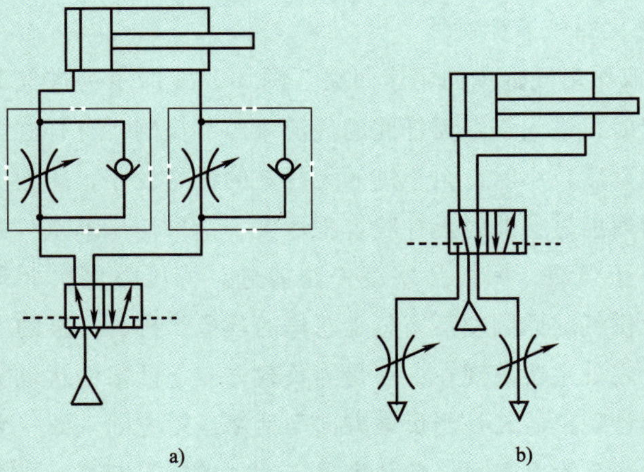

a)　　　　b)

图 3-3-8　气动控制回路

2. 慢进快退调速回路

图 3-3-9 所示为慢进快退调速回路，当按下按钮 SB1 时，继电器 KA 通电，电磁阀 1YA 得电，由于气缸受排气节流作用，所以活塞慢进；当按下按钮 SB2 时，电磁阀 1YA 失电，经快速排气阀迅速排气，活塞快退。

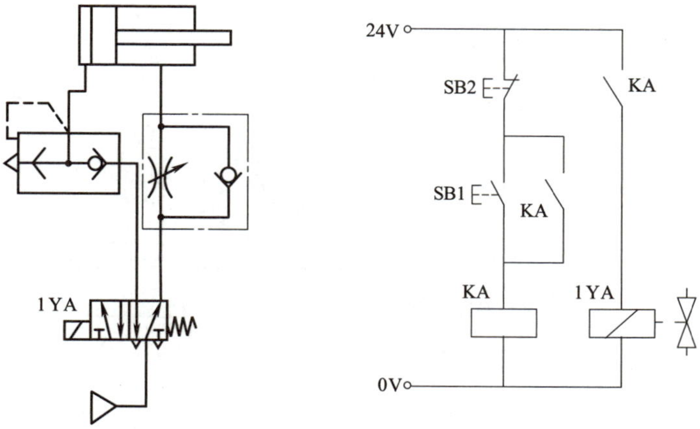

图 3-3-9　慢进快退调速回路

【想一想】

要实现快进慢退调速回路，应如何更改图 3-3-9 所示的回路？

四、气液转换速度控制回路

图 3-3-10 所示为气液转换速度控制回路，它利用气液转换器将气压转换为液压，利用液压油驱动液压缸，从而得到平稳易控制的活塞运动速度，调节节流阀的开度，就可改变活塞的运动速度。这种回路充分发挥了气动供气方便和液压速度容易控制的特点。

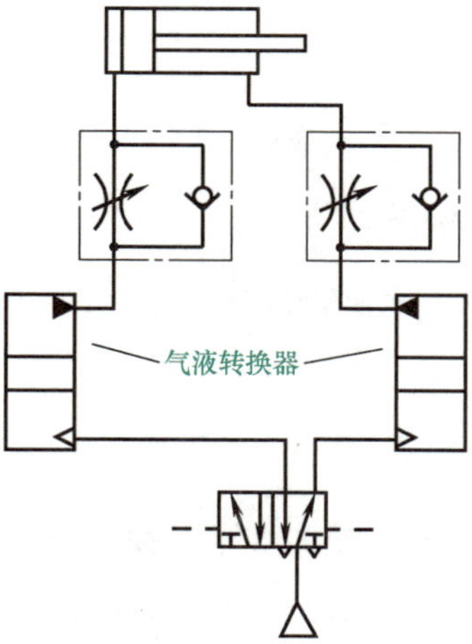

图 3-3-10　气液转换速度控制回路

【想一想】

如图 3-3-11 所示的气液调速回路中能够实现快进—工进—快退，请分析是如何实现的。

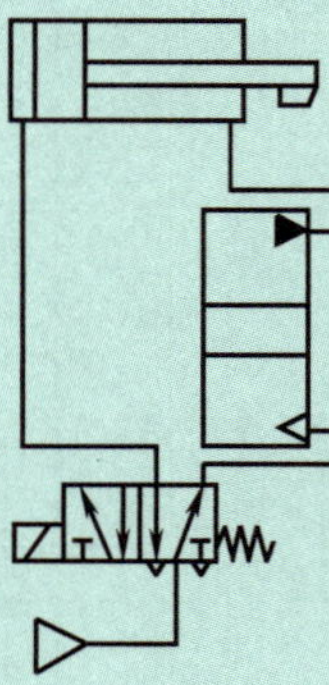

图 3-3-11　气液调速回路

五、气液阻尼缸速度控制回路

图 3-3-12 所示为气液阻尼缸慢进快退速度控制回路，当按下按钮 SB1 时，电磁阀 1YA 通电，活塞前进，此时改变单向节流阀的开度，即可控制活塞的前进速度；当按下 SB2 时，二位五通电磁阀失电，活塞快退，此时气液阻尼缸中液压缸无杆腔的油液通过单向阀快速流入有杆腔，故返回速度较快；高位油箱起补充泄漏油液的作用。

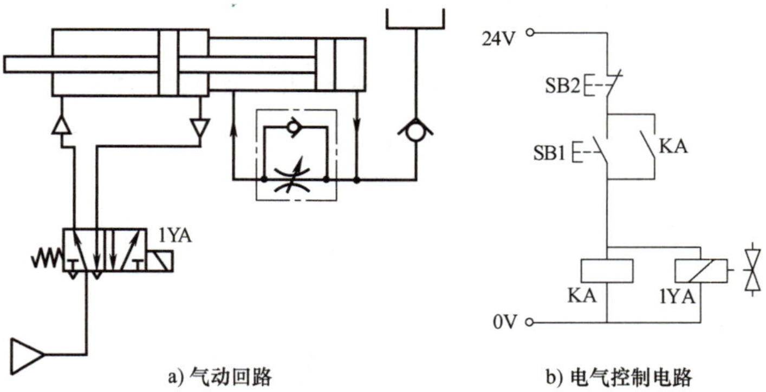

a) 气动回路　　b) 电气控制电路

图 3-3-12　气液阻尼缸慢进快退速度控制回路

六、缓冲回路

气动执行元件动作速度较快，当活塞惯性力较大时，可采用图 3-3-13 所示的缓冲回路。当活塞向右运动时，右腔的气体经行程阀及三位五通换向阀排掉，当活塞前进到预定位置压下行程阀时，气体就只能经节流阀排除，这样使活塞运动速度减慢，达到了缓冲目的。调整行程阀的安装位置就可以改变缓冲的开始时间。此种回路常用于惯性力较大的气缸。

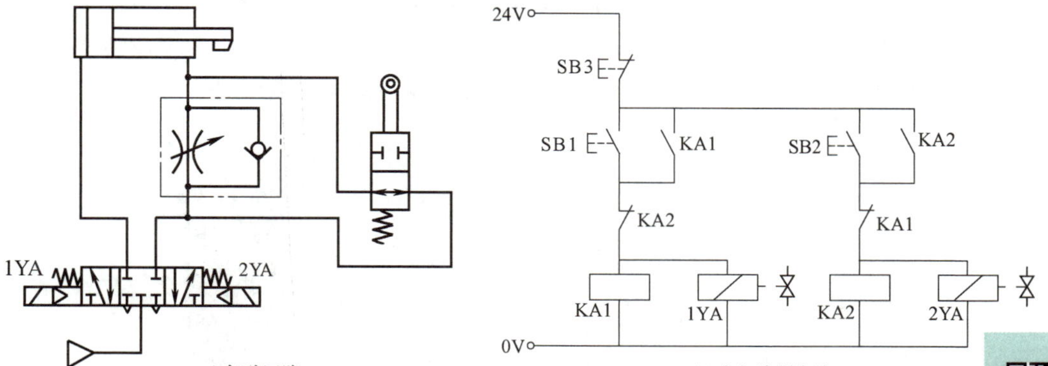

a) 气动回路　　b) 电气控制电路

图 3-3-13　缓冲回路

缓冲回路原理

【任务评价】

考核评价表见表 3-3-1，根据自评、小组互评和教师评价将各项得分以及总评内容和得分填入表中。

表 3-3-1　考核评价表

序号	评价内容	配分	要点总结	自评	组评	师评
1	流量控制阀的分类和原理	20 分				
2	单作用气缸速度控制回路	10 分				
3	双作用气缸速度控制回路	10 分				
4	气液转换速度控制回路	10 分				
5	气液阻尼缸速度控制回路	10 分				
6	缓冲回路	10 分				
7	安全文明操作	30 分				
总计得分		100 分				

【知识拓展】

气液转换器

在气动系统中，为了获得较平稳的速度，常用到气液阻尼缸或液压缸作为执行元件，这就需要用气液转换器把气压传动转换为液压传动。

气液转换器主要有两种，一种是直接作用式（图 3-3-14），当压缩空气由上部输入管输入后，经过管道末端的缓冲装置使压缩空气作用在液压油面上，因此液压油就以与压缩空气相同的压力，由转换器主体下部的排油孔输出到液压缸，使其动作。气液转换器的储油量应不小于液压缸最大有效容积的 1.5 倍。另一种气液转换器是换向阀式，它是一个气控液压换向阀。采用气控液压换向阀时，需要另备液压源。

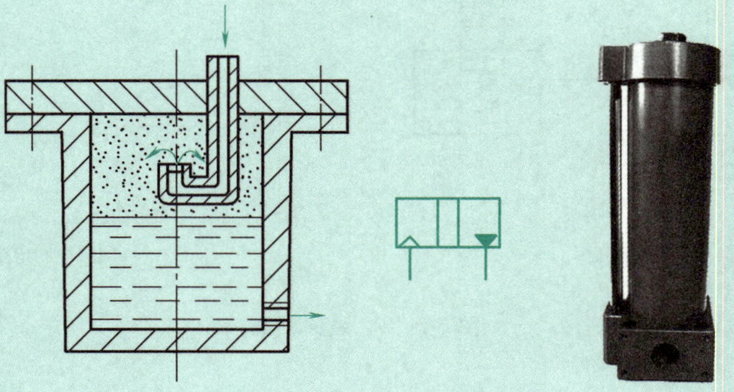

a) 结构　b) 图形符号　c) 实物

图 3-3-14　直接作用式气液转换器

【课后思考】

一、选择题

1. 下列选项中属于流量控制阀的是（　　）。

A. 节流阀　B. 换向阀　C. 顺序阀　D. 溢流阀

2. 下列不影响气缸速度的因素是（　　）。

A. 工作压力　B. 缸径大小　C. 节流阀开口大小　D. 快速排气阀

3. 排气节流阀一般安装在（　　）的排气口。

A. 空气压缩机　B. 控制元件　C. 执行元件　D. 辅助元件

4. 如图 3-3-15 所示，该气压元件的名称是（　　）。

A. 快速排气阀　B. 梭阀　C. 排气节流阀　D. 单向节流阀

5. 下列不属于排气节流调速回路特点的是（　　）。

A. 气缸速度随负载变化较小

B. 运动较平稳

C. 能承受负值负载

D. 气缸出现“爬行”现象

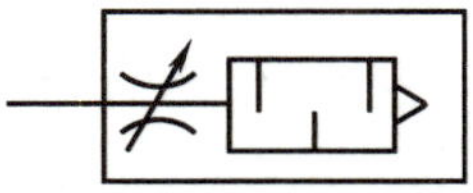

图 3-3-15　题 4 图

二、简答题

1. 描述进气节流和排气节流控制方式的优点和缺点。

2. 绘出单向节流阀和快速排气阀的符号。

任务四　气动顺序动作控制回路的组装与调试

【任务内容】

图 3-4-1 所示为单气缸送料装置行程控制示意图，在气缸动作开始和结束位置增设两个位置检测元件，用以对气缸动作顺序进行控制，实现气缸的单往复或多往复运动。

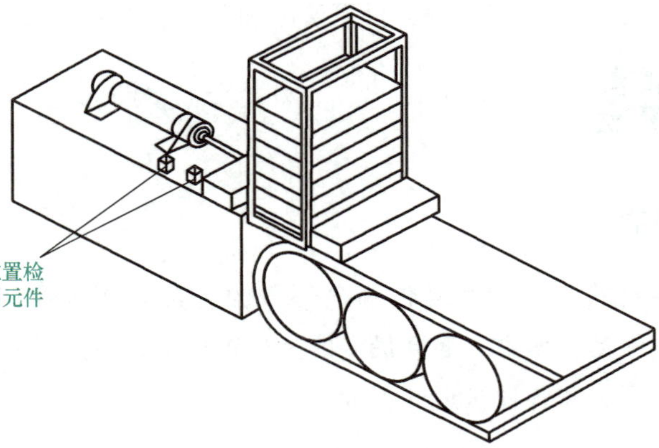

图 3-4-1　单气缸送料装置行程控制示意图

【任务分析】

顺序动作控制回路是指在气动回路中，各个气缸按一定程序完成各自的动作。例如单缸有单往复动作、二次往复动作、连续往复动作等，双缸及多缸有单往复及多往复顺序动作。

图 3-4-2 所示为送料装置自动往复顺序动作控制回路，按下带定位手动二位三通换向阀，当行程阀 5 被活塞按下时，二位五通换向阀 3 换向，气缸活塞向右运动；当活塞碰到行程阀 6 时，使二位五通气控制换向阀 3 换向，活塞向左行。当活塞向左运动碰到行程阀 5 时，活塞再向右运动，如此循环往复。

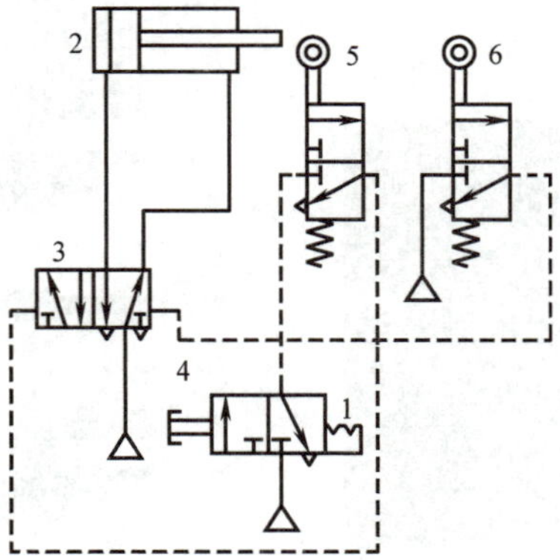

图 3-4-2　送料装置自动往复顺序动作控制回路

连续往复动作回路的原理

【任务实施】

1. 教师利用 FESTO FluidSIM-P 3.6 气动仿真软件进行仿真。
2. 在教师的帮助下，学生按照回路图中的元件图形选择合适的气缸、换向阀等气动元件。
3. 在实训平台上固定气动元件。
4. 按照控制方式进行回路连接，并检查连接是否正确。
5. 打开气源，按下起动换向阀观察气缸能否做往复运动。
6. 经教师检查评估后，关闭气源，拆下管路和元件，并将其放回原位。

【知识链接】

一、位置传感器

位置传感器是一种将位置信号转换为电信号的装置。电信号有便于传输、转换、处理、显示的特点。在气动技术中，遇到最多的是位置检测，常用的位置检测传感器有行程阀、行程开关、磁性开关和各种接近开关等。

1. 行程阀

行程阀即机械控制换向阀，它是利用凸轮、撞块或其他机械外力来推动阀芯动作、实现换向的换向阀，主要用来控制机械运动部件的行程。常见的行程阀有顶杆式、滚轮式、单向滚轮式等，其结构与手动换向阀类似。行程阀操纵方式的表示方法及外形图如图 3-4-3 所示。

图 3-4-4 所示为单向滚轮式行程阀工作方式，单向滚轮式行程阀只在凸轮、撞块从某一方向通过时发生换向，反向通过时则不发生换向，常用来消除回路中的障碍信号。由图 3-4-4 可知，只有当气缸活塞杆上的凸块从右向左通过滚轮时，换向阀的阀杆才会被压下，使换向阀换向；当凸块从左向右通过滚轮时，阀杆并不会压下，行程阀也就不会换向。

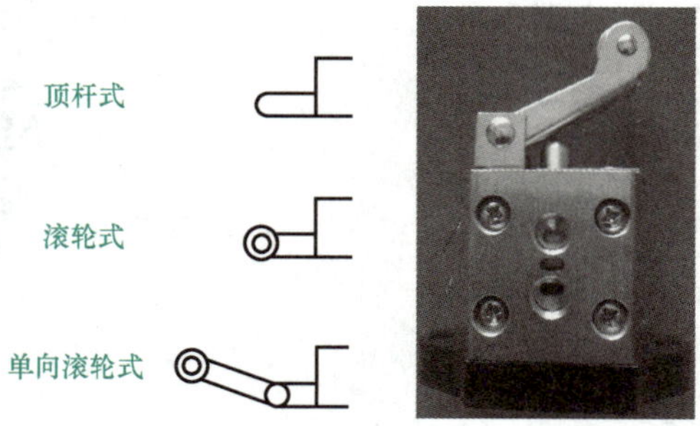

图 3-4-3　行程阀操纵方式的表示方法及外形图

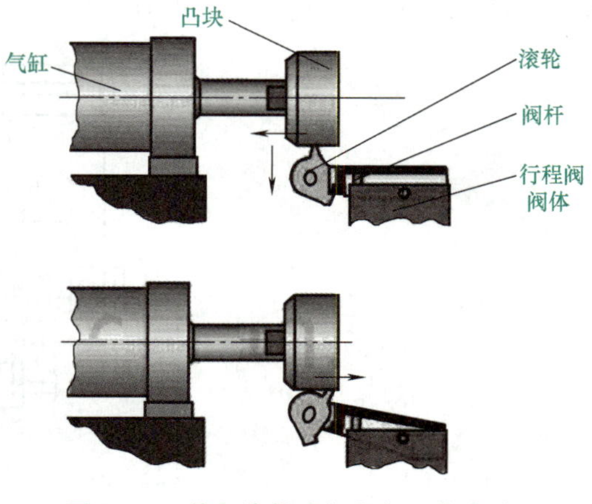

图 3-4-4　单向滚轮式行程阀工作方式

2. 行程开关

行程开关是最常用的接触式位置检测元件，它的工作原理和行程阀非常接近。行程阀利用机械外力使其内部气流换向，而行程开关则利用机械外力改变其内部电触点的通断情况。

(1) 外形结构和图形符号　常见的行程开关可分为按钮式和旋转式两种，JLXK1 系列行程开关的外形结构及图形符号如图 3-4-5 所示。

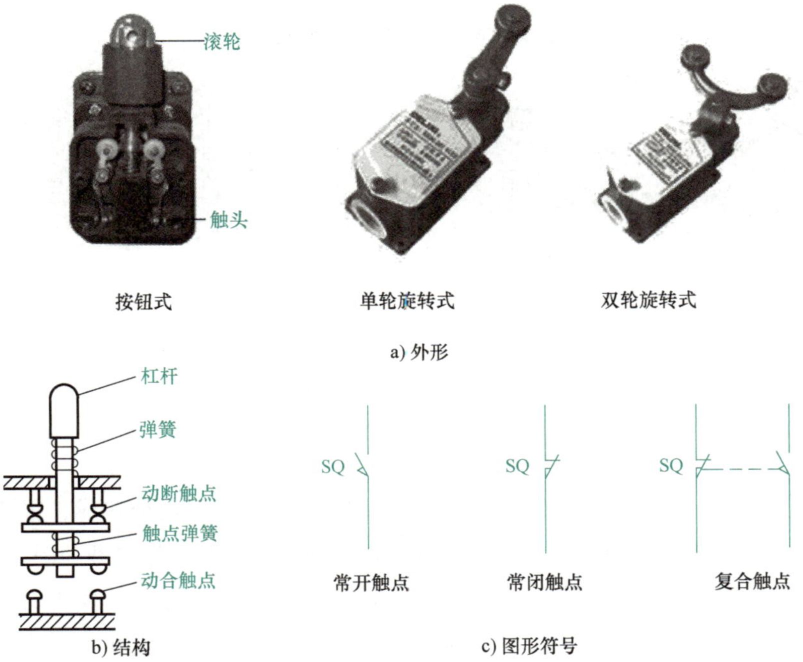

图 3-4-5　JLXK1 系列行程开关的外形结构及图形符号

(2) 安装与使用要注意以下几点：

1) 安装行程开关时，安装位置要准确、牢固，滚轮的方向不能装反。

2) 由于行程开关经常受到撞块的碰撞，会造成安装螺钉松动从而造成位移，应经常检查。

3) 行程开关在不工作时应处于不受外力的释放状态。

3. 磁性开关

磁性开关是流体传动系统中特有的。磁性开关可以直接安装在气缸缸体上，当带有磁环的活塞移动到磁性开关所在位置时，磁性开关内的两个金属簧片在磁环磁场的作用下吸合，发出信号。当活塞移开，舌簧开关离开磁场，触点自动断开，信号切断。通过这种方式可以很方便地实现对气缸活塞位置的检测。图 3-4-6 所示为磁性开关外形及结构。图 3-4-7 所示为磁性开关的安装及图形符号。

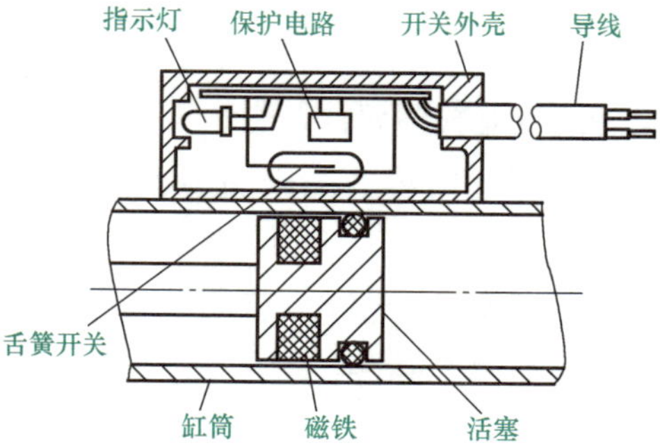

图 3-4-6 磁性开关外形及结构

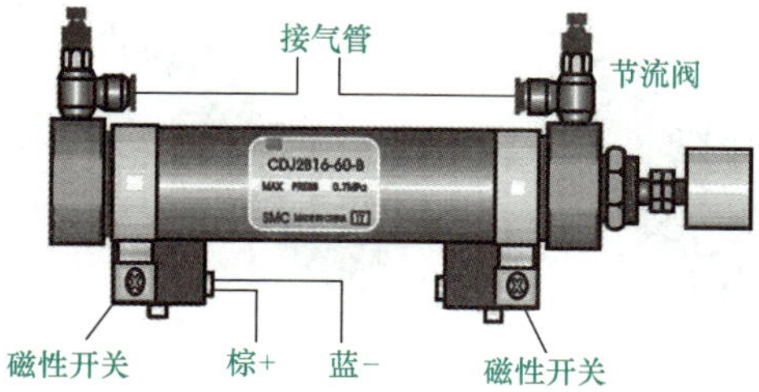

a) 磁性开关的安装

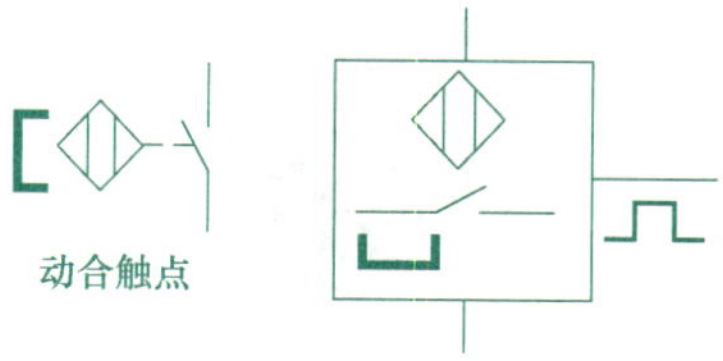

b) 图形符号

图 3-4-7 磁性开关的安装及图形符号

4. 接近开关

(1) 电容式传感器 电容式传感器的感应面由两个同轴金属电极构成，很像打开的电容器电极。这两个电极构成一个电容，串联在 RC 振荡回路内，其工作原理如图 3-4-8 所示。电源接通时，RC 振荡器不振荡，当一物体朝着电容器的电极靠近时，电容器的容量增加，振荡器开始振荡。通过后级电路的处理，将不振和振荡两种信号转换成开关信号，从而起到了检测有无物体的目的。这种传感器检测金属体物体，也能检测非金属物体。对金属物体，可以测得较大的动作距离，而对非金属物体，动作距离的决定因素之一是材料的介电常数。材料的介电常数越大，可测得的动作距离越大。材料的面积对动作距离也有一定的影响。

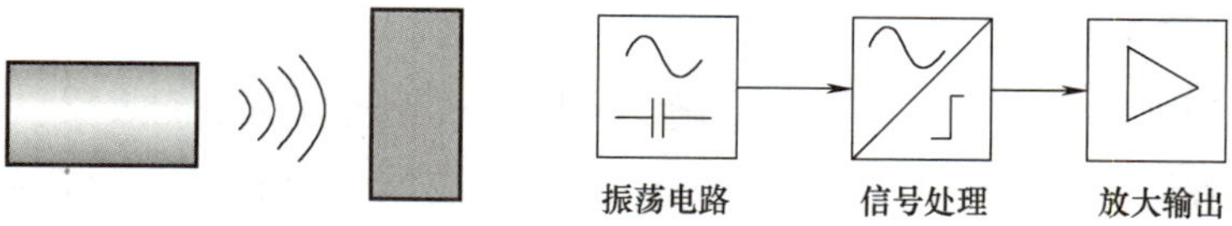

图 3-4-8 电容式传感器工作原理

电容式传感器的实物及图形符号如图 3-4-9 所示。

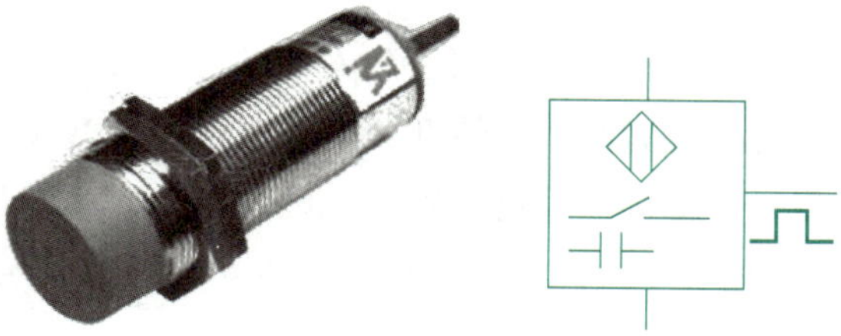

图 3-4-9 电容式传感器的实物及图形符号

（2）电感式传感器　电感式传感器的工作原理如图 3-4-10 所示，其内部的振荡器在传感器工作表面产生一个交变磁场。当金属物体接近这一磁场并达到感应距离时，在金属物体内产生涡流，从而导致振荡衰减，以至停振。振荡器振荡及停振的变化被后级放大电路处理并转换成开关信号，触发驱动控制器件，从而达到非接触式的检测目的。电感式传感器只能检测金属物体。电感式传感器实物图及图形符号如图 3-4-11 所示。

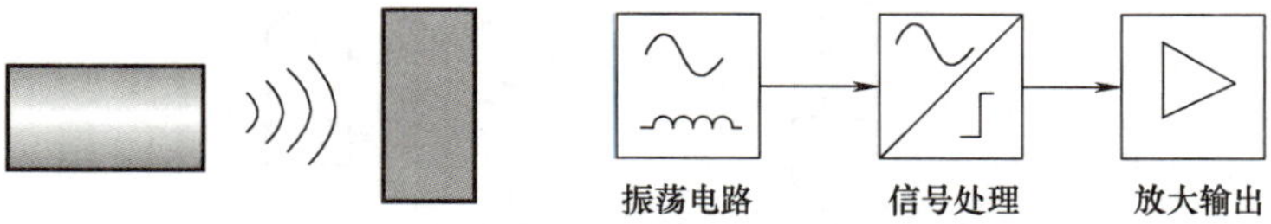

图 3-4-10　电感式传感器的工作原理

图 3-4-11　电感式传感器实物图及图形符号

（3）光电式传感器　光电式传感器是通过把光强度的变化换成电信号的变化来实现检测的。光电式传感器在一般情况下由发射器、接收器和检测电路三部分构成。常用的光电式传感器又可分为漫射式、反射式、对射式等。光电传感器的实物及图形符号如图 3-4-12 所示。

图 3-4-12　光电式传感器的实物及图形符号

1）漫射式光电传感器：集发射器与接收器于一体，在前方无物体时，发射器发出的光不会被接收器接收到。当前方有物体时，接收器就能接收到物体反射回来的光线，通过检测电路产生开关量的电信号输出。其工作原理如图 3-4-13 所示。

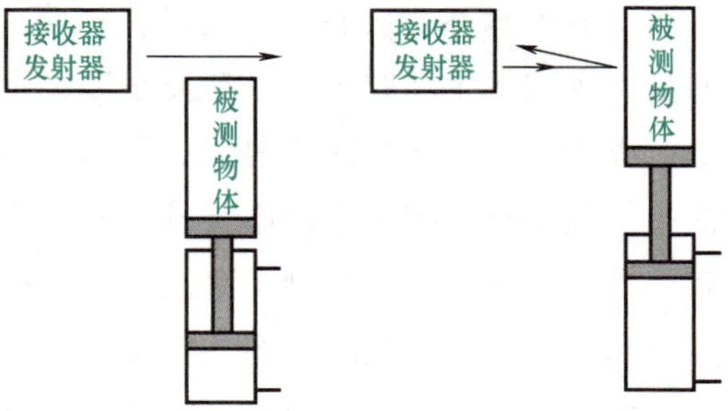

图 3-4-13　漫射式光电传感器工作原理

2）反射式光电传感器：集发射器与接收器于一体，但与漫射式光电传感器不同的是其前方装有一块反射板。当反射板与发射器之间没有物体遮挡时，接收器可以接收到光线。当被测物体遮挡住反射板时，接收器无法接收到发射器发出的光线，传感器产生输出信号。其工作原理如图 3-4-14 所示。

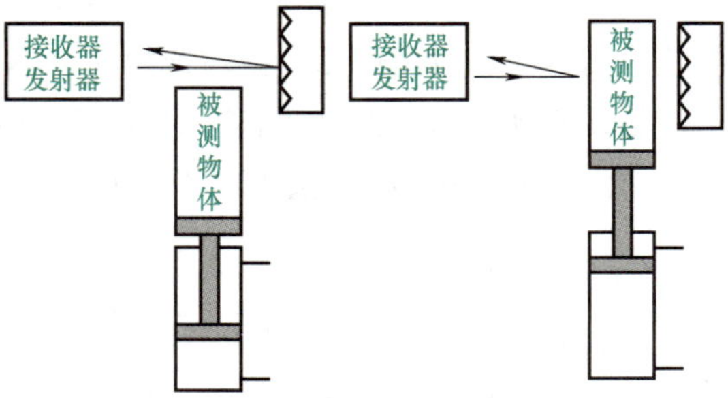

图 3-4-14　反射式光电传感器工作原理

3）对射式光电传感器：其发射器和接收器是分离的，在发射器与接收器之间如果没有物体遮挡，发射器发出的光线能被接收器接收到。当有物体遮挡时，接收器接收不到发射器发出的光线，传感器产生输出信号。其工作原理如图 3-4-15 所示。

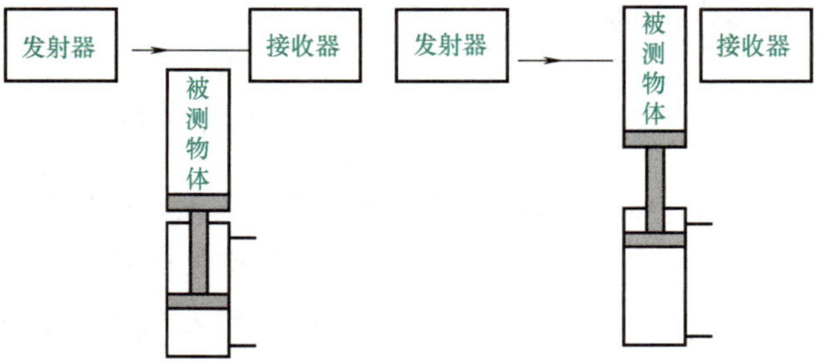

图 3-4-15　对射式光电传感器工作原理

二、单缸往复动作回路

单缸往复动作回路可分为单缸单往复和单缸连续往复动作回路。单往复指输入一个信号后，气缸只完成一次往复动作；连续往复指输入一个信号后，气缸的往复动作可连续进行。

1. 单缸单往复动作回路

图 3-4-16 所示为三种单往复动作回路。其中图 3-4-16a 所示为行程阀控制的单往复动作回路，当按下手动阀 1 的手动按钮后，压缩空气使气控阀 3 换向，活塞杆伸出，当滑块压下行程阀 2 时，气控阀 3 复位，活塞杆返回，完成一次循环。图 3-4-16b 所示为压力控制的单往复回路，按下手动阀 1 的手动按钮后，气控阀 3 的阀芯右移，气缸无杆腔进气，活塞杆伸出，当活塞行程到达终点时，无杆腔气压升高，打开顺序阀 2，使气控阀 3 换向，气缸返回，完成一次循环。图 3-4-16c 所示为利用阻容回路形成的时间控制单往复动作回路，当按下手动阀 1 的按钮后，气控阀 3 换向，气缸活塞杆伸出，当压下行程阀 2 后，需经过一定的时间后气控阀 3 才能换向，使气缸返回完成一次循环动作。由此可知，在单往复回路中，每按动一次按钮，气缸可完成一个伸出和缩回的工作循环。

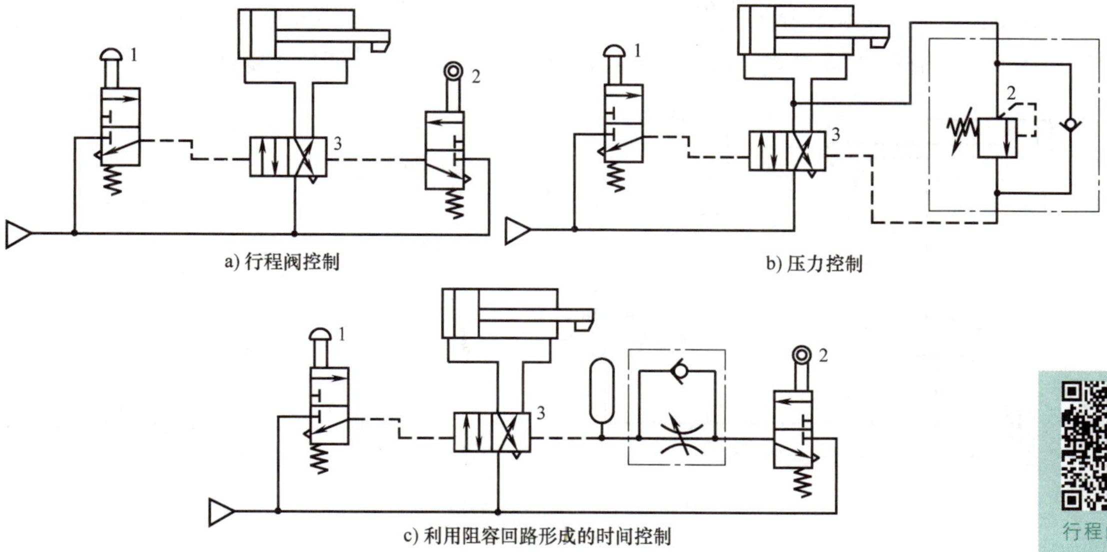

a) 行程阀控制　b) 压力控制

c) 利用阻容回路形成的时间控制

图 3-4-16　单往复顺序动作回路

行程阀控制的单往复顺序动作回路

2. 单缸连续往复动作回路

图 3-4-17 所示为连续往复动作回路。当按下手动阀 1 的按钮后，气控阀 4 换向，活塞前进，这时由于行程阀 3 复位将气路封闭，使气控阀 4 不能复位，活塞继续前进。到达行程终点压下行程阀 2，使气控阀 4 控制气路排气，并在弹簧作用下气控阀 4 复位，气缸返回；当压下行程阀 3 时，气控阀 4 换向，活塞再次向前，形成了伸出和缩回的连续往复动作，当提起手动阀 1 的按钮后，气控阀 4 复位，活塞返回而停止运动。

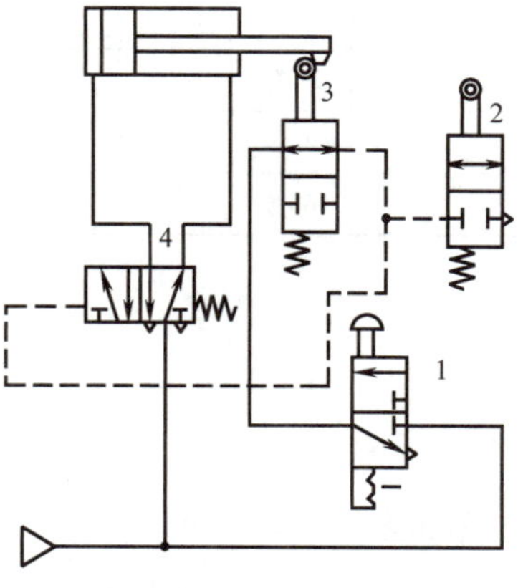

图 3-4-17　连续往复动作回路

三、两缸顺序动作回路

两气缸顺序动作实现，成为两缸顺序动作回路。在生产实践中我们经常遇到这样的问题，例如，在气动提升平台提升到位时气动机械手进行抓取或者推动，这时就需要两个气缸按照预先设定的顺序进行工作，这就用到两缸顺序动作回路。两缸顺序动作回路如图 3-4-18 所示，当按下按钮 SB1 时，电磁阀 1YA 通电，左缸活塞开始伸出，当碰到 SQ2 时，电磁阀

2YA 通电并自锁，右缸活塞开始伸出，当碰到 SQ4 时，电磁阀 1YA 断电，左缸活塞缩回碰到 SQ1 时，电磁阀 2YA 断电，右缸活塞缩回碰到 SQ3 后，开始循环往复动作。

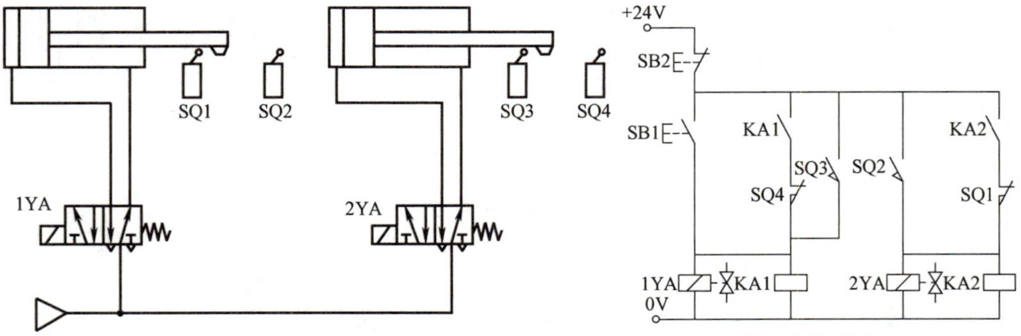

a) 气动回路　　b) 电气控制电路

图 3-4-18　两缸顺序动作回路

【任务评价】

考核评价表见表 3-4-1，根据自评、小组互评和教师评价将各项得分以及总评内容和得分填入表中。

表 3-4-1　考核评价表

序号	评价内容	配分	要点总结	自评	组评	师评
1	位置传感器的分类和原理	30 分				
2	单缸往复动作回路	20 分				
3	两缸顺序动作回路	20 分				
4	安全文明操作	30 分				
总计得分		100 分				

【课后思考】

一、选择题

1. 在气动控制中，不是常用位置传感器的有（　　）。

A. 按钮　　B. 行程开关　　C. 行程阀　　D. 磁性开关

2. 如图 3-4-19 所示，行程开关的符号正确的是（　　）。

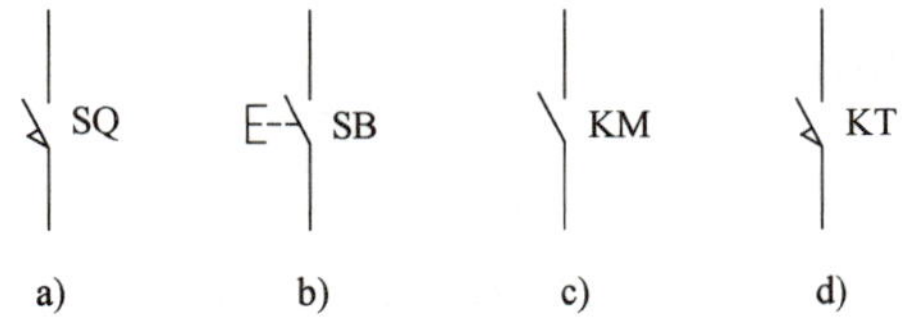

图 3-4-19　题 2 图

A. a)　B. b)　C. c)　D. d)

3. 在运用磁性开关进行气缸控制中，磁铁的位置是在（　　）。

A. 活塞　　B. 缸筒外部　　C. 行程开关　　D. 行程阀

二、简答题

1. 如图 3-4-20 所示，要通过行程开关作为位置检测元件，通过 1YA 和 2YA 来分析活塞的往复运动，请设计电路图。

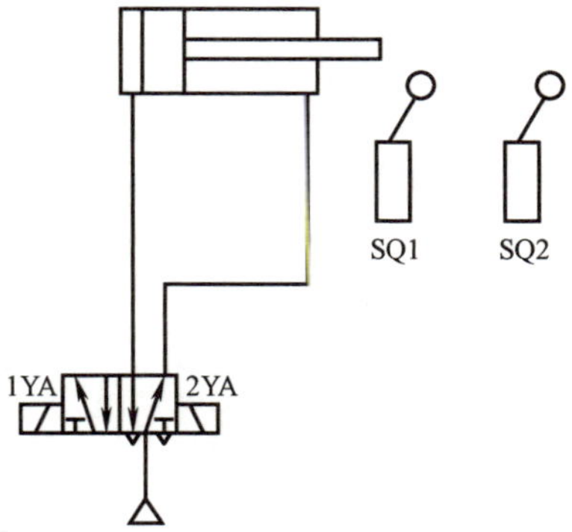

图 3-4-20　题 1 图

2. 用磁性开关和行程开关作为位置检测元件，比较其优缺点。

任务五　气动多缸动作控制回路的组装与调试

【任务内容】

图 3-5-1 所示为全自动钻床的结构，该钻床有 3 个气缸：送料缸、夹紧缸和钻削缸，其中送料缸作推送物料用，夹紧缸作夹紧物料用，钻削缸作钻削进给用。按下起动按钮，全自动钻床起动工作。工作过程中，3 个气缸是按一定顺序先后动作，自动完成工作循环。当物料检测传感器检测到料仓中有物料时，送料缸活塞杆便伸出将料仓中的物料推送到钻削位置，物料到位后夹紧缸活塞杆伸出将物料夹紧，同时送料缸活塞杆退回，夹紧到位后钻削缸活塞杆伸出驱动钻削进给，钻削到位后暂停 4s，时间到钻削缸活塞杆退回，最后夹紧缸活塞杆缩回松开物料，并进入下一个循环。

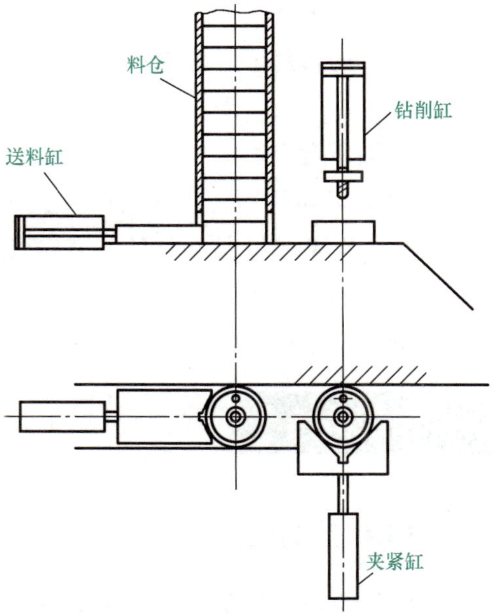

图 3-5-1　全自动钻床的结构

【任务分析】

在气压传动系统中，为完成多个动作，对多个气缸的控制并不少见，尽管从气动回路上看并没有复杂多少，更多的是通过改变控制电路，来实现多缸不同顺序的动作要求。随着 PLC 技术的出现，传统继电器控制方式受到了挑战，特别是对于较为复杂的顺序控制电路，PLC 技术具有独特的优势。

图 3-5-2 所示为气动回路图，该气动回路共有 3 个气缸，3 个气缸分别由 3 个二位五通电磁阀控制。每个气缸上装有两个磁性开关，作为气缸在前进或后退动作结束后的信号发生元件。由此可见，信号输入元件 SQ1～SQ6 可使用磁性开关，光电开关用于检测物料的有无。

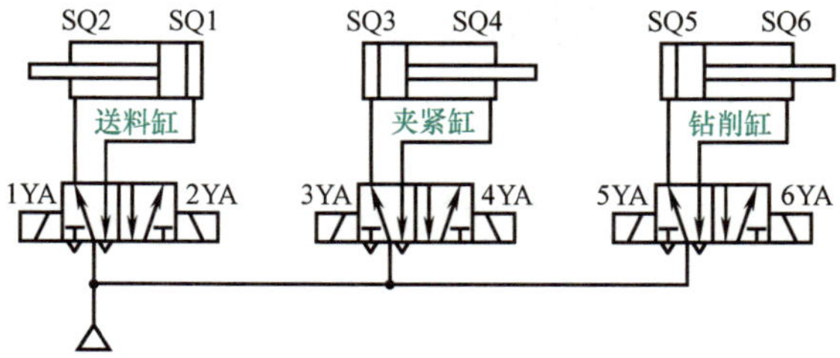

图 3-5-2　气动回路图

【任务实施】

1. 教师利用 FESTO FluidSIM-P 3. 6 气动仿真软件进行仿真。
2. 在教师的帮助下，学生按照回路图中的元件图形选择合适的气缸、换向阀等气动元件。
3. 在实训平台上固定气动元件，按照气动回路图完成气动管路的连接。
4. 按照 PLC 接线图完成电气控制电路的连接。
5. 打开 GX Works2 编程软件，完成程序的编制与调试。
6. 打开气源，按下起动按钮，观察 3 个气缸动作顺序。
7. 经教师检查评估后，关闭气源，拆下管路和元件，并将其放回原位。

【知识链接】

一、PLC 控制电路

气动打孔机 PLC 控制接线图如图 3-5-3 所示。

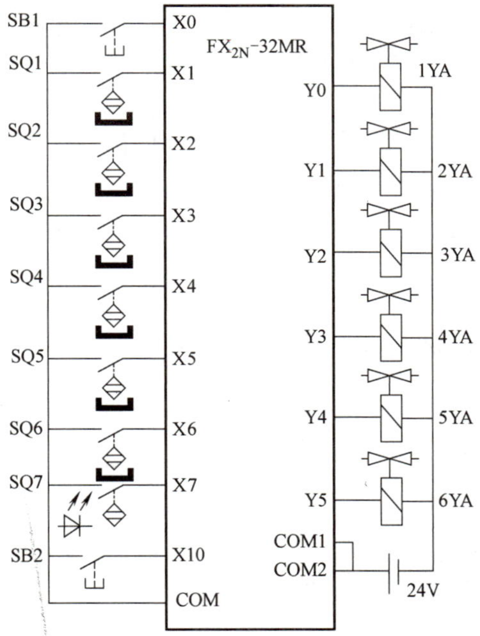

图 3-5-3　气动打孔机 PLC 控制接线图

气动打孔机 PLC 控制电路地址分配见表 3-5-1。

表 3-5-1　气动打孔机 PLC 控制电路地址分配表

输入地址	元件符号	说明	输出地址	元件符号	说明
X0	SB1	起动按钮	Y0	1YA	送料缸缩回
X1	SQ1	送料缸缩回到位检测开关	Y1	2YA	送料缸伸出
X2	SQ2	送料缸伸出到位检测开关	Y2	3YA	夹紧缸伸出
X3	SQ3	夹紧缸缩回到位检测开关	Y3	4YA	夹紧缸缩回
X4	SQ4	夹紧缸伸出到位检测开关	Y4	5YA	钻削缸伸出
X5	SQ5	钻削缸缩回到位检测开关	Y5	6YA	钻削缸缩回
X6	SQ6	钻削缸伸出到位检测开关			
X7	SQ7	料仓物料有无检测开关			
X10	SB2	停止按钮			

二、PLC 梯形图程序和顺序功能图程序

PLC 梯形图程序如图 3-5-4 所示。

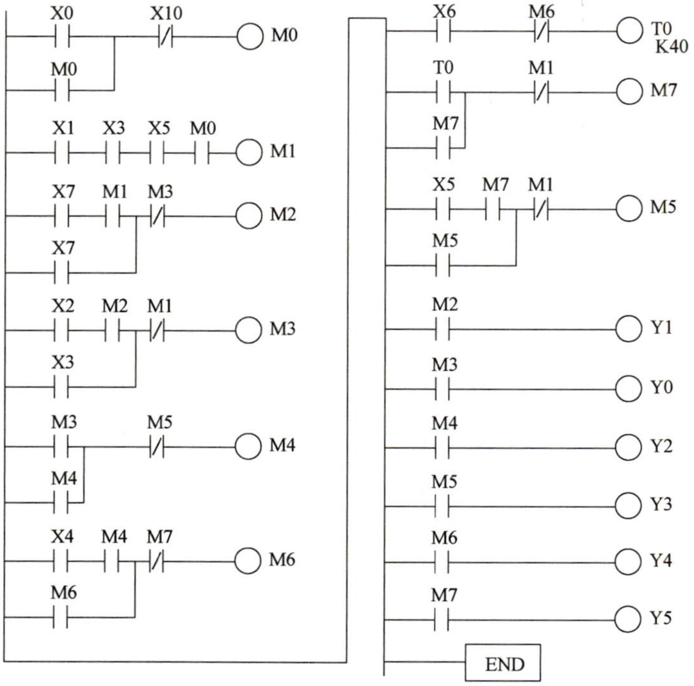

图 3-5-4　PLC 梯形图程序

PLC 顺序功能图程序如图 3-5-5 所示。

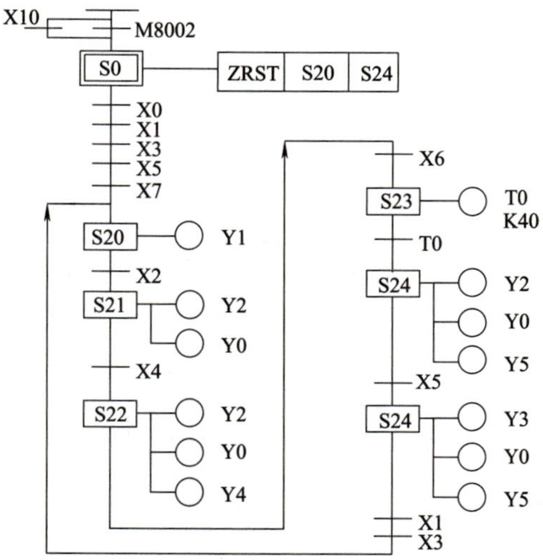

图 3-5-5　PLC 顺序功能图程序

三、延时、互锁及双手操作回路

1. 延时回路

【做一做】

请你观察如图 3-5-6 所示的单作用延时回路，用 FESTO FluidSIM-P 3.6 进行仿真并验证分析。

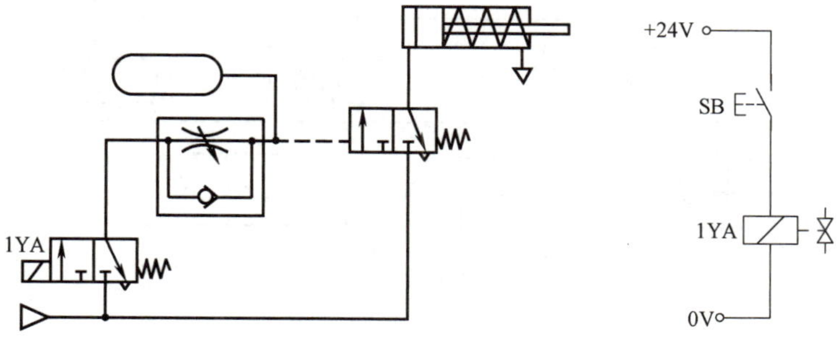

图 3-5-6　单作用延时回路

单作用延时回路原理

如图 3-5-6 所示，当按下按钮 SB 时，电磁阀 1YA 通电，压缩空气经节流阀进入气罐，经过一段时间气罐中气压升高到一定值后，二位三通气控换向阀换向，活塞杆伸出；当松开按钮 SB 后，活塞缩回。

【想一想】

1. 若图 3-5-6 中采用双作用气缸，此时气动回路应如何修改？
2. 分析如图 3-5-7 所示的延时输出气动回路，请说明其工作过程。

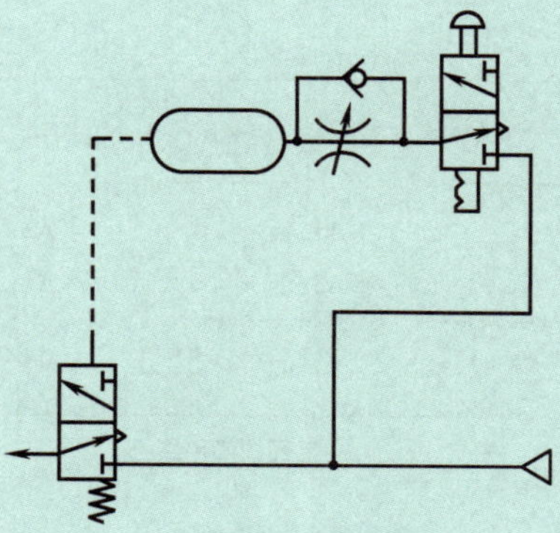

图 3-5-7　延时输出气动回路

2. 互锁回路

图 3-5-8 所示为互锁回路，主要利用梭阀 1、2、3 及换向阀 4、5、6 实现互锁。该回路能防止各缸的活塞同时动作，而保证只有一个活塞动作。例如，当换向阀 7 被切换，则换向阀 4 也换向，使 A 缸活塞杆伸出，与此同时，A 缸进气管路的气体使梭阀 1、3 动作，把换向阀 5、6 锁住，所以此时即使换向阀 8、9 有气控信号，B、C 缸也不会动作。若要改变缸的动作，必须把前一个动作缸的气控阀复位才行，以此达到互锁的目的。

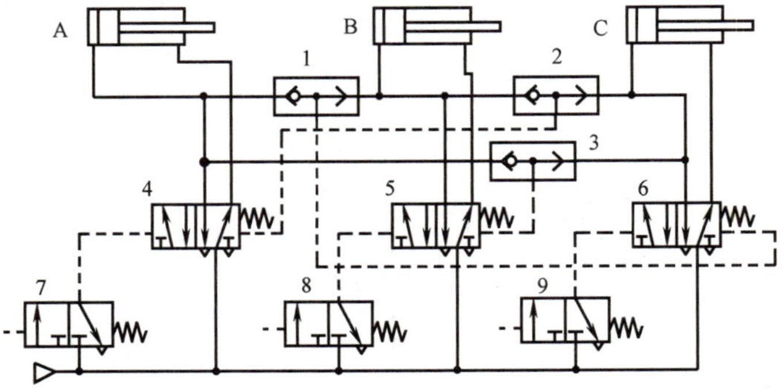

图 3-5-8　互锁回路

【想一想】

如图 3-5-9 所示，请分析该回路是如何实现互锁的。

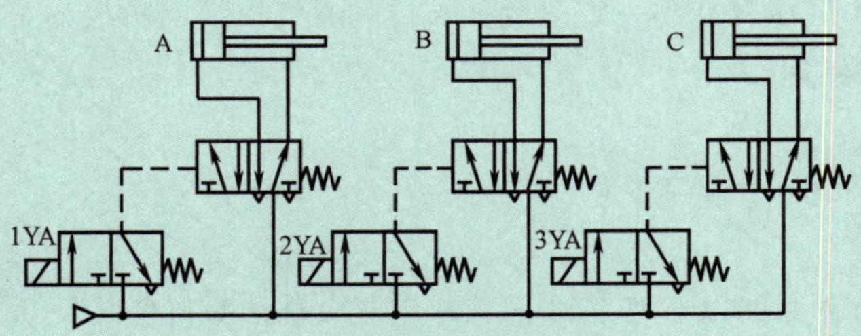

a) 气动回路

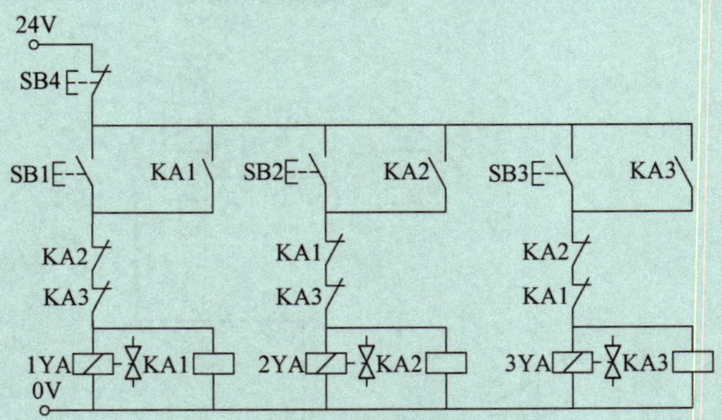

b) 电气控制电路

图 3-5-9　想一想图

3. 双手操作回路

使用压力机等机器时，若一手拿冲料，另一手操作起动阀，很容易造成工伤事故。若改成两手同时操作，先把冲料放在冲模上，然后双手按下按钮，控制压力机动作，可保护双手安全。

如图 3-5-10a 所示回路，只有两手同时操作手动阀，才能使二位五通气控换向阀动作，活塞才能下落。在此回路中，如果手动阀的弹簧折断而不能复位，单独按下一个手动阀，气缸活塞也可下落，所以此回路并不十分安全。

如图 3-5-10b 所示回路，需要两手同时按下手动阀，气罐中预先充满的压缩空气才能经手动阀及节流阀延迟一定时间后切换到二位五通气控换向阀，此时活塞才能下落。如果两手不同时按下手动阀，或因其中任一个手动阀弹簧折断不能复位，气罐中的压缩空气都将通过手动阀的排气口排空，这样由于建立不起控制压力，主控阀不能切换，活塞也就不能下落。注意在双手同时操作回路中，两个手动阀必须安装在单手不能同时操作的距离上。

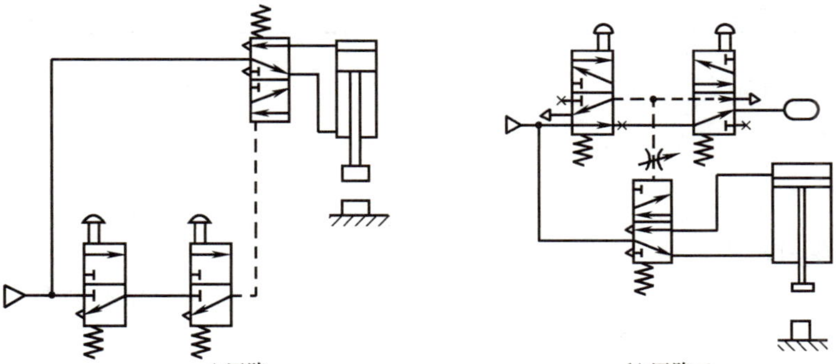

a) 回路一　　b) 回路二

图 3-5-10　双手同时操作回路

双手操作回路的原理

【练一练】

如图 3-5-11 所示的双手操作回路，请分析其工作过程。

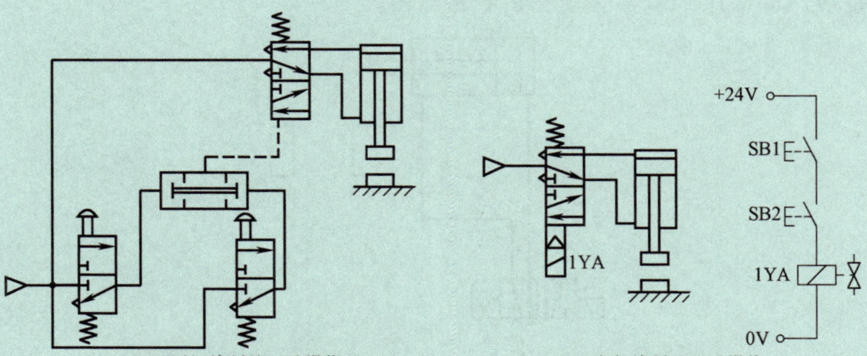

a) 双压阀控制的双手操作　　b) 电气控制的双手操作

图 3-5-11　双手操作回路

【任务评价】

考核评价表见表 3-5-2，根据自评、小组互评和教师评价将各项得分以及总评内容和得分填入表中。

表 3-5-2　考核评价表

序号	评价内容	配分	要点总结	自评	组评	师评
1	全自动钻床气动控制回路	10 分				
2	全自动钻床 PLC 控制电路	20 分				
3	PLC 梯形图程序和顺序功能图程序	20 分				
4	延时、互锁及双手操作回路	20 分				
5	安全文明操作	30 分				
总计得分		100 分				

【课后思考】

一、选择题

1. 双手操作回路中，两手间的逻辑关系是（　　）。

A. 与逻辑　　B. 或逻辑　　C. 非逻辑　　D. 与非逻辑

2. 关于双手操作回路说法正确的是（　　）。

A. 为保证操作安全

B. 一手操作更方便，不必设计双手操作

C. 可以用梭阀来实现

D. 双压阀不能实现双手操作设计

二、简答题

1. 如图 3-5-12 所示，要通过行程开关作为位置检测元件，通过 1YA 和 2YA 来分析活塞的往复运动，请设计 PLC 顺序功能图和梯形图。

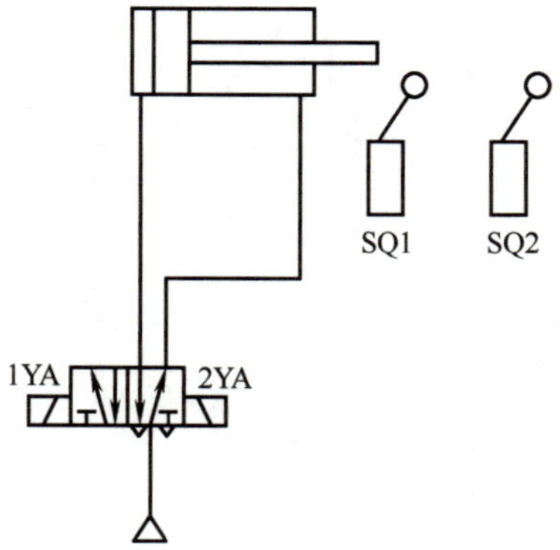

图 3-5-12　题 1 图

2. 与继电器控制相比，PLC 控制具有哪些优势？

任务六　气压传动系统的识读与维护

【任务内容】

图 3-6-1 所示为采用气压控制的公共汽车车门及其结构。安装该车门时，需要驾驶人和售票员附近都装有气动开关控制车门开关，并且当车门在关闭过程中遇到障碍物时，能使车门自动开启，起到安全保护作用。

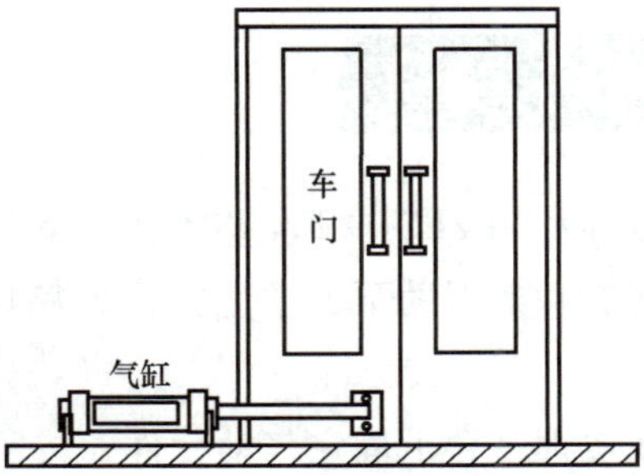

图 3-6-1　采用气压控制的公共汽车车门及其结构

【任务分析】

图 3-6-2 所示为汽车车门气压控制系统原理。车门的开关靠气缸 12 来实现，气缸由双控阀 9 来控制，而双控阀又由按钮阀 1~4 来操纵，气缸运动速度的快慢由单向节流阀 10 和 11 来控制调节。通过阀 1 或阀 3 使车门开启，通过阀 2 或阀 4 使车门关闭。起安全作用的机动换向阀 5 安装在车门上。

当操纵按钮阀 1 或阀 3 时，气源压缩空气经阀 1 或阀 3 到阀 7，把控制信号送到阀 9 的 A 侧使阀 9 向车门开启方向切换。气源压缩空气经阀 9 和阀 10 到气缸的有杆腔，使车门开启。

当操纵按钮 2 或阀 4 时，压缩空气经阀 2 或阀 4 到阀 6，把控制信号送到阀 9 的 B 侧，使阀 9 向车门关闭方向切换。气源压缩空气经阀 9 和阀 11 到气缸的无杆腔，使车门关闭。

车门在关闭过程中若碰到障碍物，便推动阀 5，此时气源压缩空气经阀 5 把控制信号通过阀 8 送到阀 9 的 A 侧，使阀 9 向车门开启方向切换。必须指出，如果阀 2 或阀 4 仍然保持在按下状态，则阀 5 起不到自动开启车门的安全作用。

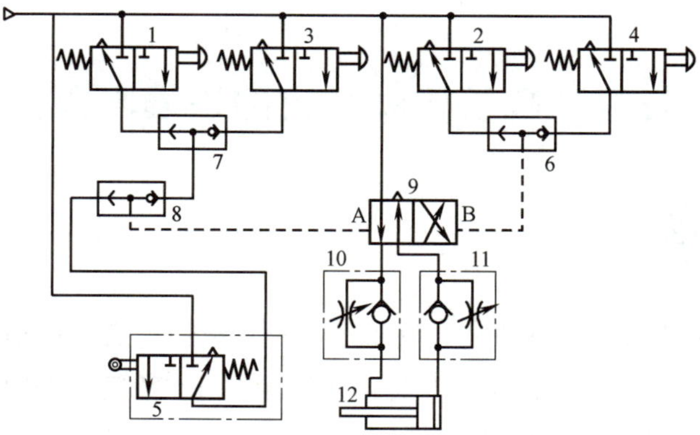

公共汽车车门气压传动系统

图 3-6-2　汽车车门气压控制系统原理

【任务实施】

1. 教师利用 FESTO FluidSIM-P 3.6 气动仿真软件进行仿真。

2. 在教师的帮助下，学生按照回路图中的元件图形选择合适的气缸、换向阀等气动元件。

3. 在实训平台上固定气动元件，按照气动回路图完成气动管路的连接。

4. 打开气源，分析原理，观察气缸动作情况。

5. 经教师检查评估后，关闭气源，拆下管路和元件，并将其放回原位。

【知识链接】

气压传动技术是实现工业生产自动化和半自动化的方式之一。由于气压传动系统使用安全、可靠，可以在高温、振动、腐蚀、易燃、易爆、多灰尘、强磁、辐射等恶劣环境下工作，所以气动技术应用十分广泛。

一、工件夹紧气压传动系统

在机械加工中，机床常用的工件夹紧装置的气压传动系统如图 3-6-3 所示。其工作原理是当工件运行到指定位置后，气缸 A 的活塞杆伸出，将工件定位锁紧后，两侧的气缸 B 和 C 的活塞杆同时伸出，从两侧面夹紧工件，之后进行机械加工，加工完成后各夹紧缸退回。

其气压系统的动作顺序如下：当踏下脚踏换向阀 1 后，压缩空气经单向节流阀进入气缸 A 的无杆腔，使夹紧头下降至锁紧位置后，压下机动行程阀 2 使之换向，压缩空气经单向节流阀 6 进入二位三通换向阀 4 的右侧，使阀 4 换向，压缩空气经阀 4 通过主控阀 3 的左位进入气缸 B 和 C 的无杆腔，两气缸同时伸出从侧面夹紧工件，进行加工。与此同时，压缩空气的一部分经单向节流阀 5 延时后使主控阀 3 换向到右侧，则两气缸 B 和 C 返回原位。在两气缸返回的过程中有杆腔的一部分压缩空气作为信号使脚踏换向阀 1 复位，则气缸 A 返回原位。

此时由于行程阀 2 复位（右位），所以二位三通换向阀 4 也复位。由于阀 4 复位，气缸 B 和 C 的无杆腔连通大气，主阀 3 自动复位，由此完成了一个“缸 A 压下→夹紧缸 B 和 C 伸出夹紧→夹紧缸 B 和 C 返回→缸 A 返回”的动作循环。该回路只有再次踩踏脚踏换向阀 1 才能开始下一个工作循环。

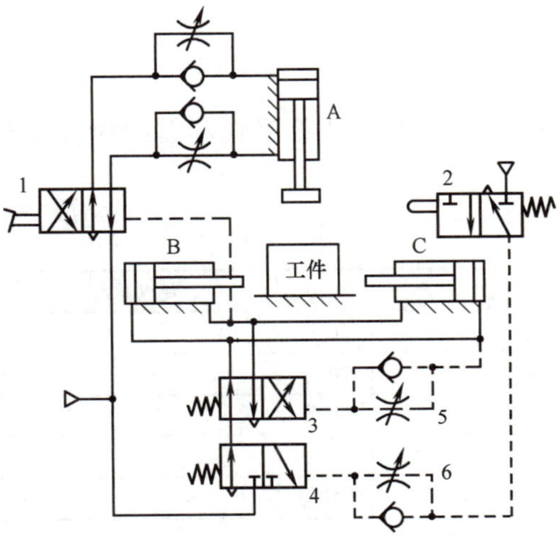

图 3-6-3　工件夹紧气压传动系统

工件夹紧气压传动系统原理

二、气动系统的安装与维护

1. 气动系统的安装

气动系统的安装主要注意如下事项：

1）应注意阀的推荐安装位置和标明的安装方向。

2）逻辑元件应按控制回路的需要，将其成组地安装在底板上，并在底板上开出气路，用软管接出。

3）移动缸的中心线与负载作用力的中心线要同心，否则引起侧向力，使密封件加速磨损，活塞杆弯曲。

4）各种自动控制仪表、自动控制器、压力继电器等，在安装前应进行校验。

5）管道安装前要彻底清理管道内的粉尘及杂物，支架要牢固，工作时不得产生振动，管路尽量平行布置，减少交叉，力求最短，转弯最少，并考虑到能自由拆装。

2. 气动系统的维护

气动系统的维护分为日常维护、定期维护和系统大修。具体应注意以下几个方面：

1）日常维护时，需要对冷凝水和系统润滑进行管理。

2）开机前后要放掉系统中的冷凝水。

3）随时注意压缩空气的清洁度，定期清洗气水分离器的滤芯。

4）定期给油雾器加油。

5）开机前检查各调节手柄是否在正确位置，行程阀、行程开关、挡块的位置是否正确、牢固。对活塞杆、导轨等外露部分的配合表面进行擦拭后方能开机。

6）长期不使用时，应将各手柄放松，以免弹簧失效而影响元件的性能。

7）间隔三个月需定期检修，一年应进行大修。

8）定期检验受压容器，对漏气、漏油、噪声等要进行防治。

【任务评价】

考核评价表见表 3-6-1，根据自评、小组互评和教师评价将各项得分以及总评内容和得分填入表中。

表 3-6-1　考核评价表

序号	评价内容	配分	要点总结	自评	组评	师评
1	汽车车门气压控制系统	20 分				
2	工件夹紧气压传动系统	20 分				
3	气压传动系统的安装与维护	30 分				
4	安全文明操作	30 分				
总计得分		100 分				

【课后思考】

简答题

1. 汽车车门气压控制系统中包含哪些基本回路？

2. 气动系统安装时要注意哪些问题？

【匠心筑梦】

车间走出“万能工”

在嘈杂的机床车间，万亚勇正忙着维修故障设备。他一边指挥工人操作，一边抽空接打响个不停的电话。身材并不高大的万亚勇是宁波中大力德智能传动股份有限公司的设备科科长。

半夜一两点起来维修设备都是家常便饭，万亚勇不仅维修技术过硬，而且热心肠。杭州分公司的同事两三天解决不了的设备故障，万亚勇去了十分钟就“人到病除”。同事们都亲切地称他为“万能工”。

“很多年轻工人看不出来设备哪里出了问题，归根到底还是对操作和构造不熟悉。”万亚勇说。一个部位出问题，整条流水线都要停下来，正是这样低容错率的车间工作，促使万亚勇一次次进行着技术创新。

路过一个齿轮抛光工位时，万亚勇轻描淡写地介绍说，这也是他的创新发明之一。齿轮表面如果有毛刺会影响产品整体寿命。以前，工人拿着齿轮在单向运作的抛光机里操作，效率不高也不安全。如何改进？万亚勇心里不停地琢磨着。没多久，双向转动的毛刺抛光机诞生了。

十几年来，通过技术改造实现高产低耗，万亚勇已为公司创造直接经济效益300多万元，由他自主发明的电机耐压测试技术被命名为“万亚勇电机耐压测试法”，他带领团队研发的行星回程测量仪填补了国内的行业空白。

万亚勇对机器有很深的感情。“这些机器都很美，和这些设备一起工作，是一件很享受的事情。凭敬业可以成为一名合格的工人，但只有乐业才能脱颖而出，成为佼佼者。”万亚勇说。

项目四 认识液压泵与液压执行元件

项目概述

一个完整的液压传动系统主要是由动力元件、执行元件、辅助元件和控制元件组成的。动力元件是把原动机输出的机械能转换为油液的压力能，执行元件是把液压泵输入的油液压力能转换为机械能，控制元件是用来控制和调节油液的压力、流量和流动方向，辅助元件是将前面三个部分连接在一起，起储油、过滤、测量和密封等作用，以保证系统正常工作。除此之外，液压传动系统还包括工作介质，即用于传递压力能的液体介质——各种液压油。它们的每一部分，就像人体的各个器官一样，各司其职，但是又有机地结合在一起，完成液压传动系统的功能。

本项目的主要目标是认识液压泵和液压执行元件的组成、类型、结构等。

图 4-0-1 所示为项目四思维导图。

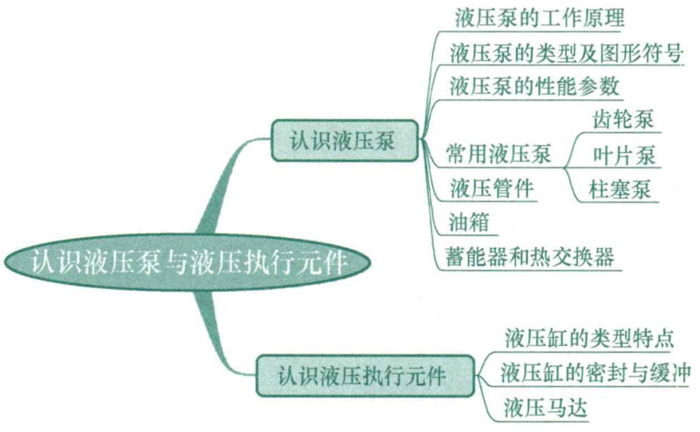

图 4-0-1　项目四思维导图

项目目标

知识目标

1. 了解液压泵的工作原理、性能参数，掌握液压泵的分类及图形符号。
2. 掌握常用齿轮泵、叶片泵、柱塞泵的类型、结构、工作原理。

3. 了解液压管件、油箱、蓄能器和热交换器的类型及特点。

4. 掌握液压执行元件的种类、图形符号，掌握双作用活塞式液压缸的推力和速度计算方法。

5. 了解常用液压缸的类型和工作原理，了解液压缸的密封、缓冲和排气装置。

技能目标

1. 认识液压工作台上各单元模块的使用及各种液压元件的安装。

2. 会识读各种液压泵及液压缸。

3. 会进行快接接头的插拔。

素养目标

1. 培养学生吃苦耐劳、爱岗敬业的优秀品质。

2. 培养学生严谨细致的工作作风。

3. 培养学生利用专业知识解决实际问题的意识。

任务一　认识液压泵

【任务内容】

图 4-1-1 所示为摩托车维修液压升降台，摩托车的升降是由液压缸带动升降台上下运动实现的。升降台升降的动力是由液压泵提供的。你知道液压泵在什么位置吗？它是如何工作的呢？

图 4-1-1　摩托车维修液压升降台

【任务分析】

要使摩托车向上升起，一方面在液压缸进油口要输入压力油，另一方面输入的压力油的压力要足够大，使其能够克服摩托车重力。而液压系统中能实现这一功能的就是动力元件，即液压泵。

【任务实施】

1. 教师引导学生观看实物，认识液压装置各部分的名称及作用。
2. 学生整理液压泵与其他部分的连接关系。
3. 起动液压泵，对升降台进行操作，观察升降台的升降情况。
4. 分析系统的工作情况，了解系统的工作原理。

【知识链接】

液压泵的作用与心脏类似。心脏可以看作是一个不停跳动的肌肉泵，通过心肌的收缩和舒张将含氧丰富的血液输送到身体的各个部位，从而实现血液循环和新陈代谢。

液压泵是液压系统的动力元件。那么，液压泵是如何提供动力的呢？其结构和工作原理是怎样的呢？我们又该如何正确使用液压泵呢？

一、液压泵的工作原理

【想一想】

如图 4-1-2 所示，水塔中的水是怎么输送上去的？地下水（井水）怎么方便省力地抽上来？

a) 水塔

b) 从井中抽地下水

图 4-1-2　水塔与抽水

图 4-1-3 所示为单柱塞液压泵的工作原理。

原动机带动偏心轮转动时，柱塞在偏心轮和弹簧的作用下在泵体中做左右往复运动。柱塞向右运动时，密封容积由小变大，形成局部真空，油箱中的油液在大气压作用下通过单向阀 1 进入泵体内而实现吸油；柱塞向左运动时，密封容积由大变小，腔内油液压力升高，关闭单向阀 1，打开单向阀 2 进入系统而实现压油。偏心轮不停转动，液压泵不断地吸油和压油。

由此可知，液压泵是依靠密封容积的变化来进行吸油和压油的，故又称为容积式泵。

容积式泵工作的条件是：

1）具备密封容积。

2）密封容积的大小能交替变化。

3）要有配油装置，以确保密封容积增大时从油箱吸油，减小时向系统压油。

4）吸油过程中，油箱必须和大气相通，这是吸油的必要条件。

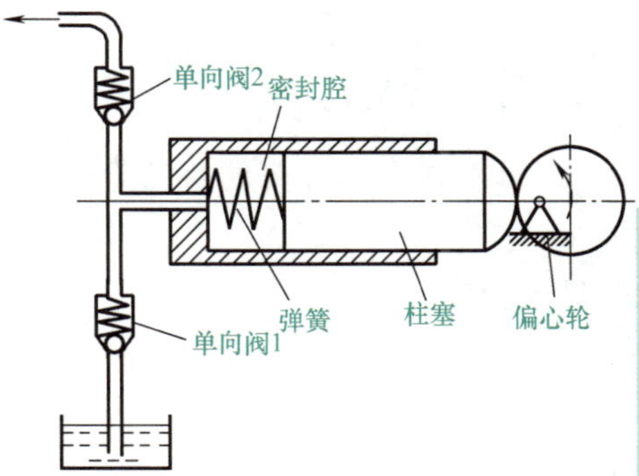

图 4-1-3　单柱塞液压泵的工作原理

单柱塞液压泵的工作原理

5）压油过程中，实际油压取决于输出油路中所遇到的阻力，即取决于外界负载，这是形成油压的条件。

二、液压泵的类型及图形符号

1. 液压泵的类型

液压泵的分类方式很多，按结构的不同分为齿轮泵、叶片泵、柱塞泵，按额定压力的高低分为低压泵、中压泵和高压泵，按单位时间内输出的液体体积是否可调分为变量泵和定量泵，按输油方向是否改变分为单向泵和双向泵。

2. 液压泵的图形符号

图 4-1-4 所示为液压泵的图形符号。

a) 单向定量泵　b) 单向变量泵　c) 单向旋转双向定量泵　d) 单向旋转双向变量泵

图 4-1-4　液压泵的图形符号

三、液压泵的性能参数

1. 压力

液压泵的压力参数主要是指其工作压力和额定压力。

（1）液压泵的工作压力　液压泵的工作压力是指泵实际工作时所达到的实际压力。工作压力的大小主要取决于外界负载。

（2）液压泵的额定压力　液压泵的额定压力是指泵在正常工作条件下，根据试验标准规定的允许液压泵连续运转的最高压力。一般情况下，额定压力就是泵的公称压力。

压力的常用单位是帕（Pa）或兆帕（MPa）。

【想一想】

液压泵的工作压力超过额定压力时会发生什么现象？

2. 排量和流量

（1）液压泵的排量 V　排量是指液压泵主轴每转动一圈排出液体的体积，常用单位是 mL/r。

排量只取决于泵的工作原理和结构尺寸，与泵的工况无关，是液压泵的一个特征参数。液压泵的排量已经标准化。排量可调节的液压泵称为变量泵，排量不可调节的液压泵则称为定量泵。

（2）理论流量 q_t　理论流量是指在不考虑液压泵的泄漏流量的理想条件下，单位时间所排出的液体的体积，常用单位为 L/min。它等于排量 V 与转速 n 的乘积。

（3）实际流量 q　实际流量是指液压泵工作时单位时间实际排出的流量，它等于液压泵的理论流量减去因泄漏、液体压缩等损失的流量。

液压泵的理论流量与密封容积的变化量和单位时间内的变化次数成正比，与工作压力无关。但由于工作压力影响泵的内泄漏和油液的压缩量，从而影响泵的实际流量，因此液压泵的实际流量随工作压力的升高而较理论流量略有降低。

（4）额定流量 q_N　额定流量是指在额定压力和额定转速下液压泵的输出流量。即在产品铭牌上标出的流量。

3. 功率和效率

（1）输入功率 P_i　输入功率是指实际驱动液压泵轴的机械功率。

（2）输出功率 P_o　输出功率是指液压泵的工作压力和实际流量的乘积，即

$$P_o = pq \tag{4-1}$$

式中　P_o——泵的输出功率（W）；

p——液压泵的工作压力（Pa）；

q——液压泵的实际输出流量（m^3/s）。

（3）容积效率　液压泵的容积效率 η_V 等于泵的实际流量 q 与理论流量 q_t 之比，即

$$\eta_V = \frac{q}{q_t} \tag{4-2}$$

则液压泵的实际流量为

$$q = q_t \eta_V \tag{4-3}$$

（4）总效率　总效率 η 是指液压泵的输出功率与输入功率之比，即

$$\eta = \frac{P_o}{P_i} \tag{4-4}$$

目前常用的液压泵有齿轮泵、叶片泵及柱塞泵，其容积效率和总效率见表 4-1-1。

表 4-1-1　常用液压泵的容积效率和总效率

泵的类别	齿轮泵	叶片泵	柱塞泵
容积效率 η_V	0.7~0.95	0.8~0.95	0.85~0.95
总效率 η	0.63~0.87	0.65~0.82	0.81~0.88

四、常用液压泵

1. 齿轮泵

齿轮泵有外啮合齿轮泵和内啮合齿轮泵两种，一般是定量泵，以外啮合齿轮泵应用最广。

（1）外啮合齿轮泵　外啮合齿轮泵如图 4-1-5 所示。它由装在壳体内的一对齿轮组成，齿轮两侧由端盖罩住，壳体、端盖和齿轮的各个齿槽组成了多个密封工作腔。齿轮按图示方向旋转时，右侧吸油腔由于相互啮合的轮齿逐渐脱开啮合，密封容积逐渐增大，形成局部真空，油箱中的油液在外界大气压的作用下，经油管进入吸油腔，随着齿轮的旋转，齿槽间的油液被带到左侧，进入压油腔，压油腔一侧齿轮逐渐进入啮合使这一侧密封容积逐渐减小，腔内压力增大，迫使齿槽间的压力油进入液压系统。

a) 实物

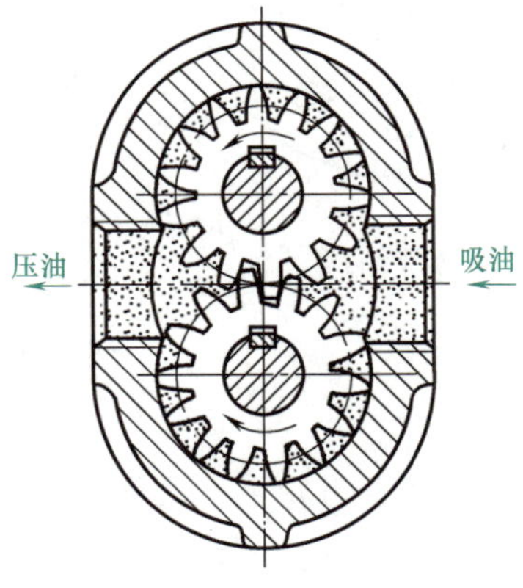

b) 工作原理

图 4-1-5　外啮合齿轮泵

外啮合齿轮泵的原理

外啮合齿轮泵的结构问题：一是泄漏。齿轮泵运转时的泄漏部位主要有两个齿轮的齿面啮合处、齿顶与泵体配合处、齿轮端面与泵盖配合处等，当压力增加时，端面间隙处的泄漏影响最大，占总泄漏量的 70%~80%，是齿轮泵最主要的泄漏。为防止泵内油液外泄以及减轻泄漏油对螺钉产生的拉力，可在泵体的两端面上铣出油卸荷槽或泄油孔，使泄漏油流回吸油腔。二是径向不平衡力。齿轮泵工作时，作用在齿轮外圆的压力是不均匀的，这样齿轮和轴受到径向不平衡力的作用。工作压力越高，径向不平衡力也就越大。径向不平衡力很大时能使泵轴弯曲，导致齿顶接触泵体，产生摩擦；同时也加速轴承磨损，降低轴承使用寿命。常采取缩小压油口的方法，使压力油仅作用到一个到两个齿的范围内。

外啮合齿轮泵具有结构简单、制造方便、成本低、维护容易、工作可靠、自吸能力强、对油液污染不敏感等优点，但也有齿轮轴承受径向不平衡力、磨损严重、泄漏大、工作压力难以提高、压力脉动和噪声比较大等缺点，故广泛应用于低压系统中。随着齿轮泵在结构上的不断完善，中、高压系统中外啮合齿轮泵的应用会逐渐增多。

（2）内啮合齿轮泵　图 4-1-6 所示为内啮合齿轮泵。它由配油盘（前、后盖）、外转子（从动轮）和内转子（主动轮）等组成。内啮合齿轮泵也是利用齿间密封容积的变化来实现吸油和压油的，有渐开线齿形和摆线齿形两种。

在渐开线齿形内啮合齿轮泵泵腔内，当小齿轮为主动轮时，带动内齿轮同方向旋转，左半部轮齿退出啮合，密封容积增大，形成局部真空，进行吸油。进入齿槽的油被带到压油腔，右半部轮齿进入啮合，密封容积减小，从压油口压油。在小齿轮和内齿轮之间要装一块月牙形隔板，以便将吸、压油腔隔开。

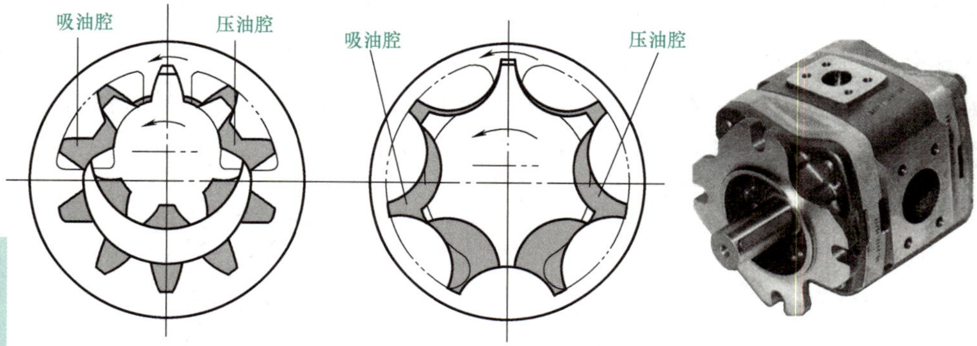

a) 渐开线齿形　　b) 摆线齿形　　c) 实物

内啮合齿轮泵的原理

图 4-1-6　内啮合齿轮泵

摆线齿形内啮合齿轮泵，又称摆线转子泵，主要零件是一对内啮合的齿轮。内转子齿数比外转子齿数少一个，两转子之间有一偏心距。工作时内转子带动外转子同向旋转，所有内转子的齿都进入啮合，形成几个独立的密封腔。随着内外转子的啮合旋转，各密封腔的密封容积将发生变化，从而进行吸油和压油。

内啮合齿轮泵具有噪声小，输油量均匀，体积小，重量轻，在很高的转速下工作仍有较高的容积效率等优点，但制造工艺较复杂，造价较高。随着工业技术的发展，摆线齿轮泵由于其优点突出已得到越来越广泛的使用。

2. 叶片泵

根据工作方式的不同，叶片泵分为单作用式叶片泵和双作用式叶片泵两种。单作用式叶片泵一般为变量泵，双作用式叶片泵一般为定量泵。

（1）双作用式叶片泵　双作用式叶片泵如图 4-1-7 所示。双作用式叶片泵由转子、定子、叶片和端盖、泵体等组成。转子和定子中心重合，定子内表面近似椭圆形，由两段长半径 R 的大圆弧，两段短半径 r 的小圆弧和四段过渡曲线组成。两侧的配油盘各开有两个窗口。如图 4-1-7a 所示，两个窗口 a 与吸油口相通，称为吸油窗口；两个窗口 b 与压油口相通，称为压油窗口。在转子上开有均布的径向槽，叶片装在槽内，并可在槽内滑动。转子按图示方向转动时，叶片在离心力和根部油压（叶片根部与压油腔相通）作用下紧贴定子内表面，在配油盘、定子、转子和两相邻叶片间形成密封腔。转子转动使叶片由小半径向大半径处滑动时，两叶片间的密封容积逐渐增大，形成局部真空而吸油；叶片由大半径向小半径处滑动时，两叶片间的密封容积逐渐减小而压油。转子每转一周，叶片在槽内往复移动两次，每个密封容积完成两次吸油和压油，所以称为双作用式叶片泵。这种泵有两个吸油区和两个压油区，并且转子轴承所受液压力的位置正好对称，作用在转子上的液压力互相平衡，故也称为卸荷式叶片泵。双作用式叶片泵的转子和定子是同轴的，不能改变输油量，所以只能作定量泵用。

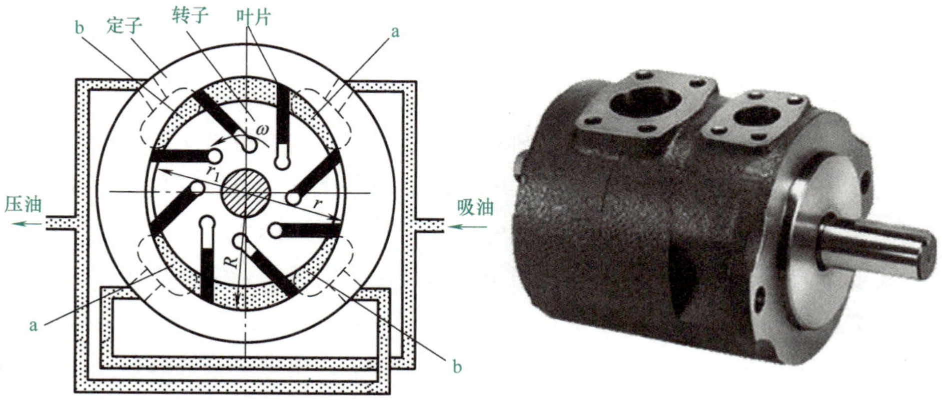

a) 结构原理　　b) 实物

图 4-1-7　双作用式叶片泵

双作用叶片泵原理

（2）单作用式叶片泵　单作用式叶片泵结构原理如图 4-1-8a 所示。单作用式叶片泵由转子、定子、叶片和端盖等组成。定子具有圆柱形内表面，定子和转子间有偏心距 e，叶片装在转子槽中，并可在槽内滑动。当转子回转时，由于离心力的作用，使叶片紧靠在定子内壁，这样，在定子、转子、叶片两侧配油盘间就形成了若干个密封的工作空间，当转子按图示方向旋转时，在图 4-1-8a 所示的下部，在离心力作用下叶片逐渐从转子槽中伸出，叶片间的密封容积逐渐增大，从吸油口吸油，该区为吸油腔。在图 4-1-8a 所示的上部，叶片被定子内壁逐渐压进槽内，密封容积逐渐缩小，腔内油液的压力逐渐增大，增大压力的油液从压油口压出，该区为压油腔。吸油腔和压油腔之间有一段油区，将吸油腔和压油腔隔开，当叶片转至该区时，既不吸油也不压油，被称为封油区。这种叶片泵每转一周，每个密封容积完成吸油、压油各一次，因此称为单作用式叶片泵；这种泵的转子在工作时所受到的径向液压力不平衡，转子轴与轴承受到较大的径向力，故又称为非卸荷式叶片泵。单作用式叶片泵的工作压力不宜过高，其公称压力不超过 7MPa。

若改变定子和转子间的偏心距大小，便可改变泵的排量和流量，形成变量叶片泵。偏

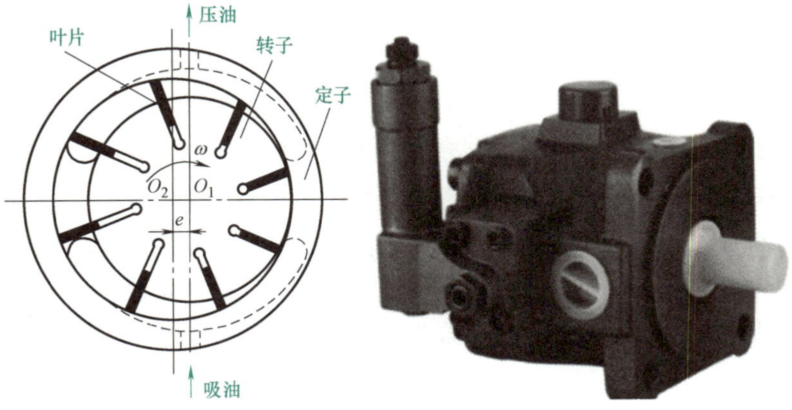

a) 结构原理　　b) 实物

单作用式叶片泵原理

图 4-1-8　单作用式叶片泵

心距越大，流量越大，若偏心距为零，则流量接近于零。偏心距可手动调节，也可自动调节。自动调节的变量泵可根据其工作特性的不同分为限压式、恒压式和恒流量式三类，其中限压式应用较多。

限压式变量叶片泵的流量改变是利用压力的反馈来实现的。它有内反馈和外反馈两种形式，外反馈的结构原理如图 4-1-9a 所示。转子的中心固定，定子可左右移动。在右端限压弹簧的作用下定子推向左端，紧靠在活塞的右端面上，使定子中心和转子中心之间有一原始偏心距 e_0，它决定于泵需要输出的最大流量。e_0 的大小通过流量调节螺钉调节。泵的出口压力油经泵体内的通道作用于活塞的左端面上，使活塞对定子产生一作用力 pA，它平衡限压弹簧的预紧力 kx_0（k 为弹簧压缩系数，x_0 为弹簧的预压缩量）。当负载变化时，pA 发生变化，定子相对转子移动，使偏心距 e_0 改变，其工作过程如下：

限压式变量叶片泵的原理

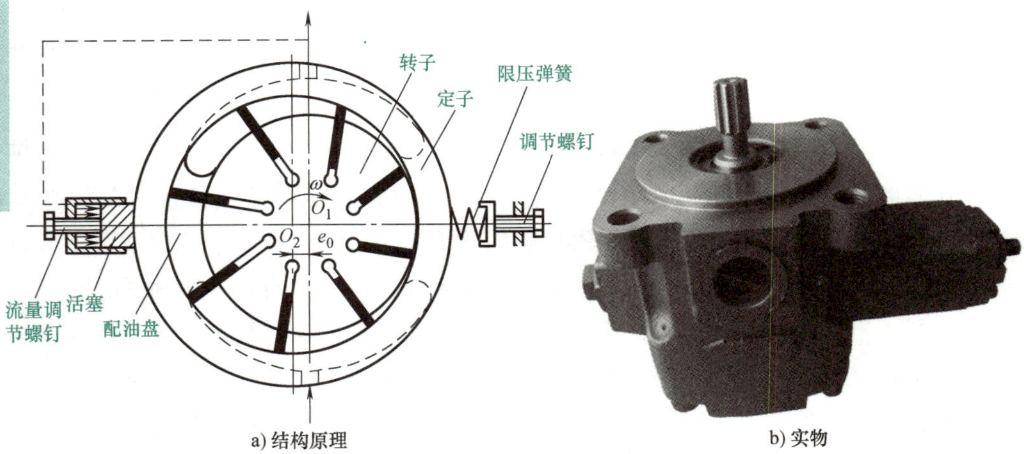

a) 结构原理　　b) 实物

图 4-1-9　限压式变量叶片泵

当泵的工作压力 p 小于限定压力时，$pA<kx_0$，此时限压弹簧的预压缩量不变，定子不移动，最大偏心距 e_0 保持不变，泵输出流量为最大。当泵的工作压力升高而大于限定压力时，$pA\geqslant kx_0$，此时限压弹簧被压缩，定子右移，偏心距减小，泵输出流量也减小。泵的工作压力越高，偏心距越小，泵输出流量也越小。当工作压力达到某一极限压力时，定子移到最右端位置，偏心距减至最小，使泵内偏心所产生的流量全部用于补偿泄漏，泵的输出流量为零。此时，不管外部负载如何加大，泵的输出压力也不会再升高，所以这种泵被称为限压式变量叶片泵。

叶片泵具有结构紧凑、外形尺寸小、工作压力高、流量脉动小、工作平稳、噪声较小、寿命较长等优点。但也存在着结构复杂、自吸能力差、对油污敏感等缺点。在机床液压系统中和部分工程机械中应用很广。

3. 柱塞泵

柱塞泵是靠柱塞在缸体柱塞孔中往复运动时造成密封容积的变化来实现吸油和压油的。柱塞泵按其内柱塞排列方向不同，可分为径向柱塞泵和轴向柱塞泵两大类。由于径向柱塞泵径向尺寸大，结构复杂，自吸能力差，且受较大的径向不平衡力，易磨损，因而限制了压力和转速的提高，目前应用较少。这里重点介绍轴向柱塞泵。

轴向柱塞泵是指将多个柱塞配置在一个共同缸体的圆周上，柱塞在缸体内轴向排列并沿圆周均匀分布，柱塞的轴线平行于缸体中心线。按其结构特点，轴向柱塞泵可分为直轴式（斜盘式）和斜轴式两类，其中直轴式应用较广。

斜盘式轴向柱塞泵的工作原理如图 4-1-10a 所示。它主要由缸体、柱塞、斜盘、配油盘和传动轴组成。柱塞沿圆周均匀分布在缸体内，斜盘轴线与缸体轴线倾斜一个角度 γ，柱塞靠弹簧力作用压紧在斜盘上，保持头部和斜盘紧密接触。当传动轴按图示方向带动缸体旋转时，由于斜盘和弹簧的作用，迫使柱塞在缸体内做往复运动，通过配油盘的配油窗口进行吸油和压油。柱塞在自下向上回转的前上方转动半周（$0\sim\pi$）内，柱塞向左运动，使缸体柱塞孔内密封容积不断增大而产生局部真空，经配油盘上的吸油窗口 a 吸油；柱塞在自上向下回转的半周（$\pi\sim0$）内则被斜盘逐步压入缸体，使密封容积不断减小，通过配

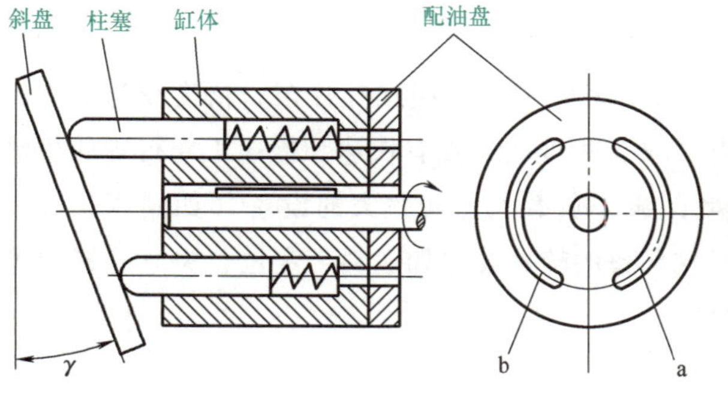

a) 工作原理

b) 实物

斜盘式轴向柱塞泵原理

图 4-1-10　斜盘式轴向柱塞泵

油盘压油窗口 b 压油。缸体每转一周，每个柱塞往复运动一次，完成一次吸油、压油动作。缸体连续旋转时，柱塞则不断进行吸油和压油。如果改变斜盘倾角 γ 的大小，就能够改变柱塞的行程长度 h，也就改变了泵的排量。如果改变斜盘倾角的方向，就能改变吸油、压油方向，这就成为双向变量泵。

由于柱塞和柱塞孔均为圆柱面，容易得到高精度的配合，密封性能好，在高压下工作有较高的容积效率。同时，只要改变柱塞的工作行程就能改变泵的流量，故易于实现流量的调节及液流方向的改变，所以柱塞泵具有压力高、结构紧凑、高效率以及流量调节方便等优点。缺点是结构复杂，价格较高。柱塞泵一般用于需要高压大流量和流量需要调节的液压系统中，如工程机械、液压机、龙门刨床、拉床等液压系统。

4. 液压泵的选择和使用

(1) 选择液压泵的原则　根据主机工况、功率大小和系统对工作性能的要求，首先确定液压泵的类型，即是选变量泵还是定量泵。选用时综合考虑性价比，然后按系统所要求的压力、流量大小确定其规格型号，合理选择液压泵。液压系统中常用液压泵的性能及应用见表 4-1-2。

表 4-1-2　常用液压泵的性能及应用

性能	种类			
	齿轮泵	单作用叶片泵	双作用叶片泵	柱塞泵
工作压力/MPa	<20	≤7	6.3~21	10~20
流量脉动性	大	中等	小	中等
自吸特性	好	较差	较差	差
对油污的敏感性	不敏感	敏感	敏感	敏感
噪声	大	较大	小	大
寿命	较短	较短	较长	长
单位功率成本	最低	最高	中等	高
应用范围	机床、工程机械、农机、航空、船舶、一般机械	机床、注塑机	机床、注塑机、液压机、起重运输机械、工程机械、飞机	机床、液压机、船舶机械

一般负载小、功率小的液压设备可用齿轮泵或双作用式叶片泵；精度较高的中、小型机械设备（如磨床）可用双作用式叶片泵；负载较大并有快速和慢速工作行程的机械设备（如组合机床），可选用限压式变量叶片泵；负载大、功率大的设备（如刨床、拉床、液压力机等）可选用柱塞泵；对于机械设备的辅助装置如送料、定位、夹紧、转位等装置的液压系统，可选用价格低廉的齿轮泵。

(2) 使用液压泵时的注意事项

1）液压泵起动前，必须保证其液压泵腔内充满油液，否则，液压泵会很快损坏。有的柱塞泵会立即损坏。

2）液压泵的吸油口和排油口处的过滤器应及时清洗，由于污物阻塞会导致液压泵工作时的噪声大，压力波动严重或输出油量不足，并易使液压泵产生严重的故障。

3）应避免在油温过低或过高时起动液压泵，油温过低时，油液黏度过大导致吸油困难；油温过高时，油液黏度下降，使润滑效率降低，液压泵内摩擦副摩擦发热加剧，严重时会烧结在一起。

4）泵的吸油管不能和系统回油管相连接，避免系统排出的热油未经冷却直接吸入液压泵中，使油温上升，并导致恶性循环，最终使元件或系统发生故障，同时也让系统回油带回的杂质在油箱中有机会沉淀，避免重新带入系统中。

5）在自吸能力差的液压泵的吸油口设置过滤器，随着污染物的积聚，过滤器的压降会逐渐增加，液压泵的最低吸入压力将得不到保证，会造成液压泵吸油不足，出现振动噪声，直至损坏液压泵。

6）对于大功率液压系统，电动机和液压泵的功率都很大，工作流量和压力也很高，会产生较大的机械振动，传到油箱引起油箱共振，应采用橡胶软管来连接油箱和液压泵的吸油口。

五、液压管件

1. 油管

油管在液压系统中所起的作用是连接液压元件和输送液压油，常用的油管有金属管（钢管、铜管）、橡胶软管、尼龙管、塑料管等，需要按照安装位置、工作压力和工作环境来进行选用。

在金属管中，钢管能承受高压，耐油、耐蚀性和刚性都较好，价格低廉，但安装时不易弯曲，常用于高压、大功率和拆卸方便处。低压系统（≤2.5MPa）用焊接钢管，中高压系统（>2.5MPa）常用无缝钢管。纯铜管性质柔软，装配时便于弯曲，强度较低，能承受的工作压力为6.5~10MPa，价格较贵，抗振性差，适用于小型设备及内部安装不方便处。由于铜是贵重材料，抗振性较差，应尽量少用。

橡胶软管常用于两个相对运动部件之间的连接，分为高压和低压两种。高压软管最高承受压力可达40MPa，低压软管承受在10MPa以下。橡胶软管能够吸收液压冲击和振动，但弹性变形较大，容易引起运动部件动作滞后和爬行。因此精密的液压系统应采用硬管连接。

尼龙管加热后可以随意弯曲变形，冷却后又能固定成形，易于观察油管内油流动的情况，可承受压力2.5~8MPa，常用于低压系统或回油管路。

塑料管装配方便，但可承受压力低，长期使用会老化，一般只使用于回油管或泄漏管等低压管路系统。

2. 管接头

管接头是油管与油管、油管与液压元件之间的可拆卸连接件。管接头的形式很多，下列是几种常见的管接头形式。

（1）扩口式管接头　如图4-1-11所示，是利用管子端部扩口进行密封，不需要其他密封件。它适用于铜管、薄壁钢管、尼龙管和塑料管等低压管路的连接，经常应用于工作压力不高的机床液压系统中。

（2）焊接式管接头　如图 4-1-12 所示，将接头与钢管焊接在一起，端面用 O 型密封圈密封。它适用于连接壁厚的钢管，经常用于中低压系统。

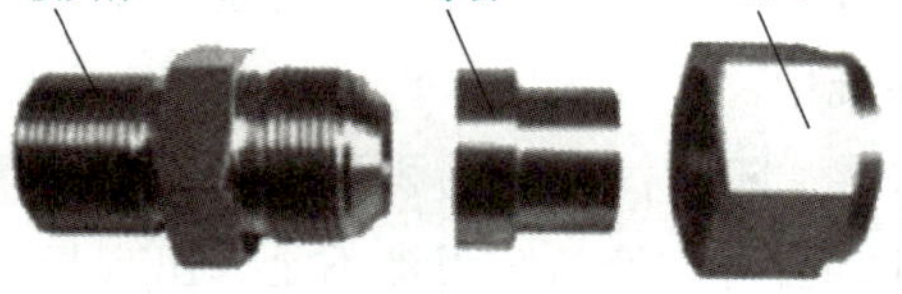

图 4-1-11　扩口式管接头

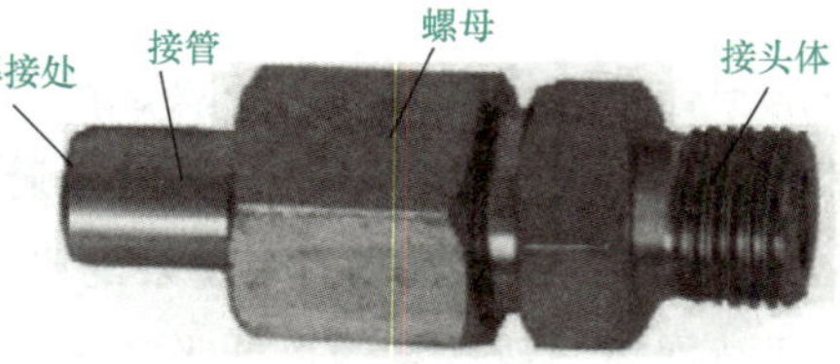

图 4-1-12　焊接式管接头

（3）卡套式管接头　如图 4-1-13 所示，拧紧接头螺母，卡套发生弹性变形而将油管夹紧，装拆方便，但制造工艺要求高，油管要用冷拔无缝钢管，常用于高压系统。

（4）可拆式胶管接头　如图 4-1-14 所示，接头体拧入接头外套后，锥度使钢丝编织胶管压紧在接头外套内，常用于中、低压系统。

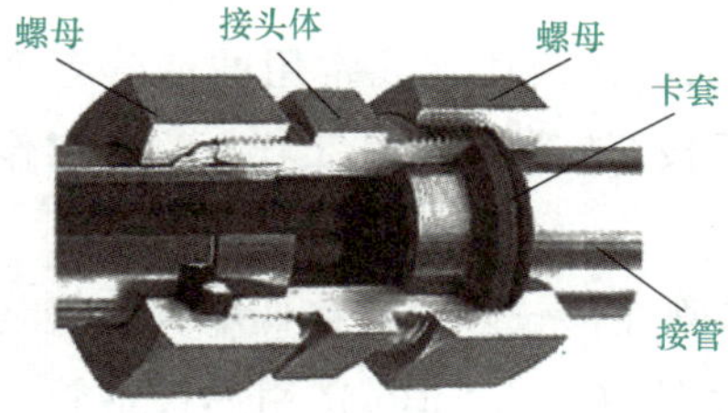

图 4-1-13　卡套式管接头

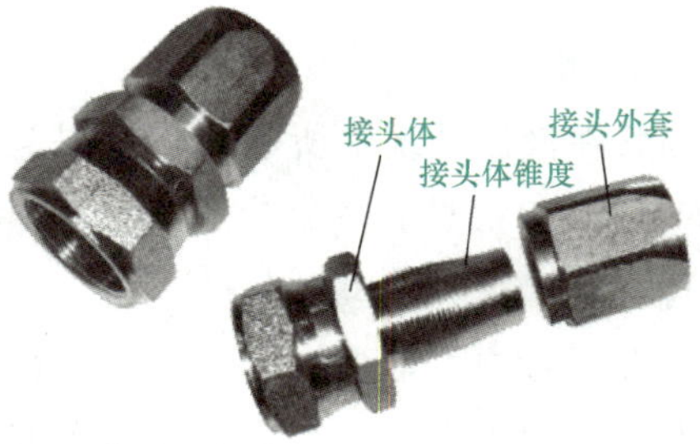

图 4-1-14　可拆式胶管接头

（5）快换接头　快换接头如图 4-1-15 所示，管子拆开后可自行密封，管道内的油液不会流失，因此适用于经常拆卸的场合。结构比较复杂，常用于经常拆卸的软管连接中。

图 4-1-15　快换接头

六、油箱

1. 油箱的作用与分类

油箱的主要作用是储存油液、散发热量、沉淀杂质和分离混入油液中的空气和水分。

在液压系统中油箱有总体式和分离式两大类型。总体式是利用机器或设备的机身内腔作为油箱，结构紧凑，各处漏油易于回收，但维修、清理不便，散热条件不好。分离式是单独设置一个油箱，与主机分开，散热好、易维护、清理方便，且能减少油箱发热及液压源振动对主机工作精度及性能的影响，因此得到了广泛的应用。

2. 油箱的结构

油箱的典型结构如图 4-1-16 所示。油箱一般用 2. 5～4mm 的钢板焊接而成。油箱内有隔板，它将液压泵的吸油管（装有过滤器）与系统回油管分开，油箱侧壁装有油标，油箱盖板上有装空气过滤器的通风加油口，泵和电动机底板固定在油箱盖板上，油箱底部装有放油阀。

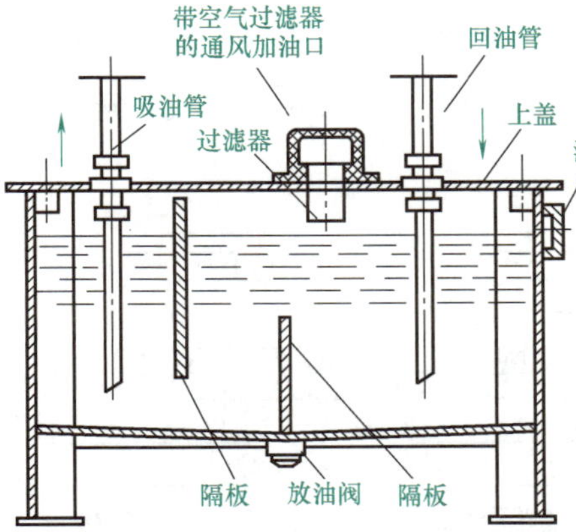

a) 结构

b) 实物

图 4-1-16　油箱的典型结构

3. 油箱的结构设计

1）液压系统工作时，为防止吸油管吸入空气，液面不能太低；反之停止工作时，系统中的油液能全部返回油箱而不会溢出，通常油箱液面不得超过油箱高度的 80%。

2）吸油管和回油管应尽量相距远些，且两管之间用隔板隔开，以便将回油区与吸油区分开，增加油液循环距离，这样有利于散热，使油液有足够的时间分离气泡，沉淀杂质。

3）油箱顶盖板上需设置通气孔，使液面与大气相通。但为了防止油液污染，通孔处应设置空气过滤器。泵的吸油管口所装过滤器，其底面与油箱底面距离不应小于 20mm，其侧面离箱壁应有 3 倍管径的距离，以利于油液顺利进入过滤器内。

4）回油管口应切成斜口，且插入油液中，以增大出油面积，其斜口面向箱壁以利于散热，减缓流速和沉淀杂质，以免飞溅起泡。油箱的底部应适当倾斜，并在其最低位置处设置放油阀，换油时可使油液和污物顺利排出。阀的泄漏油管应在液面以上，以免增加漏油腔的背压。

5）油箱的有效容积（指油面高度为油箱高度 80% 时油箱的容积）一般按液压泵的额

定流量估算。在低压系统中，油箱容量为液压泵公称流量的2~3倍；在中压系统中为5~7倍；在高压系统中为6~12倍；在行走机械中为1.5~2倍；对工作负载大、并长期连续工作的液压系统，油箱的容积需按液压系统发热、散热平衡的原则来计算。

七、蓄能器和热交换器

1. 蓄能器

（1）蓄能器的功用 蓄能器是液压系统中的储能装置。它能储存液体压力能，并在需要时释放出来供给液压系统。

1）作辅助动力源：如图4-1-17a所示，对于作间歇运动的液压系统，利用蓄能器在执行元件不工作时储存压力油，而当执行元件需快速运动时，由蓄能器与液压泵同时向液压缸供油，这样可以减小液压泵的容量和驱动功率，降低系统的温升。还可作应急油源，当突然断电或液压泵发生故障时，蓄能器能释放储存的压力油液供给系统，避免油源突然中断造成事故。

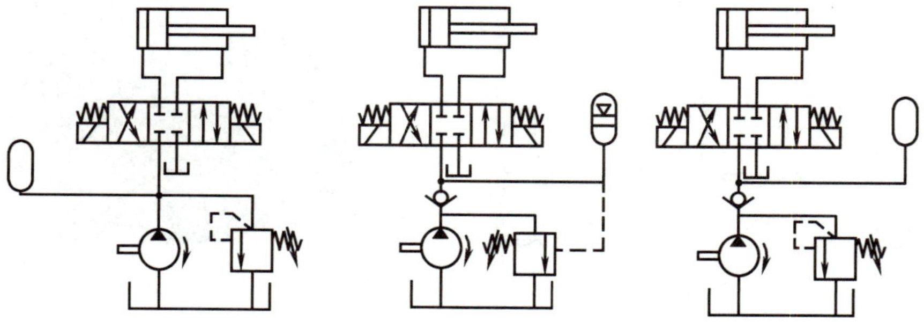

a) 作辅助动力源 b) 系统保压 c) 吸收压力脉动

图4-1-17 蓄能器的功用

2）使系统保压和补偿泄漏：如图4-1-17b所示，当执行元件需要较长时间保持一定的压力时，可利用蓄能器储存的液压油补偿油路的泄漏损失，从而保持系统的压力。

3）吸收系统压力脉动：如图4-1-17c所示，对振动敏感的仪器及管接头等，通过蓄能器的使用，可使液压油的脉动降低到最小限度，损坏事故大为减少，噪声也显著降低。

4）缓和冲击：在控制阀或液压缸等冲击源之前应设置蓄能器，可缓和由于阀的突然换向或关闭、执行元件运动的突然停止等原因造成的液压冲击。

（2）蓄能器的工作原理 蓄能器主要有重锤式、弹簧式和充气式等类型，常用的是利用气体膨胀和压缩进行工作的充气式蓄能器，主要有活塞式和气囊式等类型，如图4-1-18所示。

1）活塞式蓄能器：由气门、缸筒、活塞组成，气体由气门通入，液压油经过底部油孔通入液压系统。活塞式蓄能器利用气体的压缩和膨胀来储存、释放压力能，气体和油液在蓄能器中由活塞隔开。它的结构简单，但由于活塞和缸壁的摩擦，反应不够灵敏，密封性要求也较高。一般用于中压系统吸收压力脉动。

2）气囊式蓄能器：由气门、气囊、壳体、提升阀组成，气囊由耐油橡胶制成，固定

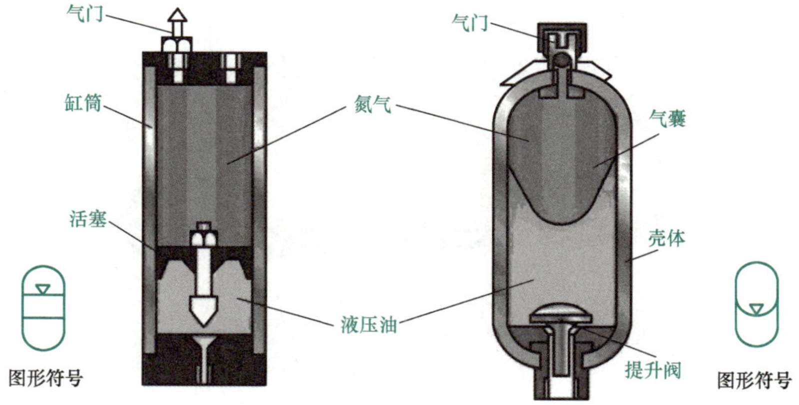

a) 活塞式蓄能器　　b) 气囊式蓄能器

图 4-1-18　蓄能器的类别及图形符号

在壳体的上部。气体由气门充入气囊内，气囊外为压力油，压力油由提升阀进出壳体。它的气囊惯性小，反应灵敏，易维护，但缺点是容量较小，气囊和壳体的制造比较困难。

（3）蓄能器的安装及使用

1）蓄能器一般使用氮气。允许工作压力应视蓄能器结构而定。

2）蓄能器为压力容器，应竖直安装且油口向下。在搬运和拆装时应先排出充入的气体，以免发生意外事故。装在管路上的蓄能器要有牢固的支承架。

3）液压泵与蓄能器之间应设置单向阀，防止停泵时蓄能器的压力油倒流；为便于调整、充气和维修，系统与蓄能器间应设置截止阀。

4）为便于工作和检修，用于吸收压力脉动和液压冲击的蓄能器，应尽量安装在冲击源或脉动源附近，但要远离热源。

2. 热交换器

油箱中的油液正常工作时，必须保持在 30~50℃的范围内，最高不超过 65℃，最低不低于 15℃。在液压系统靠自然冷却不能使油温控制在上述范围内时，就要安装冷却器；如果环境温度太低，无法使液压泵起动或正常运转时，就要安装加热器。

冷却器一般安装在回油管或低压管路上，如溢流阀的出口，系统的主、回油路上或单独的冷却系统。要求散热面积足够大，散热效率高，压力损失小。冷却器实物及图形符号如图 4-1-19 所示，根据冷却介质不同，可分为水冷式、风冷式等。

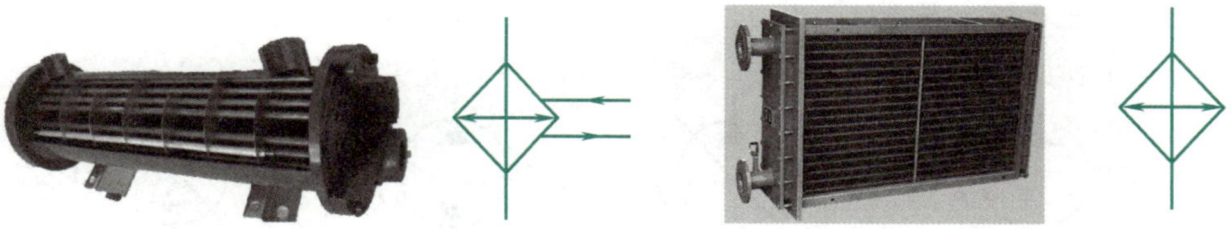

a) 水冷式冷却器及图形符号　　b) 风冷式冷却器及图形符号

图 4-1-19　冷却器实物及图形符号

液压系统的加热一般采用电加热器，它通常用法兰盘水平安装在油箱侧壁上，发热部分全部浸在油液内，加热器应安装在油液流动处，以利于热量交换。图 4-1-20 所示为加热器实物及图形符号。

图 4-1-20　加热器实物及图形符号

【任务评价】

考核评价表见表 4-1-3，根据自评、小组互评和教师评价将各项得分以及总评内容和得分填入表中。

表 4-1-3　考核评价表

序号	评价内容	配分	要点总结	自评	组评	师评
1	液压泵的工作原理	10 分				
2	液压泵的类型及符号	10 分				
3	液压泵的性能参数	10 分				
4	常用液压泵	20 分				
5	液压管件和油箱	10 分				
6	蓄能器和热交换器	10 分				
7	安全文明操作	30 分				
总计得分		100 分				

【课后思考】

一、选择题

1. 单作用式叶片泵的转子每转一转，吸油和压油各（　　）次。

A. 1　　B. 2　　C. 3　　D. 4

2. 外啮合式齿轮泵能够吸油、压油，是因为（　　）。

A. 油液存在压力　　B. 油液能输送能量

C. 齿轮泵自吸能力强　　D. 泵内密封容积变化

3. 如图 4-1-21 所示液压泵的图形符号中，为双向变量泵的是（　　）。

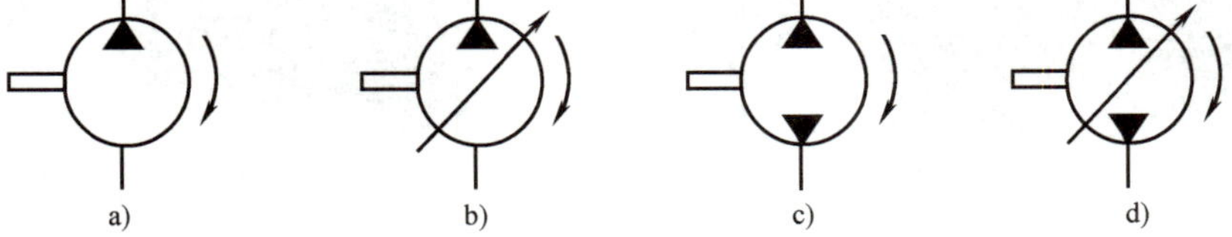

图 4-1-21　题 3 图

A. a) B. b) C. c) D. d)

4. 下列属于定量泵的是（ ）。

A. 齿轮泵 B. 单作用式叶片泵 C. 径向柱塞泵 D. 轴向柱塞泵

5. 某液压系统需要高压动力源，用（ ）动力元件更加合适。

A. 单作用式叶片泵 B. 齿轮泵 C. 轴向柱塞泵 D. 双作用式叶片泵

6. 蓄能器是液压传动系统中的一个辅件，它主要起的作用是（ ）。

A. 储油、散热 B. 保持液压系统流量恒定

C. 减小系统压力的脉动冲击 D. 滤清油液中杂质

7. 若液压系统的工作压力为26MPa，则应选用的管道为（ ）。

A. 尼龙管 B. 钢管 C. 铜管 D. 塑料管

8. 能储存油液、散发热量、分离空气和杂质的液压元件是（ ）。

A. 蓄能器 B. 油箱 C. 过滤器 D. 液压缸

二、简答题

1. 比较齿轮泵、双作用式叶片泵和轴向柱塞泵的性能及应用特点。

2. 分析不同类型油管的特点及适用范围。

3. 液压泵完成吸油和压油必须具备哪些条件？

任务二 认识液压执行元件

【任务内容】

执行元件是液压系统中输出功率的部分，其作用是将液压能转变为机械能。执行元件有线性和旋转两种形式，液压缸是线性执行元件，它输出的是力和直线运动；液压马达是旋转执行元件，它输出的是转矩和旋转运动。

图 4-2-1 所示为单活塞杆液压缸结构。请根据现有液压缸进行拆装，并分析液压缸的结构组成。

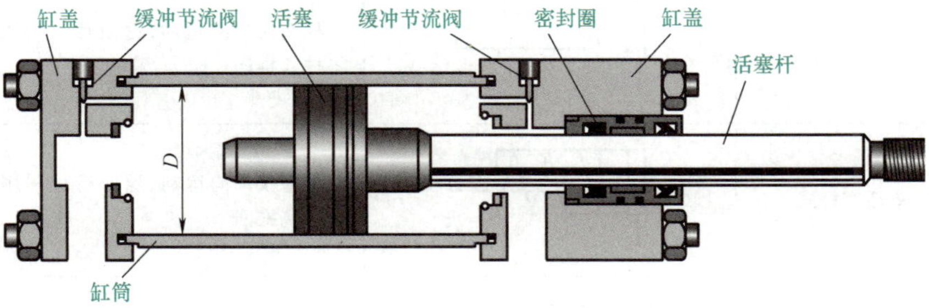

图 4-2-1 单活塞杆液压缸结构

【任务分析】

液压缸由缸筒、两个缸盖、活塞、密封圈等组成。两个缸盖上分别安装一个缓冲节流阀，避免活塞和缸盖相互撞击。缸筒固定不动，活塞杆伸出缸外并与运动件（如工作台）相连。缸盖与缸筒间用纸垫密封，活塞杆与缸盖间用密封圈密封，活塞与缸筒之间则采用环形槽间隙密封。

【任务实施】

1. 教师引导学生观看液压缸实物，认识各部分名称及作用。

2. 学生进行液压缸的拆卸，并分析活塞与活塞杆之间、端盖与缸体之间的连接方式；分析液压缸的缓冲装置、排气装置、整理液压缸与其他部分的连接关系。

3. 清洗各零部件。

4. 按顺序装配各零件，防止漏装或错装零件。

5. 整理现场。

【知识链接】

一、液压缸的类型特点

液压缸按结构特点不同，可分为活塞式、柱塞式、摆动式和伸缩套筒式等；按运动方向分为单作用缸和双作用缸。在压力油作用下只能做单方向运动的液压缸称为单作用缸。单作用缸的回程须借助运动件的自重或其他外力（如弹簧力）的作用实现。往复两个方向的运动都由压力油作用实现的液压缸称为双作用缸。应用最普遍的液压缸是活塞式液压缸，常用液压缸的图形符号见表 4-2-1。

表 4-2-1　常用液压缸的图形符号

类型	名称	图形符号	说明
单作用式	柱塞式	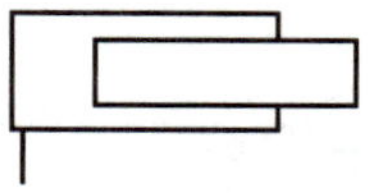	柱塞仅单向运动，返回行程利用自重或负荷将柱塞推回
	单活塞杆式	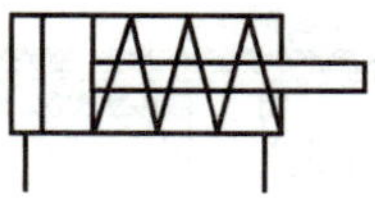	活塞仅单向运动，返回行程利用自重或负荷将活塞推回
	伸缩式	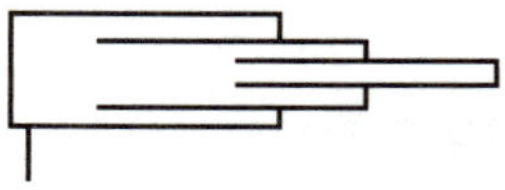	以短缸获得长行程。用液压油由大到小逐节推出，靠外力由小到大逐节缩回

（续）

类型	名称	图形符号	说明
双作用式	单活塞杆式	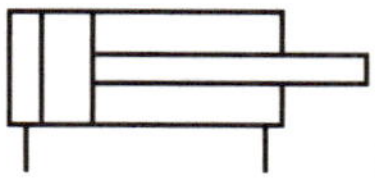	单边有杆，双向液压驱动，双向推力和速度不等
	双活塞杆式	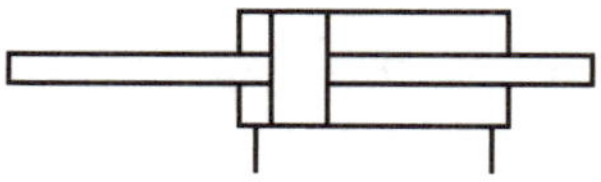	双边有杆，双向液压驱动，可实现等速度往复运动
	伸缩式	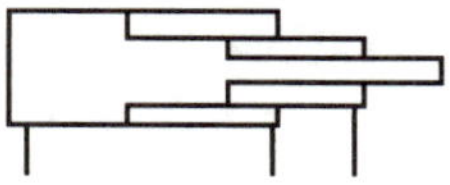	双向液压驱动，伸出由大到小逐节推出，由小到大逐节缩回
摆动马达		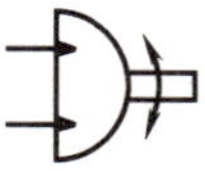	限制摆动角度，双向流动的摆动执行器

1. 活塞式液压缸

活塞式液压缸分为单活塞杆缸和双活塞杆缸两种。

（1）单活塞杆缸　单活塞杆缸如图 4-2-2 所示，主要由缸筒、缸盖、活塞、活塞杆组成。进出油口设置在两缸盖上，压力油从进出油口交替输入液压缸的左右两腔时，若缸体固定，则活塞杆带动工作台实现往复直线运动。由于液压缸仅一端有活塞杆，活塞两端的有效作用面积不等，故活塞往复运动速度和推力也不相等。单活塞杆液压缸可以采用缸体固定，也可以采用活塞杆固定，不论采用何种方式，工作台往复运动的范围均为有效行程的 2 倍。单活塞杆缸的工作原理如图 4-2-3 所示。

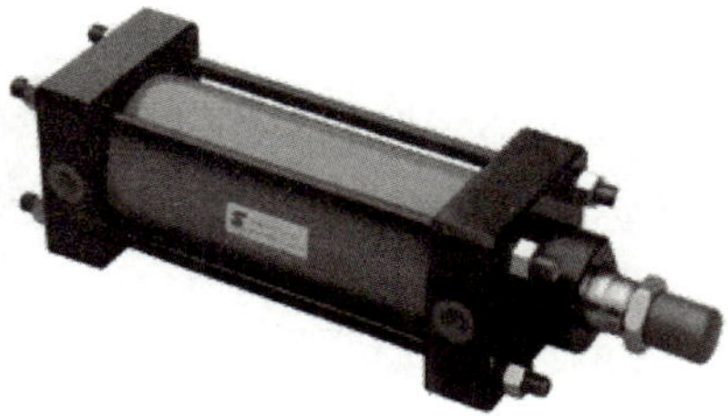

图 4-2-2　双作用单活塞杆缸

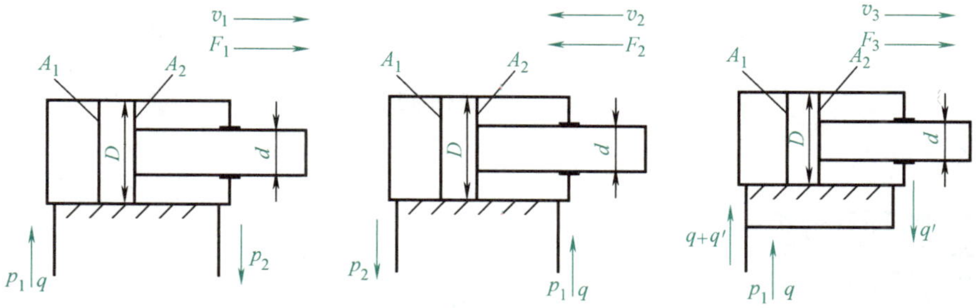

a) 无杆腔进油时　b) 有杆腔进油时　c) 差动连接时

图 4-2-3　单活塞杆缸的工作原理

单活塞杆缸三种连接分析

1）当无杆腔进油、有杆腔回油时（图 4-2-3a），活塞推力 F_1 和运动速度 v_1 分别为

$$F_1=p_1A_1-p_2A_2=\frac{\pi}{4}[D^2p_1-(D^2-d^2)p_2]$$

$$v_1=\frac{q}{A_1}=\frac{4q}{\pi D^2}$$

式中 A_1——无杆腔有效工作面积；

A_2——有杆腔有效工作面积。

2）当有杆腔进油、无杆腔回油（图 4-2-3b）活塞推力 F_2 和运动速度 v_2 分别为

$$F_2=p_1A_2-p_2A_1=\frac{\pi}{4}[(D^2-d^2)p_1-D^2p_2]$$

$$v_2=\frac{q}{A_2}=\frac{4q}{\pi(D^2-d^2)}$$

比较上面公式可知，$v_1<v_2$，$F_1>F_2$。即无杆腔进压力油工作时，推力大，速度低；有杆腔进压力油工作时，推力小，速度高。可见单活塞杆液压缸工作时，工作台做慢速运动时，活塞获得的推力大；工作台做快速运动时，活塞获得的推力小。这一特点常被用于实现机床的工作进给及快速退回。

3）当两腔同时通入压力油（图 4-2-3c），由于无杆腔工作面积比有杆腔工作面积大，活塞向右的推力大于向左的推力，故其向右移动。液压缸的这种连接方式称为差动连接。差动连接时，活塞的推力为

$$F_3=(A_1-A_2)p_1=\frac{\pi}{4}d^2p_1$$

设活塞的速度为 v_3，则无杆腔的进油量为 v_3A_1，有杆腔的出油量为 $q'=v_3A_2$，因而有 $v_3A_1=q+v_3A_2$，则差动连接时，活塞的运动速度为

$$v_3=\frac{q}{A_1-A_2}=\frac{q}{A_3}=\frac{4q}{\pi d^2}$$

式中 A_3——活塞两端有效作用面积之差，即活塞杆的截面面积。

比较可知，$v_3>v_1$，$F_3<F_1$。这说明在输入流量和工作压力相同的情况下，单杆活塞液压缸差动连接时能使其速度提高，同时其推力下降。所以差动连接常用在需要实现“快进（差动连接）—工进（无杆腔进油）—快退（有杆腔进油）”工作循环的组合机床等液压系统中。如果要求“快进”和“快退”速度相同，即 $v_3=v_2$ 时，则 $D=\sqrt{2}d$（或 $d=0.707D$）。

【练一练】

图 4-2-3c 所示为差动连接液压缸，无杆腔有效作用面积 $A_1=40\text{cm}^2$，有杆腔有效作用面积 $A_2=20\text{cm}^2$，输入油液流量 $q=0.42\times10^{-3}\text{m}^3/\text{s}$，压力 $p=0.1\text{MPa}$，问：活塞向哪个方向运动？运动速度是多少？能克服多大的工作阻力？

（2）双活塞杆缸 图 4-2-4 所示为双活塞杆液压缸，两端都有活塞杆伸出。双活塞杆

缸的固定方式有缸体固定和活塞杆固定两种。缸体固定时，它的进出油口设置在两端盖上（图 4-2-5a），当压力油从进出油口交替输入液压缸的左右油腔，压力油推动活塞运动，并通过活塞杆带动工作台做往复直线运动。缸体固定时，工作台的往复运动范围约为有效行程的 3 倍；缸体固定的液压缸，因运动范围大，占地面积较大，一般用于小型机床或液压设备。

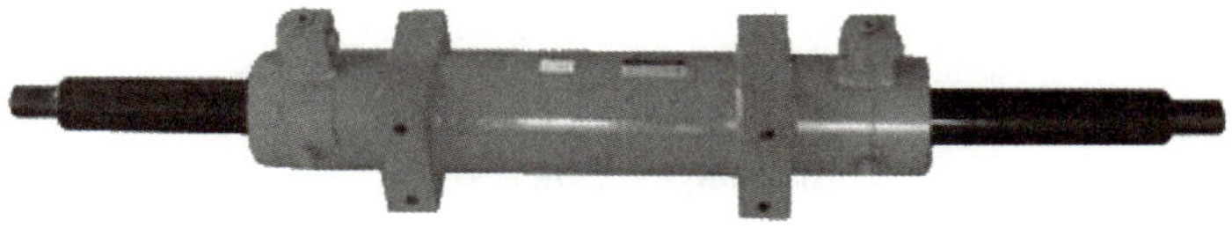

图 4-2-4　双活塞杆液压缸

双活塞杆液压缸也可以制成活塞杆固定不动，缸体与工作台相连的结构型式。这种液压缸的组成与缸体固定的液压缸相似，只是为了向液压缸左右两腔交替输入压力油，将进出油口设置在活塞杆上，因而活塞杆制成空心的。固定活塞杆时（空心双活塞杆液压缸），工作台的往复运动范围约为有效行程的 2 倍（图 4-2-5b）；活塞杆固定的液压缸因运动范围不大，占地面积较小，常用于中型或大型机床或液压设备。

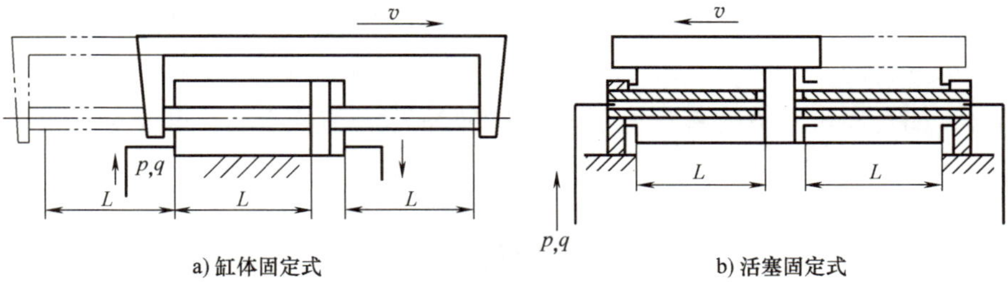

图 4-2-5　双活塞杆缸运动范围

2. 柱塞式液压缸

图 4-2-6a 所示为柱塞式液压缸结构。压力油从油口进入缸内，推动柱塞向右运动。柱塞在压力油的作用下只能实现一个方向的运动，回程靠重力或弹簧力来实现。为了实现双向运动，柱塞缸可成对、反向布置使用（图 4-2-6b）。

活塞式液压缸的内表面加工精度要求较高，如果缸体较长，则加工较困难。柱塞缸的缸体内壁与柱塞不接触，不需要精加工。因此，行程较长时，宜采用柱塞式液压缸。柱塞是端部受压，为保证柱塞缸有足够的推力和稳定性，柱塞一般较粗，质量较大，水平安装时易产生单面磨损，故柱塞缸宜垂直安装。水平安装使用时，为减轻质量和提高稳定性，柱塞式液压缸的柱塞常做成空心的，这样可以减轻重量，防止柱塞下垂（水平放置时），降低密封装置的单面磨损。柱塞式液压缸结构简单，制造容易，适用于行程较长的导轨磨床、龙门刨床和液压机等设备。

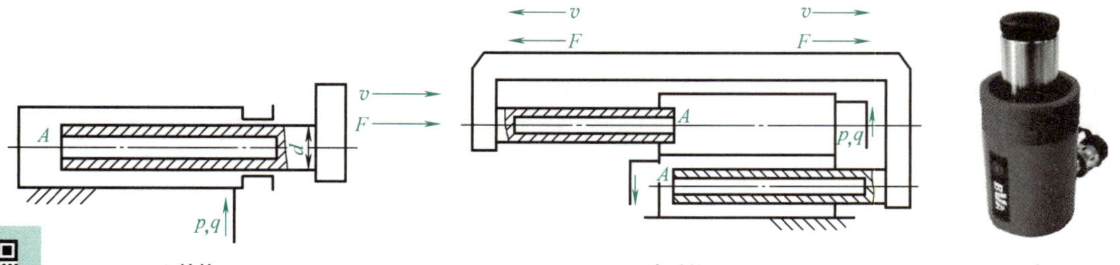

a) 结构　　b) 成对使用　　c) 实物

图 4-2-6 单作用柱塞缸

柱塞式液压缸工作原理

3. 伸缩式液压缸

伸缩式液压缸是由两个或多个活塞式液压缸套装而成的，前一级活塞缸的活塞杆是后一级活塞缸的缸筒。当压力油从无杆腔进入时，活塞有效面积最大的缸筒开始伸出，当行至终点时，活塞有效面积次之的缸筒开始伸出。伸缩式液压缸伸出的顺序是由大到小依次伸出，可获得很长的工作行程，外伸缸筒有效面积越小，伸出速度越快。图 4-2-7a 所示是多级伸缩套筒式液压缸，其缸的特点是活塞杆伸出行程大，收缩后结构尺寸小。它的推力和速度是分级变化的。伸缩套筒式液压缸结构紧凑，适用于安装空间受到限制而行程要求较长的场合，如自卸汽车举升液压缸、起重机伸缩臂（图 4-2-7c）和消防云梯等液压系统中。

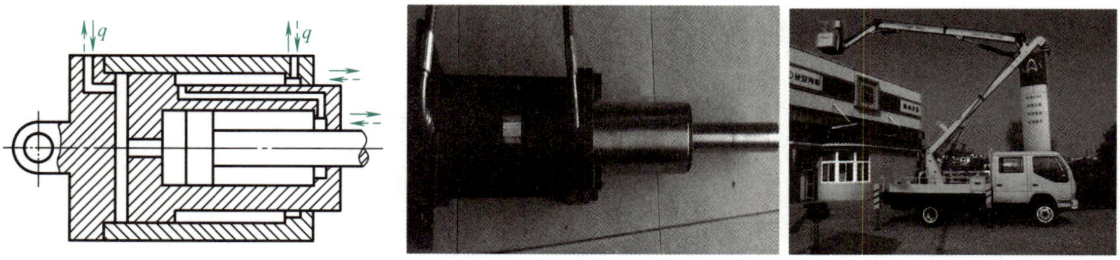

a) 伸缩缸　　b) 实物　　c) 起重机伸缩臂

图 4-2-7 伸缩式液压缸

伸缩式液压缸原理

4. 摆动马达

摆动马达也称摆动执行器。常用的有单叶片式和双叶片式两种结构型式，图 4-2-8a 为摆动马达结构。摆动轴上装有叶片，叶片和定子块将缸体内空间分隔成两腔。当缸的一个油口通压力油，而另一个油口通回油时，叶片产生转矩带动摆动轴摆动。

摆动马达的主要特点是结构紧凑，输出转矩大，但加工制造比较复杂，密封困难。在机床上，用于回转夹具、送料装置、间歇进刀机构等；在液压挖掘机、装载机上，用于铲斗的回转机构。目前，在舰船的液压舵机上逐步由摆动马达取代柱塞式液压缸；在舰船稳定平台的执行机构中，也有不少采用摆动马达。

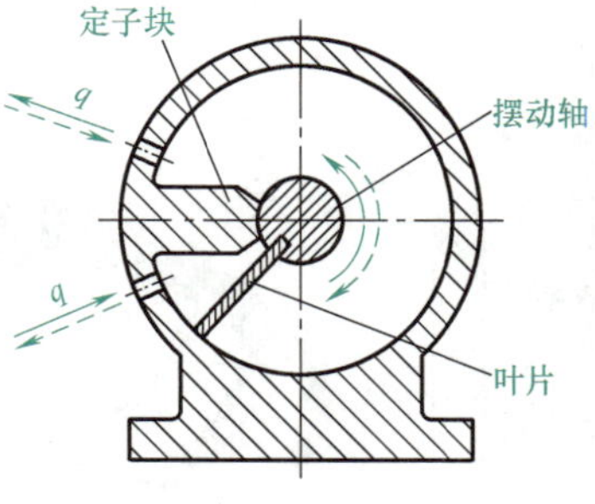

a) 结构

b) 实物

图 4-2-8　摆动马达

摆动式液压缸的原理

二、液压缸的密封与缓冲

1. 液压缸的密封

液压缸高压腔中的油液向低压腔泄漏称为内泄漏；液压缸中的油液向外部泄漏称为外泄漏。由于液压缸存在内泄漏和外泄漏，使得液压缸的容积效率降低，从而影响液压缸的工作性能，严重时使系统压力上不去甚至无法正常工作，并且外泄漏还会污染环境。

液压缸一般不允许外泄漏并要求内泄漏尽可能小，因此，为了防止泄漏的产生，液压缸及其他液压元件中凡是容易造成泄漏的部位，均应采取密封措施。液压缸中需要密封的地方主要有活塞、活塞杆、端盖等处，常用的密封方法有间隙密封和密封圈密封。

（1）间隙密封　依靠相对运动表面间很小的配合间隙保证密封。图 4-2-9 所示为液压缸缸筒和活塞间的密封，活塞外圆表面开有几道宽 0.3~0.5mm、深 0.5~1.0mm、间距 2~5mm 的环形小槽（常称为压力平衡槽）。由于平衡槽中的油液压力作用可使活塞处于中心位置工作，与缸体内孔趋于同轴，使泄漏量减小，并能减小活塞与缸体内壁的接触面积而减小摩擦磨损。同时环形槽还能增大油液泄漏的阻力，从而提高密封性能。这种密封摩擦力小，内泄漏量大，密封性能差且加工精度要求高，磨损后无法恢复原有能力，只适用于尺寸较小、压力较低、运动速度较高的场合。

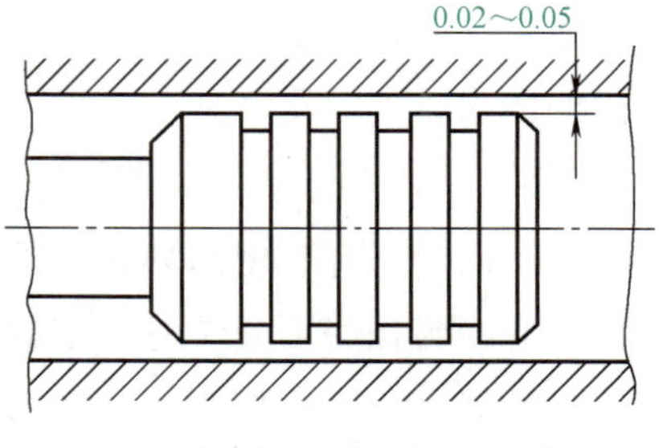

图 4-2-9　液压缸缸筒和活塞间的密封

（2）密封圈密封　密封圈密封是液压传动系统中应用最广泛的一种密封方法。密封圈常用耐油橡胶（或尼龙）压制而成，通过本身的受压弹性变形来实现密封，其断面形状通常做成 O 形、Y 形、V 形。

1）图 4-2-10 所示为 O 形密封圈密封在液压缸中的应用。图 4-2-11 所示为 O 形密封圈，断面呈圆形。装在槽内后靠橡胶的初始变形及油液压力作用引起的变形来消除间隙实现密封。O形密封圈密封性能好，动摩擦阻力较小，内外侧和端面都能起密封作用，可以用作动密封，又可作静密封。此外，其结构简单，制造容易，装拆方便，成本低，高、低压均可使用，因此在液压系统中得到广泛使用。

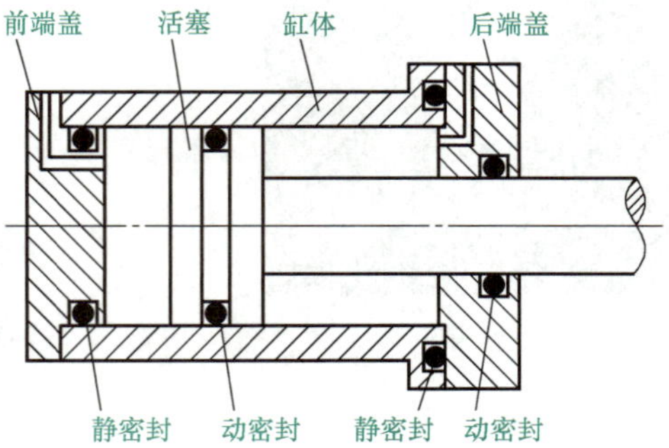

图 4-2-10 O形密封圈在液压缸中的应用

a) 结构　b) 实物

图 4-2-11 O形密封圈

2）图 4-2-12 所示为Y形密封圈，截面呈Y形。工作时利用油的压力使两唇边贴于密封面而保持密封。Y形密封圈在安装时，一定要使其唇边对着有压力的油腔，才能起密封作用。在压力变动较大、运动速度较高的场合，为防止密封圈翻转，要采用支承环定位。Y形密封圈是液压气动系统中往复运动密封装置常用的密封件，其使用寿命和密封性能均高于O形密封圈。Y形密封圈能随着工作压力的变化自动调整其密封性能，密封性能可靠，摩擦阻力小，当压力降低时唇边压紧力也降低，减小摩擦阻力和功率消耗，常用于活塞和液压缸之间、活塞杆和端盖之间的密封。

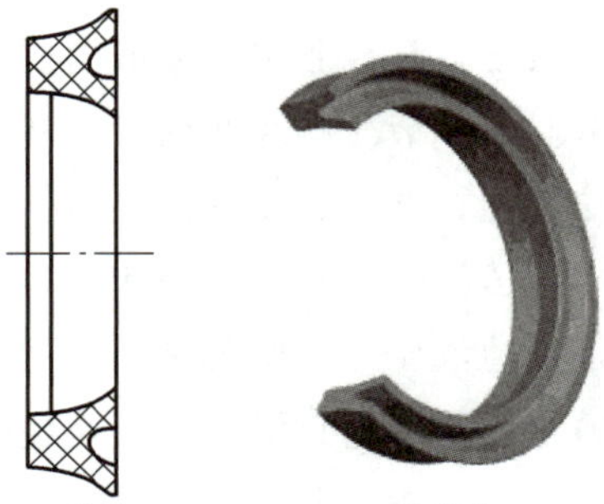

a) 结构　b) 实物

图 4-2-12 Y形密封圈

3）图 4-2-13 所示为V形密封圈。V形密封圈三个一组，由多层涂胶织物压制而成，它由形状不同的压环、密封环和支承环组成，当压环压紧密封环时，支承环可使密封环产生变形而起密封作用。安装时，密封圈的唇口应面向压力高的一侧。这种密封圈接触面积大，密封性能好，但摩擦力大，所以在移动速度不高的液压缸中应用较多。

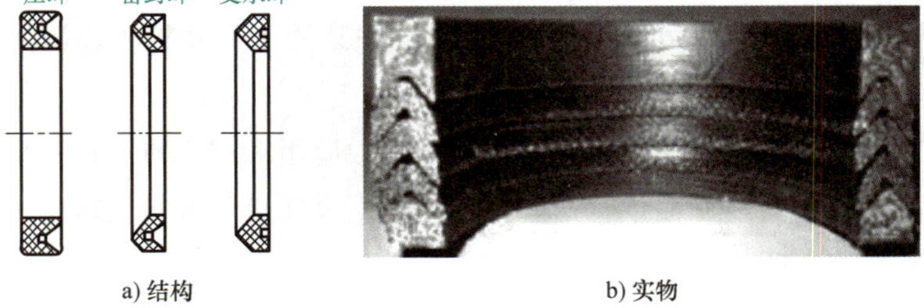

a) 结构　b) 实物

图 4-2-13 V形密封圈

2. 液压缸的缓冲

液压缸一般都设有缓冲装置，特别是对运动部件质量较大、运动速度或要求较高的液压缸，为了防止活塞运动到行程终了时，由于惯性力的作用与缸盖发生撞击，引起振动、冲击和噪声，损坏液压缸，必须设置缓冲装置。缓冲装置一般是在缸体内设置缓冲结构，也可在缸体外设置缓冲回路。

缓冲装置的工作原理是利用活塞或缸筒在其运动到行程终了时封住活塞和缸盖之间的部分油液，迫使它从小孔或缝隙中挤出，产生很大的阻力，使工作部件受到制动，逐渐减缓运动速度，达到避免活塞和缸盖相互撞击的目的。

图 4-2-14a 所示为柱形间隙缓冲装置，当缓冲活塞上的凸台进入与其相配的缸盖上的凹孔时，孔中的液压油只能通过凸台与凹槽的缝隙排出，使回油腔中压力升高而形成缓冲液压阻力，减缓活塞的移动速度。这种缓冲装置结构简单，但缓冲压力不可调节，且实现减速所需行程较长。为提高缓冲效果，可将缓冲活塞做成圆锥形，如图 4-2-14b 所示。这种缓冲结构在活塞越接近终了位置时环形间隙越小，即节流面积随缓冲行程的增大而缩小，缓冲效果较好。

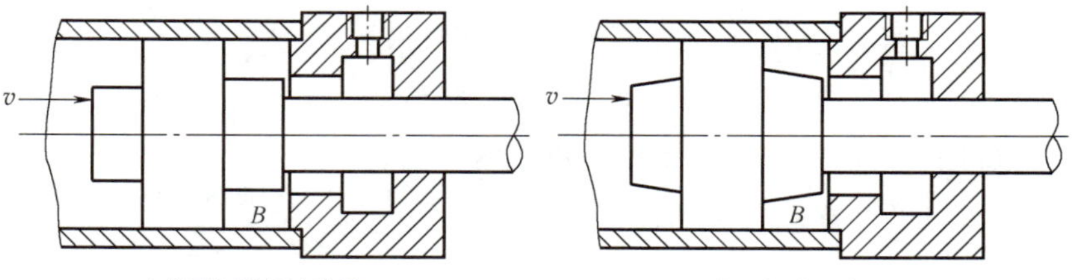

a) 柱形间隙缓冲装置　　b) 锥形间隙缓冲装置

图 4-2-14　间隙缓冲结构

液压缸的缓冲原理

图 4-2-15 所示为节流口可变式缓冲装置，它在活塞凸台上开有横截面为三角形的轴向斜槽，随着活塞凸台逐渐进入凹孔中，节流口的大小自动变小，其节流面积越来越小，使缓冲压力变化平缓，冲击力小，缓冲效果更好。

图 4-2-16 所示为节流口可调式缓冲装置，当缓冲柱塞凸台逐渐进入凹孔中时，回油口被柱塞堵住，只能通过节流阀回油。调节节流阀的开口大小，可以调节回油量，从而控制活塞的缓冲速度。当活塞反方向运动时，压力油通过单向阀很快进入液压缸内，并作用在

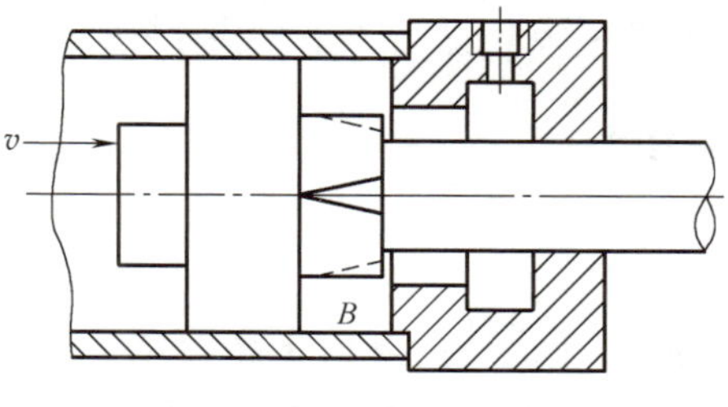

图 4-2-15　节流口可变式缓冲装置

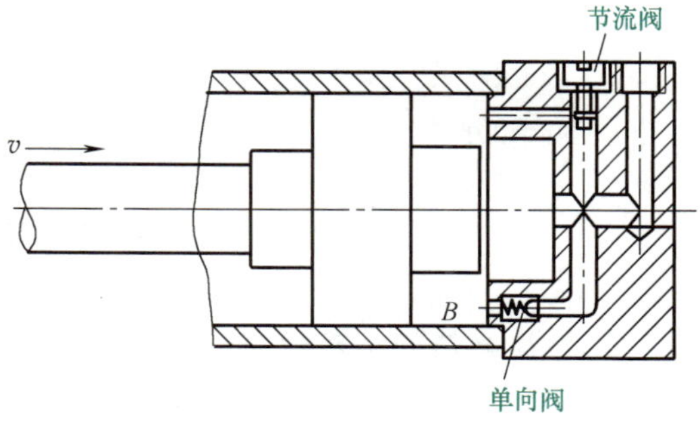

图 4-2-16　节流口可调式缓冲装置

活塞的整个有效面积上，实现快速起动。这种缓冲装置可以根据负载情况调整节流阀开口的大小，改变缓冲压力的大小，适用范围比较广。

3. 液压缸的排气

【想一想】

家庭中暖气装置，每年注水后要把安装在最高点的排气口打开放气，为什么？

液压系统在安装过程中会带入空气，并且油液中也会混有空气。液压缸一旦进入空气，会使液压缸的运动出现振动、低速爬行和前冲等现象，严重时系统将不能正常工作。为了便于排除残留在液压缸内的空气，油液最好从液压缸的最高点进入和引出。对要求不高的液压缸，不必设置排气装置，常将进、出油口设置在缸体两端的最高处，使油液从液压缸的最高点进入，使空气随油液排往油箱带出。对速度稳定性较高的液压缸，可在液压缸的最高处设置排气装置，如排气塞、排气阀。图 4-2-17 所示为排气塞结构。当松开排气塞螺钉后，让液压缸全行程空载往返多次，直到空气排出，然后再拧紧排气塞螺钉进行正常工作。

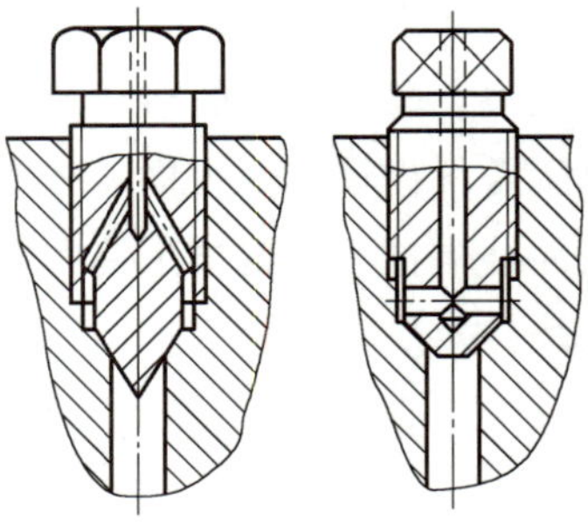

a) 斜孔式　　b) 直孔式

图 4-2-17　排气塞结构

三、液压马达

液压马达的作用是将液体的压力能转化为连续回转的机械能。它在原理上与液压泵是互逆的，其结构与液压泵基本相同。但由于泵和马达两者的功用和工作条件不同，所以在实际结构上存在一定的差别，因此并非所有液压泵都能当作液压马达使用。液压马达按结构不同可分为齿轮式、叶片式和柱塞式三大类。液压马达的图形符号如图 4-2-18 所示。

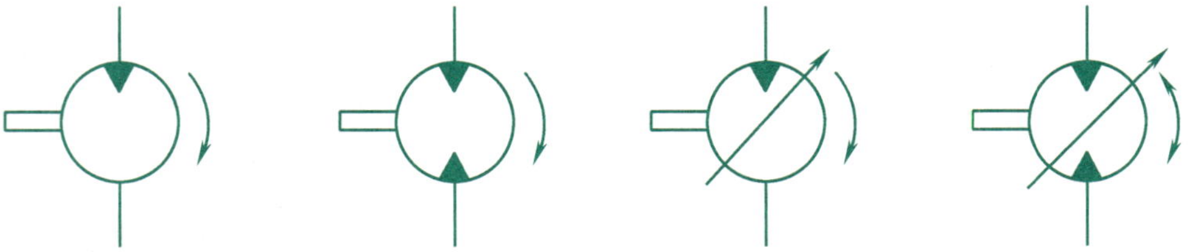

a) 单向定量马达　　b) 单转向双向定量马达　　c) 单向变量马达　　d) 双转向双向变量马达

图 4-2-18　液压马达的图形符号

1. 液压马达的结构特点

（1）齿轮式液压马达　图 4-2-19 所示为齿轮式液压马达，主要用于高转速、小转矩的场合，也可作笨重物体旋转的传动装置。由于笨重物体的惯性起到飞轮作用，可以补偿旋转的波动性，因此齿轮式液压马达在起重设备中应用比较多。但是齿轮式液压马达输出转矩和转速的脉动性较大，径向力不平衡，在低速及负荷变化时运转的稳定性较差。

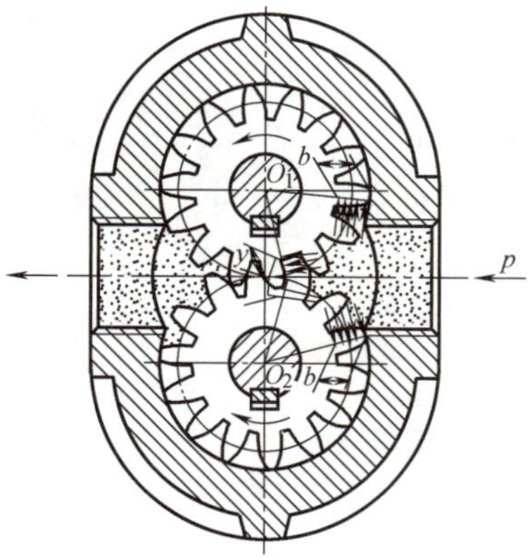

a) 结构

b) 实物

图 4-2-19　齿轮式液压马达

齿轮式液压马达的原理

（2）叶片式液压马达　图 4-2-20 所示为叶片式液压马达。该马达是利用作用在转子叶片上的压力差工作的，其输出转矩与液压马达的排量及进、出油口压力差有关，而其转速由输入流量决定。叶片式液压马达的叶片一般径向放置，叶片底部应始终通有压力油，来驱动叶片带动转子轴旋转。

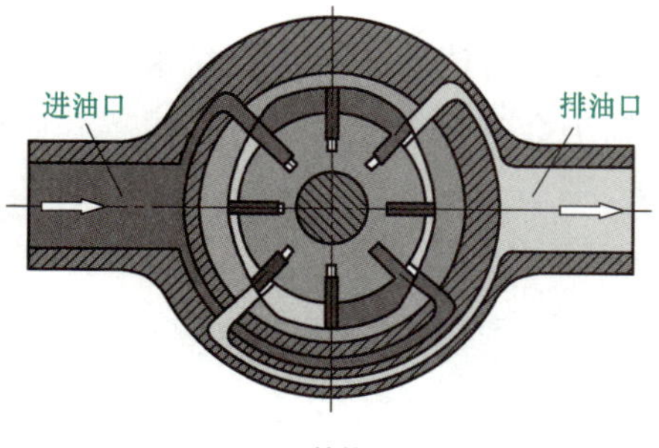

a) 结构

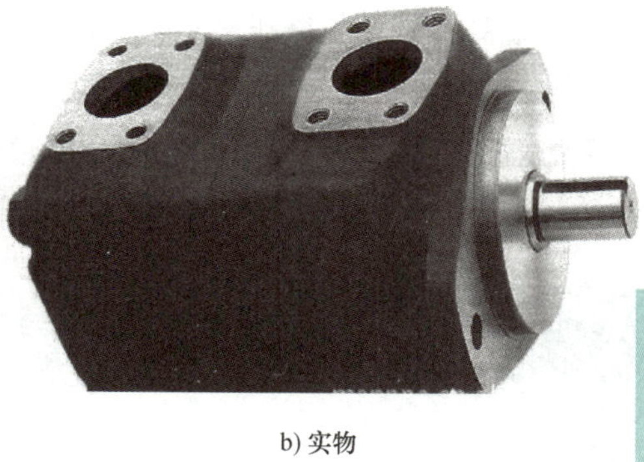

b) 实物

图 4-2-20　叶片式液压马达

叶片式液压马达的原理

叶片式液压马达的最大特点是体积小、惯性小，因此动作灵敏，可适用于换向频率较高的场合。但是，这种液压马达工作时泄漏较大，机械特性较软，低速工作时不稳定，调速范围也不是很大。所以叶片式液压马达主要适用于高转速、小转矩和动作要求灵敏的场合。

（3）柱塞式液压马达　图 4-2-21 所示为轴向柱塞式液压马达。柱塞泵和柱塞式液压马达的结构基本相同，工作原理是可逆的，一般柱塞泵都可以用作液压马达。柱塞式液压马达由于排量较小，输出转矩不大，所以可以说是一种高速、小转矩的液压马达。

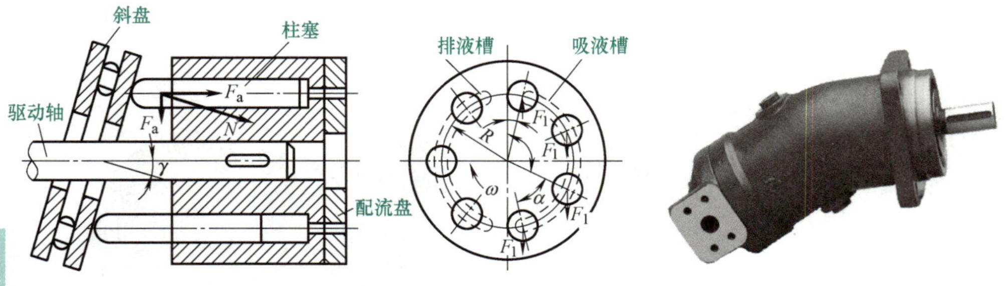

a) 结构　　b) 实物

图 4-2-21 轴向柱塞式液压马达

柱塞式液压马达工作原理

2. 液压马达的使用注意事项

1）液压马达的泄油腔不允许有压力。液压系统的回油一般具有一定压力，所以不允许将液压马达的泄油口与其他回油管路连接在一起，防止引起马达轴封损坏，导致漏油。

2）液压马达在驱动大惯性负载时，不能简单地用关闭换向阀的方法使其停止。若通过关闭换向阀使其停车，当液压马达突然停止时，由于惯性的作用，其回油管路上的压力会大幅升高，严重时会将管路上的薄弱环节冲击损坏或使液压马达的部件断裂失效。因此应在马达的回油管路上设置合适的安全阀，以保证系统能正常工作。

3）在起动液压马达时，若液压油黏度过低，则会使整个液压马达的润滑性下降；若液压油黏度过高，则会使液压马达某些部位得不到有效润滑。

4）由于液压马达总存在一定的泄漏，因此用关闭液压马达的进、出油口来保持制动状态是不可靠的。关闭进、出油口的液压马达，其转轴仍会有轻微转动，所以需要长时间保持制动状态，应另行设置防止转动的制动器。

【想一想】

齿轮泵、叶片泵和柱塞泵是否都能当作液压马达使用？

【任务评价】

考核评价表见表 4-2-2，根据自评、小组互评和教师评价将各项得分以及总评内容和得分填入表中。

表 4-2-2 考核评价表

序号	评价内容	配分	要点总结	自评	组评	师评
1	液压缸的类型特点	30 分				

（续）

序号	评价内容	配分	要点总结	自评	组评	师评
2	液压缸的密封与缓冲	20 分				
3	液压马达	20 分				
4	安全文明操作	30 分				
总计得分		100 分				

【课后思考】

一、选择题

1. 下列属于液压系统执行元件的是（　　）。

A. 蓄能器　　B. 减压阀　　C. 单向变量泵　　D. 液压马达

2. 双作用杆活塞液压缸，当活塞杆固定时，运动所占的运动空间为缸筒有效行程的（　　）。

A. 2 倍　　B. 3 倍　　C. 4 倍　　D .5 倍

3. 要求机床工作中往复运动速度相同时，应采用的液压缸是（　　）。

A. 双出杆　　B. 差动　　C. 柱塞　　D. 单叶片摆动

4. 作差动连接的单活塞杆液压缸，欲使活塞往复运动速度相同，必须满足（　　）。

A. 活塞直径为活塞杆直径的 2 倍　　B. 活塞直径为活塞杆直径的$\sqrt{2}$倍

C. 活塞有效作用面积为活塞杆面积的$\sqrt{2}$倍　　D. 活塞有效作用面积比活塞杆面积大 2 倍

二、计算题

1. 一双杆式活塞液压缸，要求活塞杆的运动速度 $v=5\text{cm/s}$，已知活塞直径 $D=200\text{mm}$，活塞杆直径为 $d=0.8D$。试确定所需流量 q（m^3/s）的大小。

2. 某柱塞式液压缸的柱塞直径 $d=14\text{cm}$，缸体内径 $D=28\text{cm}$，输入流量 $q=25\text{L/min}$，求柱塞的运动速度。

【匠心筑梦】

三十年磨一“箭”

长征二号 F 运载火箭是中国航天史上第一次有明确 0.97 可靠性和 0.997 安全性指标要求的运载火箭，自 1999 年首飞起，已成功将 11 艘神舟飞船和 2 个天宫目标飞行器、空间实验室送入预定轨道；将 11 名航天员，14 人次成功送入太空开展科学实验。

中国航天科技集团有限公司第一研究院研究员张智，就是这枚“金牌火箭”的第四任总设计师。

从 1992 年至今，他参与了中国载人航天工程的整个研制历程，是陪伴这枚“神箭”从无到有，再到发展成熟的“元老级人物”，大半辈子都奉献给了长征二号 F 运载火箭。

回忆起 11 月 24 日在北京参加全国劳动模范和先进工作者表彰大会时的情景，他谦逊地说："作为中国航天的建设者之一，我为生活在这样一个新时代，从事着自己热爱的事业感到幸运。"

20 世纪 90 年代初，我国载人航天事业刚刚起步。为了航天员的安全，火箭逃逸系统的研制工作同步展开。在资料有限、没有经验可以借鉴的情况下，研制工作举步维艰。

"只清楚一些基本原理，实际操作很难。"当时，张智已是研制团队的一员。他和一群航天人历经坎坷、排除万难，研制出属于中国自己的逃逸系统，并在之后不断更新完善。

长征二号 F 运载火箭首次载人飞行成功后，发现飞行过程中存在一个令航天员难以忍受的 8Hz 振动。张智作为专题组副组长，组织专家一起收集数据、确认机理、开展试验，最后确定了解决方案。有人称，这一改进使航天员飞行的舒适性像从拖拉机时代进入了小轿车时代。

经过一系列设计上的改进，长征二号 F 运载火箭的可靠性指标提升到 0.989，航天员安全性指标达到 0.997，成为我国可靠性最高的火箭。

项目五 液压基本回路的组装与调试

项目概述

在液压系统中，把对执行元件的运动方向、作用力和速度进行控制的液压元件称为液压控制阀。把由液压泵、液压执行元件、液压控制阀、油管等液压元件组合而成，用于完成不同功能的回路称为基本回路。液压控制阀是液压基本回路的核心液压元件。一个液压系统是由一个或若干个功能不同的基本回路构成的。

本项目将学习：液压方向控制回路、液压压力控制回路、液压速度控制回路、液压顺序控制回路，并通过液压传动系统实例对液压传动系统的整体进行分析，提高系统的分析能力，为维护维修打下基础。

图 5-0-1 所示为项目五思维导图。

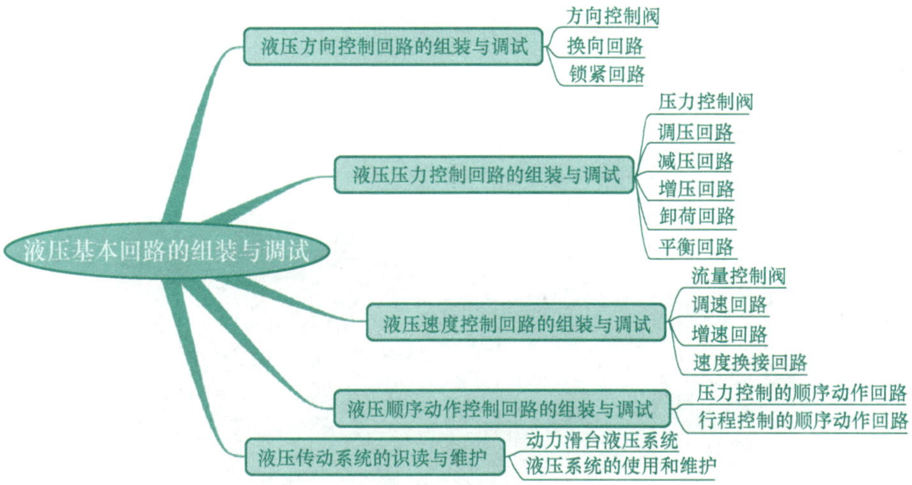

图 5-0-1 项目五思维导图

项目目标

知识目标

1. 理解液压方向控制阀的工作过程，会分析方向控制的基本回路。

2. 理解液压压力控制阀的工作过程，会分析压力控制的基本回路。
3. 理解液压速度控制阀的工作过程，会分析速度控制的基本回路。
4. 理解液压顺序控制阀的工作过程，会分析顺序控制的基本回路。
5. 了解典型液压传动系统的分析方法及使用维护常识。

技能目标

1. 会 FESTO FluidSIM-H 3.6 液压仿真软件的基本使用。
2. 会安装各种控制回路的组装连接及电气控制。

素养目标

1. 培养学生对工程应用进行合作交流和反思的能力。
2. 培养学生传承科技、推动可持续发展的社会责任感。

任务一 液压方向控制回路的组装与调试

【任务内容】

如图 5-1-1 所示为汽车起重机，由汽车发动机通过传动装置驱动工作，由于汽车轮胎的支承能力有限，且为弹性变形体，起重作业很不安全，故在起重作业前必须放下前后支腿，使汽车轮胎架空，用支腿承重。在行驶时又必须将支腿收起，让轮胎着地。要确保支腿停放在任意位置并能可靠地锁定，不受外界影响而发生漂移或窜动，应选用何种液压元件来实现这一功能呢？

图 5-1-1 汽车起重机

【任务分析】

在液压系统中，通过控制进入执行元件油流的通、断及改变流动方向完成起动、停止及换向作用的回路，称为方向控制回路。方向控制回路有换向回路和锁紧回路。

液压传动系统中执行机构的换向是依靠换向阀来控制的，而换向阀的阀芯和阀体间总是存在着间隙，这就造成了换向阀内部的泄漏。若要求执行机构在停止运动时不受外界的影响，仅依靠换向阀是不能保证的，这时就要利用液控单向阀来控制液压油的流动，从而可靠地控制执行元件能停在某处。本任务要确保支腿停放在任意位置并能可靠地锁定而不受外界影响发生窜动，实际应用中常在每一个支腿液压缸的油路中设置一个由两个液控单向阀组成的双向液压锁来实现。如图 5-1-2 所示为液压缸锁紧控制回路，用于汽车支腿液压缸的锁定。

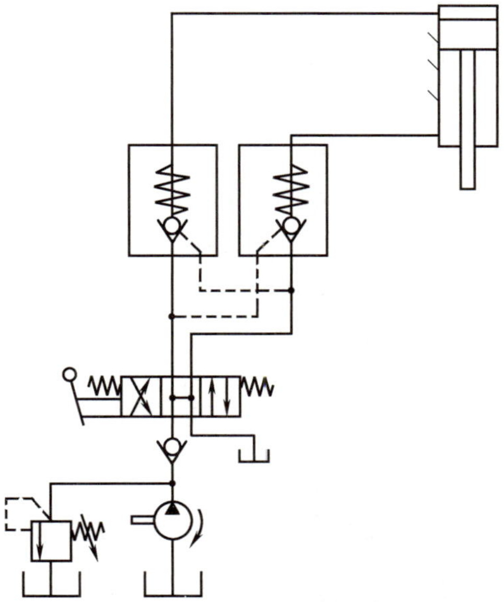

图 5-1-2　液压缸锁紧控制回路

【任务实施】

1. 在教师的帮助下，学生选择相关液压元件，并在实训平台上固定液压元件。
2. 按照图 5-1-2 所示进行管路的连接。
3. 将液压泵起动，让活塞进行换向移动。
4. 将手柄放在中间位置，对液压缸的活塞施加外力，观察液压缸活塞能否运动。
5. 完成实验经教师检查评估后，关闭油泵，拆下管线，将元件放回原来的位置。
6. 进行现场整理。

【知识链接】

一、方向控制阀

液压控制阀根据用途不同，可以分为方向控制阀（单向阀、换向阀等）、压力控制阀

(溢流阀、减压阀、顺序阀等) 和流量控制阀 (节流阀、调速阀等)。

方向控制阀通过控制液压系统中液流的通断或流动方向，从而控制执行元件的起动、停止及运动方向。它分为单向阀和换向阀两种。

1. 单向阀

【想一想】

请你观察普通单向阀的图形符号及结构，并分析弹簧的作用是什么？

单向阀是控制油液单方向流动的方向控制阀。常用的单向阀有普通单向阀和液控单向阀两种。

(1) 普通单向阀　普通单向阀的作用是控制油液只能按一个方向流动，而不能反向流动。

如图 5-1-3a 所示，压力油从进油口流入，克服弹簧的作用力使阀芯右移，经阀芯从出油口流出。当液流反向时，阀口关闭，油液不能通过，从而实现油液的单向流动。

单向阀中的弹簧仅用于克服阀芯的摩擦阻力和惯性力，所以其刚度较小，开启压力很小，一般为 0.035~0.05MPa。若将单向阀中的弹簧换成刚度较大的弹簧时，可用作背压阀，开启压力在 0.2~0.6MPa。

单向阀的
工作原理

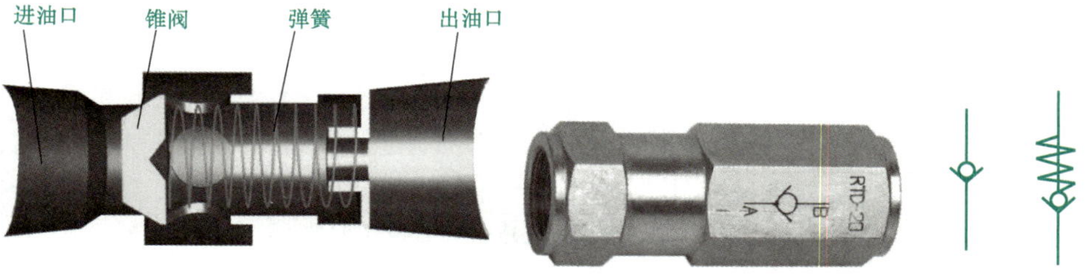

a) 结构　b) 实物　c) 图形符号

图 5-1-3　普通单向阀

(2) 液控单向阀　液控单向阀由单向阀和液控装置两部分组成，与普通单向阀相比，结构上增加了控制活塞和控制油口 K。除了可以实现普通单向阀的功能外，还可以根据需要由外部油压来控制，实现液控单向阀的双向流动。

如图 5-1-4 所示，当控制油口 K 没有通入压力油时，它的工作原理与普通单向阀完全相同，压力油从 A 流向 B，液流反向时，使阀口关闭，油液不能通过。当控制油口 K 通入控制压力油时，控制活塞向右移动，顶开阀芯，使油口 A 和 B 相通，使油液反向通过。

为了减小控制活塞移动时的阻力，设一外泄油口 L，控制压力最小应为主油路压力的 30%~50%。

2. 换向阀

换向阀是利用阀芯相对阀体位置的改变，使油路接通、断开或改变液流方向，从而控制执行元件的起动、停止或改变其运动方向的液压阀。

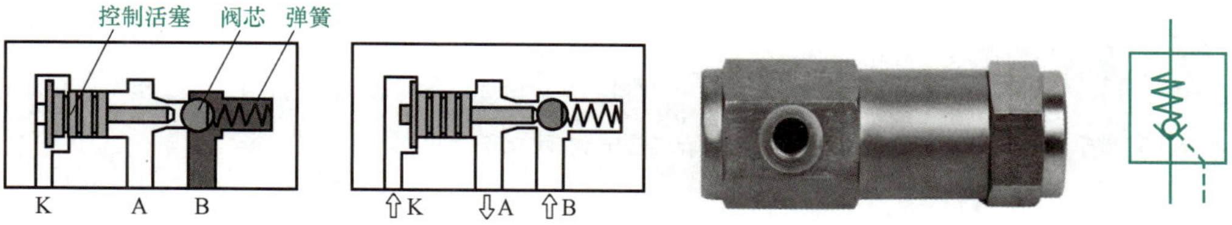

a) K不通压力油　　b) K通压力油　　c) 实物　　d) 图形符号

图 5-1-4　液控单向阀

液控单向阀原理

(1) 换向阀的分类　换向阀的种类很多，分类见表 5-1-1。

表 5-1-1　换向阀的分类

分类方式	类　型
按阀芯结构分类	滑阀式、转阀式、球阀式
按工作位置数量分类	二位、三位、四位
按通路数量分类	二通、三通、四通、五通等
按操纵方式分类	手动、机动、电磁、液动、电液动等

【想一想】

请你观察换向阀的工作原理，并分析如果换向阀阀芯右移，压力油是怎样流动的？液压缸活塞是怎样移动的？

(2) 换向阀的工作原理、结构和图形符号　图 5-1-5 所示为滑阀式换向阀的工作原理。在图示状态下，液压缸不通压力油，活塞处于停止状态。若换向阀阀芯左移，则阀体的油口 P 和 A、B 和 T 相通，则压力油经油口 P、A 进入液压缸左腔，右腔油液经过油口 B、T 流回油箱，液压缸活塞实现向右运动。

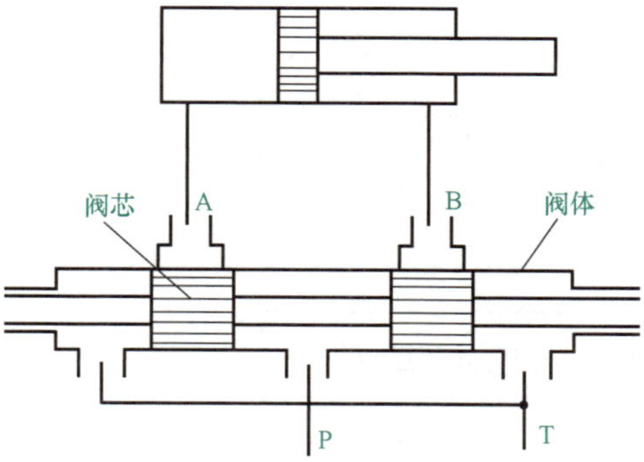

图 5-1-5　滑阀式换向阀的工作原理

滑阀式换向阀的工作原理

【想一想】

若图 5-1-5 所示的换向阀阀芯右移，活塞如何移动？

几种常见的滑阀式换向阀结构原理和图形符号见表 5-1-2。图形符号的含义：方格表示换向阀的工作位置数，有几个方格表示几“位”；方格内的箭头表示该位油路接通，但不一定表示液流的实际流向，方格内的符号“⊤”或“⊥”表示此通路被阀芯封闭；箭头、封闭符号和任一方格的交点数表示换向阀油口的通路数；P 和 T 分别表示阀的进油口和回油口，而与执行元件连接的油口用字母 A 和 B 表示；三位阀的中间方框和二位阀侧面画弹簧的方框为常态位。绘制液压系统图时，油路应连接在换向阀的常态位上；控制方式和复位弹簧应画在方框的两端。

表 5-1-2　常见的滑阀式换向阀的结构原理和图形符号

名称	结构原理	图形符号
二位二通阀	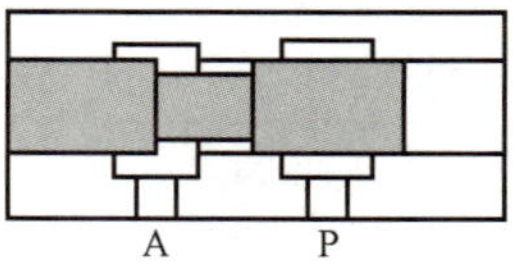	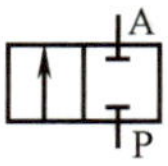
二位三通阀	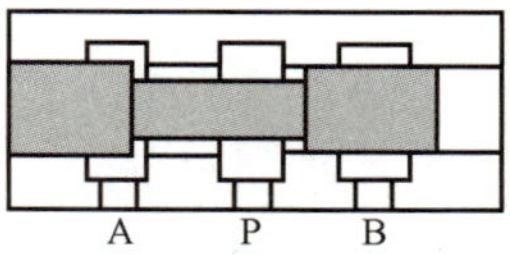	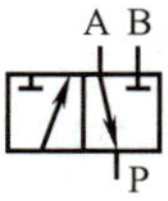
二位四通阀	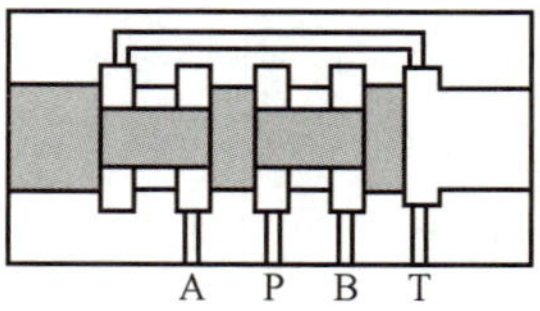	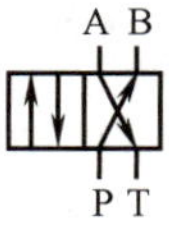
三位四通阀	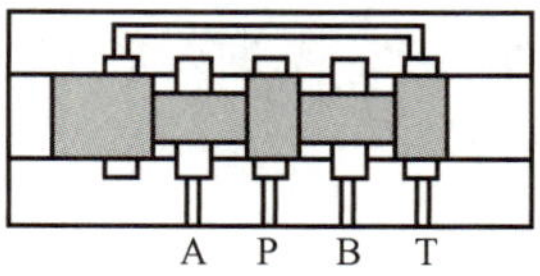	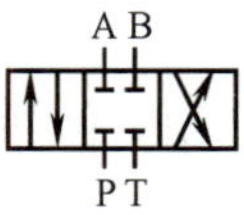
二位五通阀	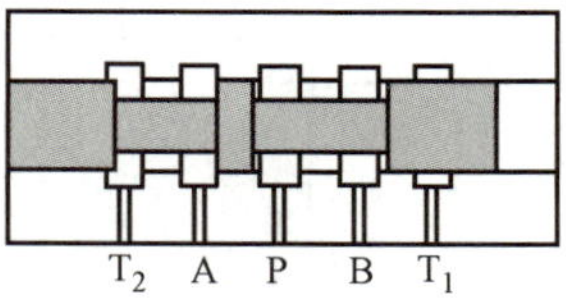	
三位五通阀	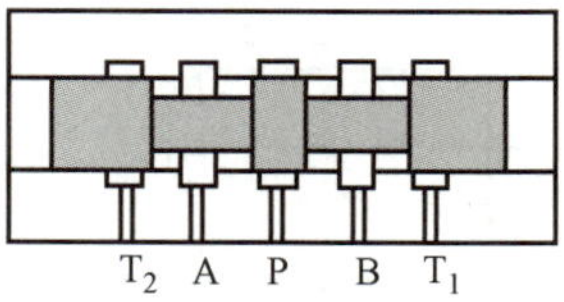	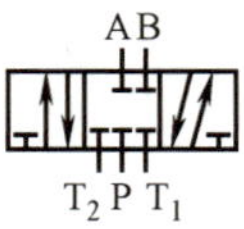

（3）常态与中位机能　当换向阀没有操纵力的作用处于静止时称为常态。对于二位换向阀，靠近弹簧的那一位为常态位，二位二通换向阀有常开型和常闭型之分，常开型的常态位是连通的，常闭型的常态位是截止的。三位换向阀中位时，各油口的连通形式体现了换向阀的不同控制机能，称为中位机能。表 5-1-3 列出了常见三位换向阀的中位机能、结构原理、图形符号及机能特点和作用。

表 5-1-3　三位换向阀的中位机能、结构原理、中间位置的图形符号及机能特点和作用

机能类型	结构原理	中间位置的图形符号	机能特点和作用
O 型	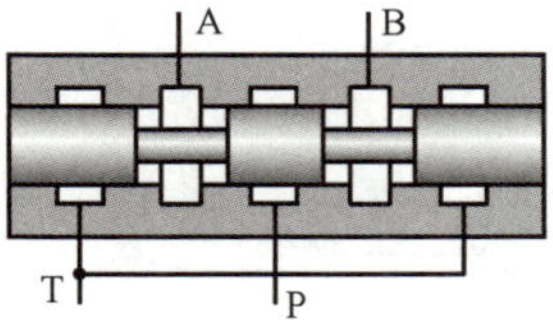		各油口全部封闭，液压缸充满油且两腔闭锁、液压泵不卸荷，从静止到起动平稳；在换向过程中，由于运动惯性引起的冲击较大；换向位置精度高
H 型	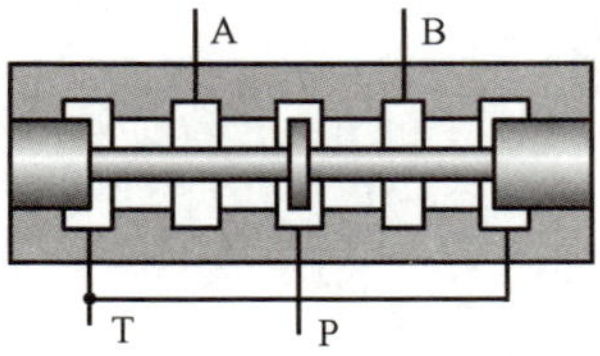		各油口互通，液压泵卸荷，液压缸成浮动状态，液压缸两腔接油箱，从静止到运动有冲击；在换向过程中，由于油口互通，故换向阀较 O 型平稳，但换向位置变动大
Y 型	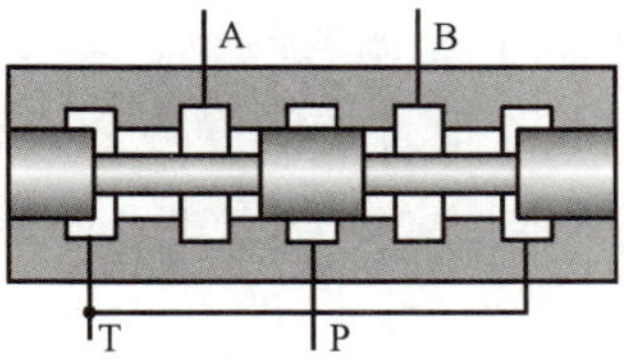		液压泵不卸荷，液压缸两腔通回油，液压缸成浮动状态，从静止到起动有冲击，制动性能介于 O 型与 H 型之间
P 型	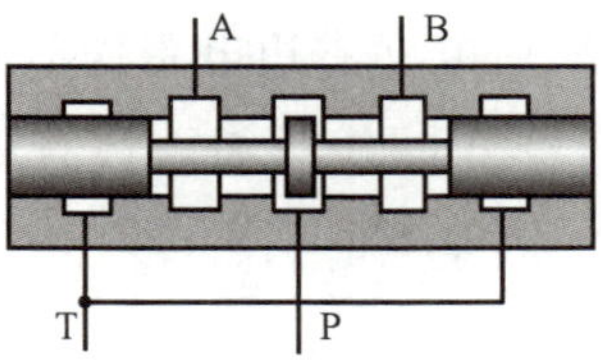		回油口关闭，压力油与液压缸两腔连通，可实现液压缸差动回路，从静止到起动较平稳；制动时液压缸两腔均通压力油，故制动平稳；换向位置变动比 H 型小
M 型	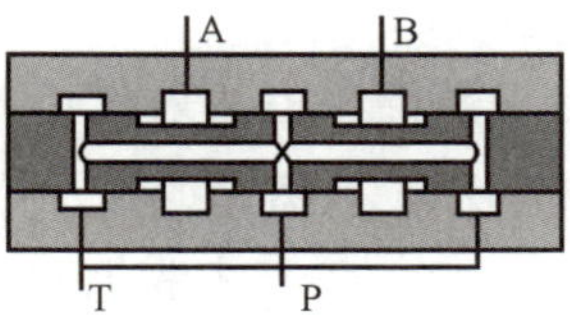		液压泵卸荷，液压缸两腔封闭，从静止到起动较平稳；换向时与 O 型相同，可用于液压泵卸荷、液压缸锁紧的液压回路中

（4）机动换向阀　机动换向阀常用于控制机械设备的行程，又称为行程阀。它是利用安装在运动部件上的凸轮或铁块使阀芯移动而实现换向的。机动换向阀通常是二位阀，有二通、三通、四通和五通等。

图 5-1-6 所示为二位二通常闭式机动换向阀。在图示状态下，阀芯被弹簧压向上端，油口 P 和 A 不通（常闭），在挡块压下滚轮经推杆使阀芯克服弹簧力向下移至下端时，油口 P 和 A 相通。

机动换向阀具有结构简单、工作可靠、位置精度高等优点。若改变挡铁的斜角 α 就可改变换向时阀芯的移动速度，即可调节换向过程的时间。机动换向阀必须安装在运动部件附近，故连接管路较长。

a) 实物

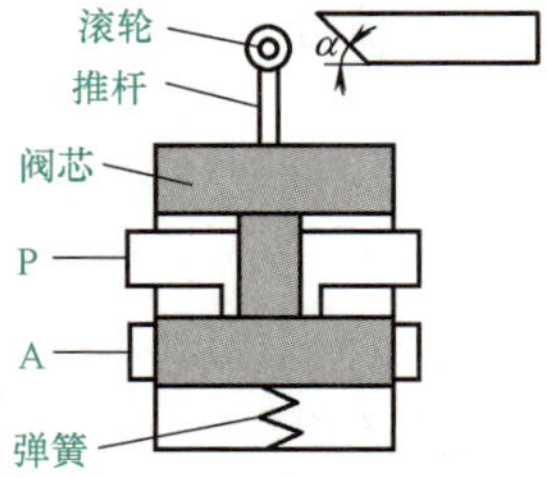

b) 结构

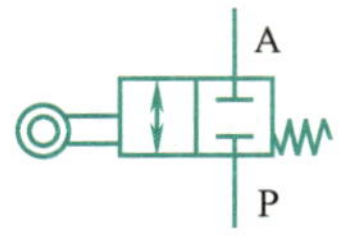

c) 图形符号

图 5-1-6　二位二通常闭式机动换向阀

（5）电磁换向阀　电磁换向阀是利用电磁铁的吸力来推动阀芯移动，从而改变阀芯位置的换向阀。电磁换向阀按使用的电源不同，有交流型和直流型两种。交流电磁铁的使用电压多为 220V，起动力大，电气控制线路简单；但工作时冲击和噪声大，阀芯吸不到位容易烧毁线圈，所以寿命短。直流电磁铁的电压多为 24V，起动力小，冲击小，噪声小，对过载或低电压反应不敏感，工作可靠，寿命长。

图 5-1-7 所示为三位四通电磁换向阀。三位电磁阀的阀芯在阀体孔内有三个位置，它有两个电磁铁和两个对中弹簧。当左、右电磁铁均断电时，阀芯在对中弹簧下处于中间位置，油口 P、A、B、T 互不相通；当左边电磁铁通电（右边电磁铁不通电）时，阀芯在推杆的作用下推向右端，油口 P 和 B 相通，油口 A 和 T 相通；当右边电磁铁通电（左边电磁铁不通电）时，阀芯在推杆的作用下推向左端，油口 P 和 A 相通，油口 B 和 T 相通。

电磁换向阀因具有换向灵敏、操作方便、布置灵活、易于实现设备的自动化等特点，因而应用最为广泛。一般用在流量不大且回油口背压不宜过高的系统，否则易烧毁电磁铁线圈。

（6）液动换向阀　液动换向阀是利用系统中控制油路的压力油来改变阀芯位置的换向阀。图 5-1-8 所示为三位四通液动换向阀。当阀芯两端控制口 C_1、C_2 都不通入压力油时，阀芯在两端弹簧力的作用下处于中位，此时油口 P、A、B、T 互不相通；当 C_1 口接通压力油时，C_2 口接通回油时，阀芯右移，此时 P 与 B 接通，A 与 T 接通；当 C_2 口接通压力

a) 实物

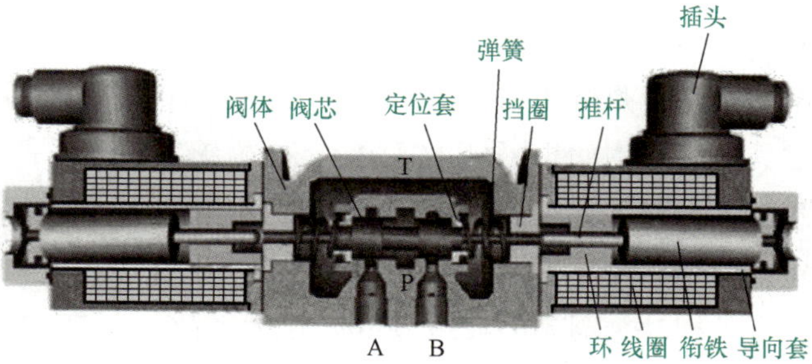

b) 结构

c) 图形符号

图 5-1-7　三位四通电磁换向阀

三位四通换向阀的工作原理

油时，C_1 口接通回油时，阀芯左移，此时 P 与 A 接通，B 与 T 接通。液动换向阀的优点是结构简单、动作可靠、换向平稳，由于液动驱动力大，故可用于流量大的系统中。

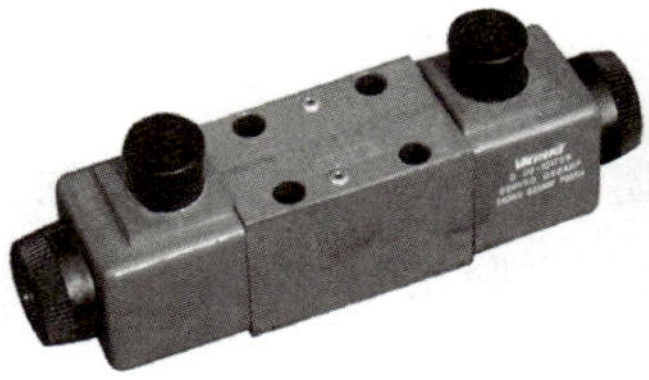

a) 实物

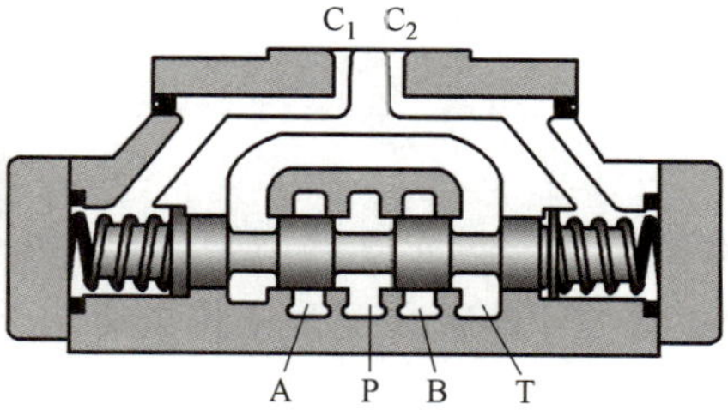

b) 结构

c) 图形符号

图 5-1-8　三位四通液动换向阀

（7）电液换向阀　电液换向阀是由电磁换向阀和液动换向阀组合而成的复合阀。电磁换向阀起先导阀的作用，用来改变液动换向阀控制油路的方向，从而控制液动换向阀的阀芯位置；液动换向阀为主阀，实现主油路的换向。

【想一想】

观察电液换向阀的结构图，并分析如果先导电磁阀的右边电磁铁导电，则电液换向阀是怎样进行工作的？

图 5-1-9 所示为电液换向阀。当先导阀的电磁铁都不通电时，先导电磁阀的阀芯在对中弹簧作用下处于中位，主阀芯左、右两腔的控制油液通过先导阀中间位置与油箱连通，主阀芯在对中弹簧作用下也处于中位，主阀的 P、A、B、T 油口均不通。先导电磁阀左边电磁铁通电（右边电磁铁不通电），电磁阀芯右移，控制油液经先导阀再经通道 A 进入主阀左腔，推动主阀芯向右移动，这时主阀右腔的油液经通道 B 进入先导阀回油箱，使主阀 P 与 A 接通，B 与 T 接通。

由于推动主阀芯的液压力可以很大，故主阀芯的尺寸可以做大，允许大流量液流通过。这样就可以实现小规格的电磁铁方便地控制着大流量（≥63L/min）的液动换向阀。

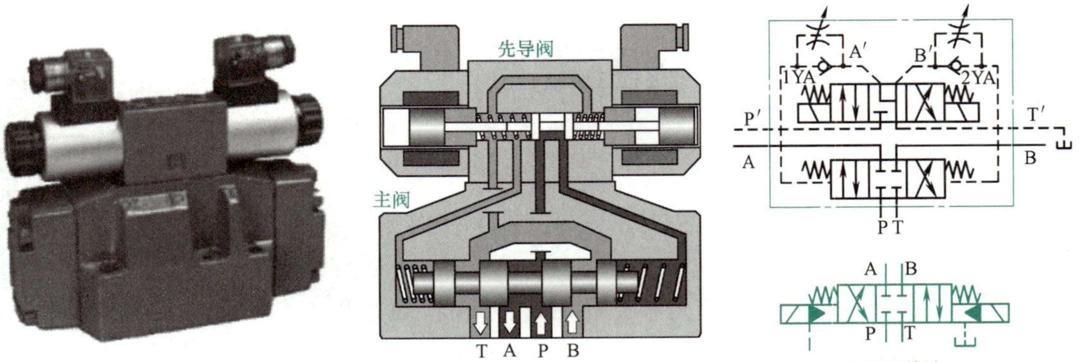

a) 实物　b) 结构　c) 图形符号

图 5-1-9　电液换向阀

电液换向阀原理

使用电液换向阀时要注意：

1）当主阀为弹簧对中型时，先导阀的中位机能必须保证先导阀处于中位时，主阀两端的控制油路卸荷（如电磁阀 Y 型中位机能），否则主阀无法回到中位。

2）控制压力油可来自主油路的 P 口（内控式），也可以另设独立油源（外控式）。当采用内控式，主油路又有卸荷要求时，必须在 P 口安装一预控压力阀，以保证最低的控制压力。当采用外控时，独立油源的流量不得小于主阀最大流量的 15%，以保证换向时间的要求。

【想一想】

对于弹簧对中型的电液换向阀，其电磁先导阀为什么通常采用 Y 型中位机能？

（8）手动换向阀　手动换向阀是利用手动杠杆操纵阀芯运动，以实现换向的换向阀。它有弹簧自动复位和钢球定位两种。

图 5-1-10 所示为手动换向阀，对于自动复位式换向阀，扳动手柄阀芯移动，即可实现换向；松开手柄阀芯在对中弹簧的作用下自动复位。对于钢球定位式换向阀，阀芯右端有

定位钢球和弹簧，利用钢球嵌入凹槽的定位作用，扳动手柄阀芯移动，松开手柄阀芯保持位置。

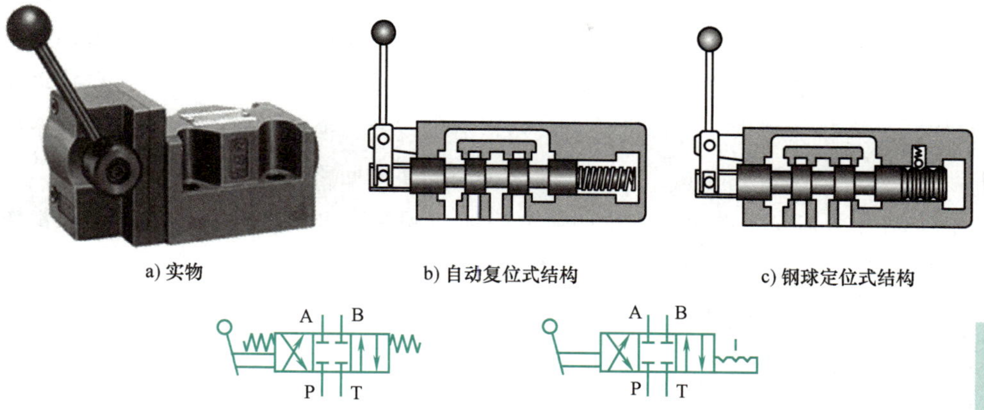

a) 实物　b) 自动复位式结构　c) 钢球定位式结构

d) 自动复位式图形符号　e) 钢球定位式图形符号

图 5-1-10　手动换向阀

手动换向阀的工作原理

自动复位式手动换向阀适用于动作频繁、持续工作时间较短的场合，操作比较安全，常用于工程机械的液压系统中。钢球定位式手动换向阀适用于机床、液压机、船舶等需保持工作状态时间较长的场合。

【练一练】

如图 5-1-11 所示，若液压回路中需要一个二位三通换向阀，请你分析如何将二位四通电磁换向阀改成二位三通换向阀？

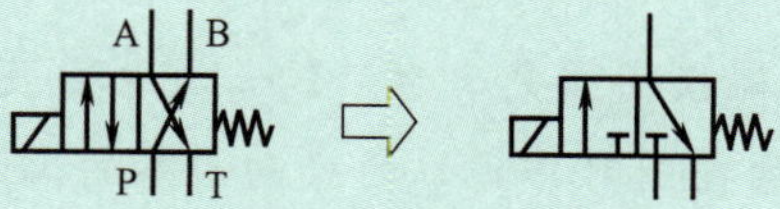

图 5-1-11　练一练图

二、换向回路

【做一做】

请观察图 5-1-12a 所示的液压缸换向回路，用 FESTO FluidSIM-H 3.6 进行仿真并验证分析。

如图 5-1-12a 所示的电磁换向回路，当按下按钮 SB 时，电磁铁 1YA 线圈通电，二位三通换向阀移至左位，液压油进入液压缸左腔，活塞杆向右伸出；当松开按钮 SB 时，电磁铁断电，在弹簧作用下，换向阀回至原位，液压缸左腔液压油流回油箱，活塞杆向左回位。用电磁换向阀来实现元件的换向最方便，但它换向动作快，换向时有冲击，不宜用作频繁换向。尽管如此，电磁换向阀换向回路仍是应用最为广泛的回路，尤其在自动化程度要求较高的组合机床液压系统中被普遍采用。流量较大，换向平稳性要求较高的系统，可采用手动阀或机动阀作先导阀，以液动阀为主阀的换向回路，或采用电液换向阀。

如图 5-1-12b 所示回路中，三位四通电磁换向阀在两电磁铁均断电时，在弹簧作用下换向阀处于中位，使液压缸可以停在任意位置，但定位精度不高。

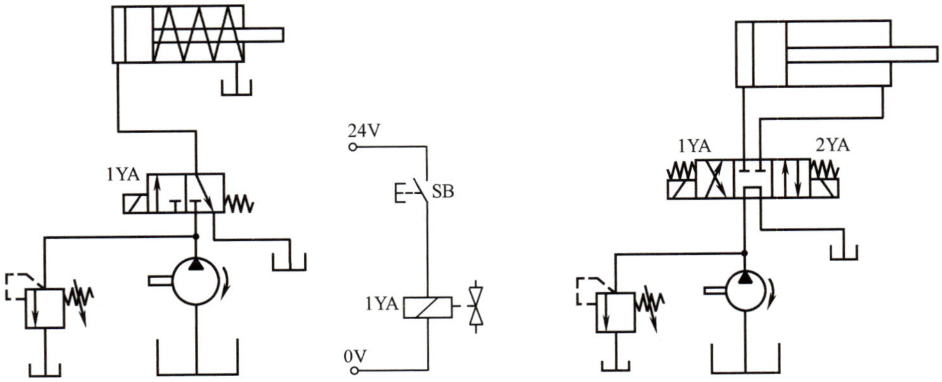

a) 用二位三通换向阀控制单作用液压缸　　b) 用三位四通换向阀控制双作用液压缸

图 5-1-12　液压缸换向回路

【练一练】

1）请将图 5-1-12b 中的电气控制电路补充完整。

2）分析图 5-1-13a 中的双作用液压缸换向控制，请简述其工作过程。若图 5-1-13a 中的二位四通电磁换向阀更改为二位五通电磁换向阀，油路应如何连接？

3）分析图 5-1-13b 中的控制双作用缸的换向回路的工作过程。

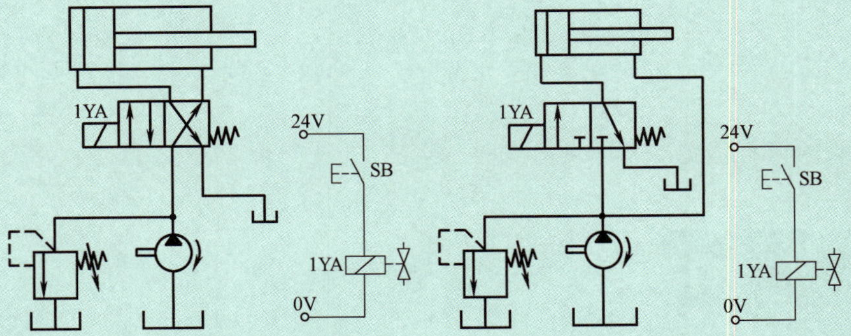

a) 二位四通阀控制　　b) 二位三通阀控制

图 5-1-13　练一练图

三、锁紧回路

为了使工作部件能在任意位置停留，以及在停止工作时，防止在受力的情况下发生移动，可以采用锁紧回路。锁紧回路常用于工程机械、起重运输机械和飞机起落架的收放机构上。

如图 5-1-12b 所示，采用 O 型或 M 型机能的三位换向阀，当阀芯处于中位时，液压缸的进、出口都被封闭，可以将活塞锁紧，这种锁紧回路由于受到滑阀泄漏的影响，锁紧效果较差。

【做一做】

请你观察如图 5-1-14 所示的液压锁锁紧回路，用 FESTO FluidSIM-H 3.6 进行仿真并验证分析。

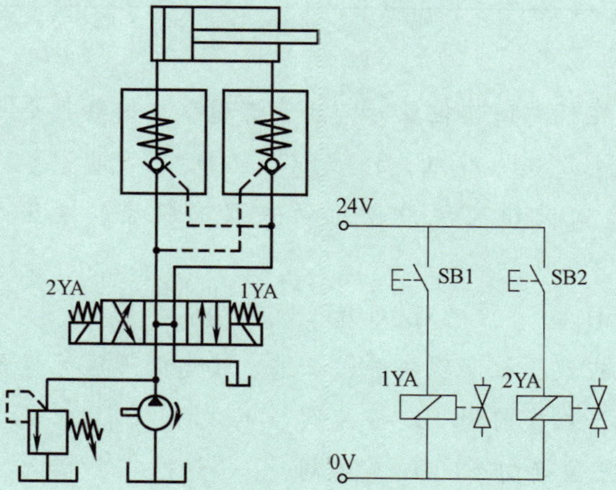

图 5-1-14　液压锁锁紧回路

锁紧回路

如图 5-1-14 所示，采用双液控单向阀（又称为液压锁）的锁紧回路。按下 SB1，1YA 得电，换向阀处于右位，液压油通过液控单向阀进入左腔，同时液压油也进入到右侧液控单向阀的远程控制口，右侧液控单向阀打开，右腔油液通过液控单向阀进入油箱，活塞向右移动。松开 SB1，换向阀处于中位，液压缸的进、回油路中都串接液控单向阀，活塞可以在行程的任何位置锁紧。其锁紧效果只受液压缸内少量内泄漏的影响，因此锁紧效果较好。同样原理，按下 SB2，液压缸向左移动。采用液压锁的锁紧回路，换向阀的中位机能应使液控单向阀的控制油液卸荷（换向阀采用 H 型或 Y 型），此时，液控单向阀便立即关闭，活塞停止运动。假如采用 O 型机能，在换向阀中位时，由于液控单向阀的控制腔压力油被闭死而不能使其立即关闭，直至由换向阀的内泄漏使控制腔泄压后，液控单向阀才能关闭，影响其锁紧效果。

【任务评价】

考核评价表见表5-1-4，根据自评、小组互评和教师评价将各项得分以及总评内容和得分填入表中。

表5-1-4　考核评价表

序号	评价内容	配分	要点总结	自评	组评	师评
1	液压方向控制阀的类型特点	30分				
2	换向回路	20分				
3	锁紧回路	20分				
4	安全文明操作	30分				
总计得分		100分				

【课后思考】

一、选择题

1. 三位五通换向阀在任意工作位置时，油液流通孔口的数目是（　　）。

A. 5　　B. 4　　C. 3　　D. 2

2. 下列三位四通换向阀能实现液压缸活塞双向锁紧、液压泵卸荷的中位机能是（　　）。

A. M型　　B. H型　　C. O型　　D. Y型

3. 能使单出杆活塞式液压缸实现快进、工进、快退的液压元件是（　　）。

A. M型滑阀机能的三位换向阀　B. 溢流阀

C. P型滑阀机能的三位换向阀　D. 节流阀

4. 一水平放置的双伸出杆液压缸，采用三位四通电磁换向阀，要求阀处于中位时，液压泵卸荷，且液压缸浮动，则其中位机能应选用（　　）。

A. O型　　B. M型　　C. Y型　　D. H型

5. 大流量的系统中，主换向阀应采用（　　）换向阀。

A. 电磁　　B. 电液　　C. 手动　　D. 机动

二、简答题

1. 绘制下列方向阀的图形符号：

（1）液控单向阀；

（2）二位二通电磁阀（常闭型）；

（3）三位四通电磁阀（M型）；

（4）三位四通手动阀（自动复位式）；

（5）二位二通机动阀（常开型）；

（6）三位四通电磁阀（O型）。

2. 选择三位换向阀的中位机能时应考虑哪些问题？

3. 分析如图 5-1-15 所示的液压回路，回答下列问题：

（1）当 1YA 通电时，活塞向哪个方向运动？

（2）当 1YA、2YA 分别通电时，液压缸活塞运动速度哪个大？

（3）当 1YA、2YA 均断电时，液压缸与液压泵处于什么工作状态？

4. 图 5-1-16 所示为差动连接液压缸，已知进油流量 $q=30\text{L/min}$，进油压力 $p=4\text{MPa}$，要求活塞往复运动速度相等，且速度均为 6m/min，试计算此液压缸筒内径 D 和活塞杆直径 d，并求输出推力 F。

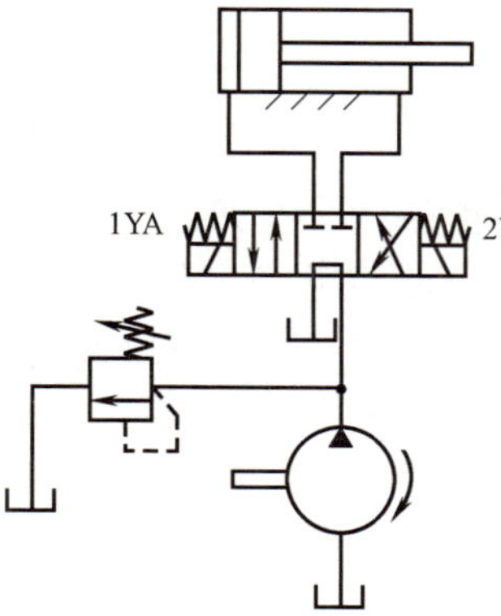

图 5-1-15　题 3 图

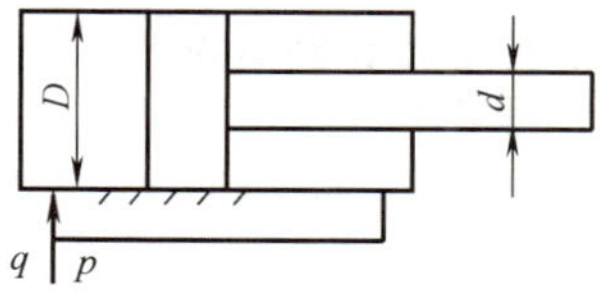

图 5-1-16　题 4 图

任务二　液压压力控制回路的组装与调试

【任务内容】

图 5-2-1 所示为液压钻床，钻头的进给和工件的夹紧都是由液压系统来控制的。由于

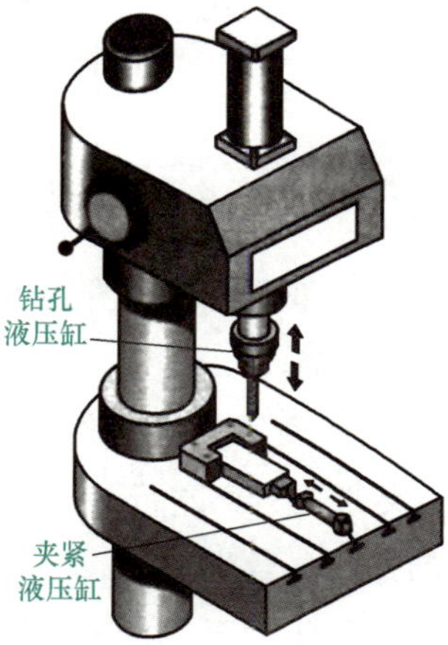

图 5-2-1　液压钻床

加工的工件不同，加工时所需的夹紧力也不同，所以工作时夹紧液压缸的夹紧力必须能够固定在不同的压力值，同时为了保证安全，钻孔液压缸必须在夹紧液压缸的夹紧力达到规定值时才能推动钻头进给。要达到这一要求，系统应采用什么样的液压元件来控制这些动作呢？它们又是如何工作的呢？

【任务分析】

压力控制回路是控制和调节液压系统主油路或某一支路的压力，以满足执行元件对力或力矩要求的回路。利用压力控制回路可实现对系统进行调压、减压、增压、卸荷、保压与平衡等各种控制。

如图 5-2-2 所示，要控制夹紧液压缸的夹紧力，要求输入端的液压油压力能够随输出端的压力降低而自动减小，实现这一功能的液压元件就是减压阀。此外，系统还要求钻孔液压缸必须在夹紧液压缸的夹紧力达到规定值时才能动作，即动作前需要通过检测夹紧缸的压力，把夹紧缸的压力作为控制钻孔缸动作的信号，这在液压系统中可以使用顺序阀通过压力信号来接通和断开液压回路，从而达到控制执行元件动作的目的。

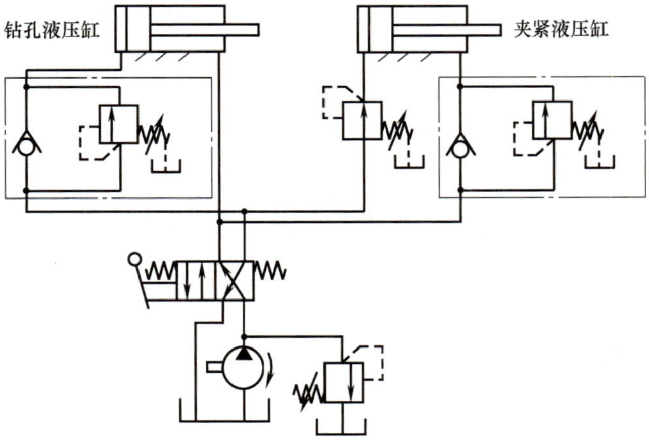

图 5-2-2　液压钻床控制回路

【任务实施】

1. 在教师的帮助下，学生选择相关液压元件，并在实训平台上固定液压元件。

2. 按照图 5-2-2 所示进行管路的连接。

3. 将液压泵起动，通过控制二位四通手动换向阀换向，实现“夹紧缸活塞右行→钻孔缸活塞右行→钻孔缸活塞左行→夹紧缸活塞左行”。

4. 分析控制回路原理与实操动作的一致性。

5. 完成实验经教师检查评估后，关闭油泵，拆下管线，将元件放回原来的位置。

6. 进行现场整理。

【知识链接】

一、压力控制阀

在液压系统中，控制油液压力高低的阀或通过压力信号实现其他元件动作控制的阀统称为压力控制阀。它们是利用作用在阀芯上的液压力和弹簧力相平衡的原理来工作的。常用的压力控制阀有溢流阀、减压阀、顺序阀和压力继电器等。

1. 溢流阀

溢流阀的主要用途是通过其阀口的溢流，使被控系统或回路的压力维持恒定，从而实现稳压、调压或限压作用，同时在系统压力大于其调定压力时溢流，起安全保护作用。根据结构不同，它分为直动式溢流阀和先导式溢流阀两种。

【想一想】

请观察溢流阀的工作原理图，并分析在溢流阀中弹簧的作用是什么？阻尼小孔的作用是什么？

（1）溢流阀　图 5-2-3 所示为溢流阀的工作原理。压力油从 P 口进入溢流阀，同时经阻尼小孔 a 作用在阀芯底部。若溢流阀进油口压力较低时，阀芯在弹簧的作用下，处于最底部，溢流阀口关闭。若进油压力 p 升高，阀芯所受的液压力超过弹簧力时，阀芯上移，阀口被打开，油口 P 和 T 相通实现溢流，溢流阀进油口处压力不再升高，阀芯达到新的平衡状态位置。此时，溢流阀进油口处压力大小受弹簧力控制而基本恒定，若系统压力受负载影响而上升，阀芯相应上移使溢流阀口开大，减小溢流阻力，系统压力下降；若系统压力因负载减小而下降，则阀芯会下移，使溢流阀口关小，增大溢流阻力，限制系统压力下降。其中阻尼孔起消振作用，以提高溢流阀的工作平稳性。调节调压弹簧的预压缩量就可调节溢流阀进油口处的压力。

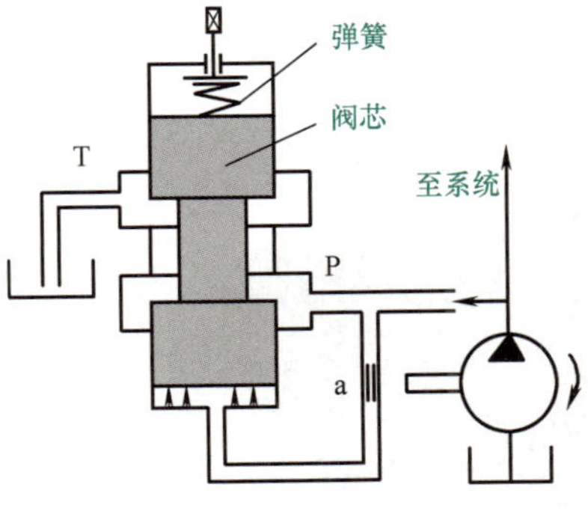

图 5-2-3　溢流阀的工作原理

溢流阀的工作原理

（2）直动式溢流阀　图 5-2-4 所示为直动式溢流阀。压力油经进油口 P 进入溢流阀作用于阀芯右端，当右端液压力克服阀芯上端调压弹簧的弹力使阀芯上移打开溢流阀口，系统多余的油液便经溢流阀口和回油口 T 溢回油箱，实现溢流稳压的作用。调节手轮可以改变调压弹簧的预压缩量，从而调整系统压力。

直动式溢流阀具有结构简单、制造容易、成本低等优点。缺点是油液压力直接和弹簧

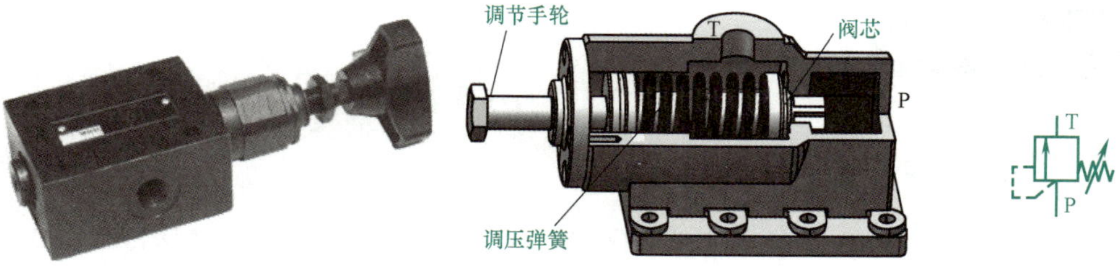

a) 结构　　b) 实物　　c) 图形符号

图 5-2-4　直动式溢流阀

力平衡，所以压力稳定性差。当系统压力较高时，要求弹簧刚度大，使阀的开启性能差，故一般只用于低压小流量场合。

（3）先导式溢流阀　先导式溢流阀由先导阀和主阀两部分组成。它是利用主阀芯上、下两端的压力差所形成的作用力和弹簧力相平衡的原理来进行工作的。

图 5-2-5 所示为先导式溢流阀。P 是进油口，T 是回油口，压力油从 P 口进入，通过阀芯阻尼小孔 a 进入 A 腔，又经 b 孔作用在先导阀的锥阀芯上。当进油压力较低，不足以克服调压弹簧的弹簧力时，锥阀芯关闭，主阀芯上、下两端压力相等，主阀芯在平衡弹簧的作用下处于最下端位置，阀口 P 和 T 不通，溢流口关闭。当进油压力升高，作用在锥阀芯上的液压力大于调压弹簧的弹簧力时，锥阀芯被打开，压力油便经 c 孔、回油口 T 流回油箱。由于阻尼孔 a 的作用，使主阀芯上端的压力小于下端压力，当这个压力差超过平衡弹簧的作用力时，主阀芯上移，进油口 P 和回油口 T 相通，实现溢流。所调节的进口压力也要经过一个过渡过程才能达到平衡状态。调节手轮可以调节调压弹簧的预压缩量，从而调整系统压力。

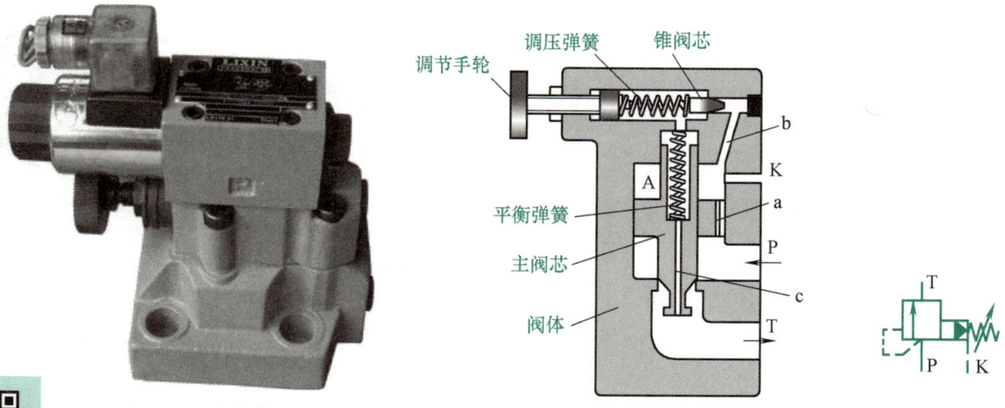

a) 实物　　b) 结构　　c) 图形符号

图 5-2-5　先导式溢流阀

先导式溢流阀的原理

先导式溢流阀相对直动式溢流阀具有较好的稳压性能。但它的反应不如直动式溢流阀灵敏，一般适用于压力较高的场合。先导式溢流阀有一个远程控制口 K，如果将此口连接另一个远程调压阀，调节远程调压阀的弹簧力，即可调节主阀芯上腔的液压力，从而对溢流阀的进口压力实现远程调压。但远程调压阀调定的压力不能超过溢流先导阀调定的压力，否则不起作用。当远程控制口 K 通过二位二通阀接通油箱时，主阀芯上腔的油液压力接近于零，复位弹簧很软，溢流阀进油口处的油液以很低的压力将阀口打开，流回油箱，实现卸荷。

【想一想】

若先导式溢流阀主阀芯上的阻尼孔 a 堵塞了，会出现什么故障？若先导阀阀座上的进油小孔 b 堵塞了，又会出现什么故障？

（4）溢流阀的应用　溢流阀在液压系统中常用来组成调压回路，使液压系统整体或部分压力保持恒定或不超过某个数值。

【想一想】

请你观察溢流阀的应用，考虑溢流阀在进行定压溢流和安全保护时，溢流阀口的状态是怎样的？

1）调压溢流：如图 5-2-6a 所示，在定量泵供油的节流调速系统中，在泵的出口处并联溢流阀 1 和流量控制阀配合使用，将液压泵多余的油液溢流回油箱，保证泵的工作压力基本不变。

2）安全保护：如图 5-2-6b 所示，在变量泵调速的系统中，执行元件的速度由变量泵自身调节，系统中没有多余油液需要溢去，系统的工作压力由负载决定，用溢流阀限制系统的最高压力。系统在正常工作状态下，溢流阀阀口关闭，当系统过载时才打开，以保证系统的安全，故称其为安全阀。

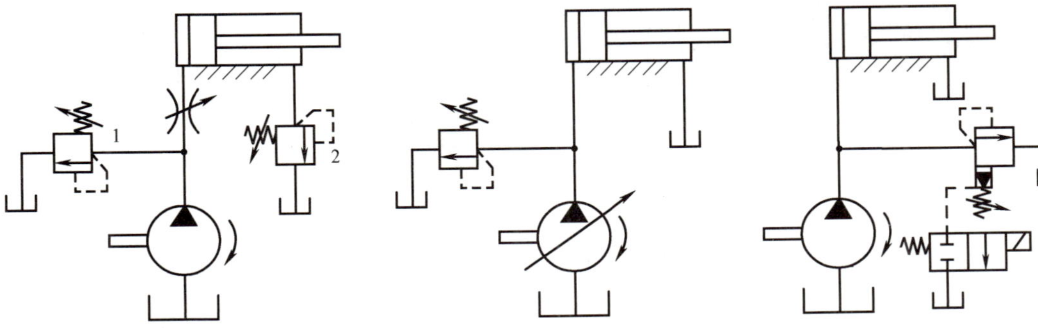

a) 调压溢流和背压作用　　b) 安全保护　　c) 作卸荷阀

图 5-2-6　溢流阀的作用

3）作卸荷阀：如图 5-2-6c 所示，用先导式溢流阀调压的定量泵供油液压系统，将先导式溢流阀远程控制口 K 通过二位二通电磁换向阀与油箱连接。当电磁铁通电时，远程控制口 K 通油箱，先导式溢流阀主阀芯上端压力接近于零，溢流阀口全开，泵出的油液在低压下经溢流阀口流回油箱，液压泵卸荷。

【想一想】

电磁铁断电后，先导式溢流阀所起的作用是什么？

4）作背压阀：如图 5-2-6a 所示，在液压系统的回油路上串接一个溢流阀 2，可以形成一定的回油阻力，这种压力称为背压。它可以改善执行元件的运动平稳性。

2. 减压阀

减压阀是利用压力油流经缝隙时产生的压力损失，使其出口压力低于进口压力的压力控制阀，其作用是降低液压系统中某一局部的油液压力，使用一个油液能同时得到多个不同的压力输出，同时它还有稳压作用。根据减压阀所控制的压力不同，可分为定值减压阀、定差减压阀和定比减压阀。定值减压阀的出口压力维持在一个定值，常用的有直动式减压阀、溢流减压阀和先导式减压阀；定差减压阀是使进、出油口之间的压力差相等或接近于不变的减压阀；定比减压阀则能使进、出油口压力的比值维持恒定。其中定值式减压阀在液压系统中最为广泛，因此也简称为减压阀。

（1）直动式减压阀　图 5-2-7a 所示为直动式减压阀，其结构原理与溢流阀相似，当减压阀的出口压力未达到设定值时，阀芯处于左侧，阀口全开。当出口压力逐渐上升并达到设定值时，阀芯右移，开口量减小直至完全关闭，从而使出口压力不会超过设定压力，达到减压的目的。

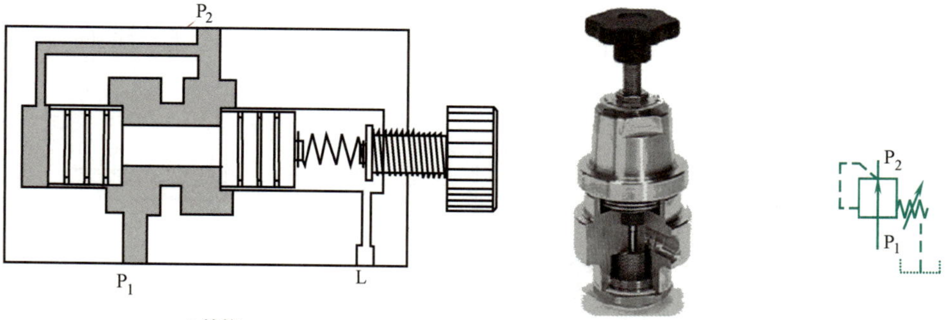

a) 结构　b) 实物　c) 图形符号

图 5-2-7　直动式减压阀

（2）溢流式减压阀　采用直动式减压阀的回路，如果由于外部原因造成减压阀输出口压力继续升高，减压阀阀口会关闭，减压阀会失去减压作用。这时减压阀的输出口的高压无法马上泄走，可能会造成设备或元件的损坏。为了避免这种情况的发生，可以在减压阀的输出口并联一个溢流阀来泄走这部分高压或采用如图 5-2-8a 所示的溢流减压阀。

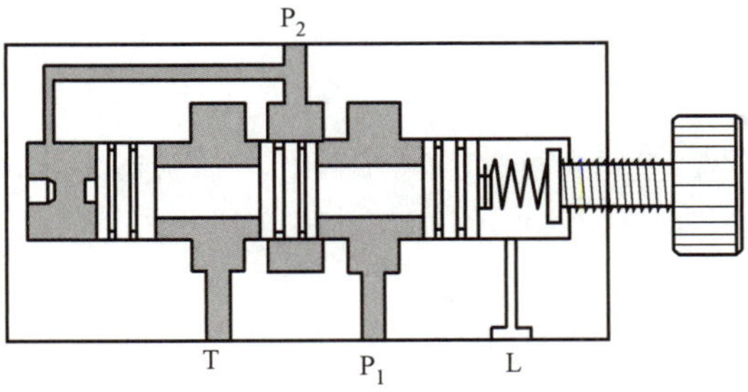

a) 结构

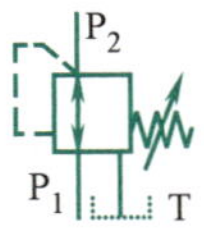

b) 图形符号

图 5-2-8　溢流式减压阀

(3) 先导式减压阀　如图 5-2-9 所示，先导式减压阀由先导阀和主阀两部分组成，P_1、P_2 分别为进、出油口。当油液从 P_1 口进入，经减压口并从出油口流出，出口的压力油经阀体作用于主阀芯的底部，经阻尼孔 c 进入主阀弹簧腔，并经通道 a 作用在先导阀的锥阀芯上，当出口压力低于调压弹簧的调定值时，先导阀口关闭，通过阻尼孔 c 的油液不流动，主阀芯上、下两腔压力相等，主阀芯在平衡弹簧的作用下处于最下端位置，减压口全部打开，不起减压作用，出口压力等于进口压力。当出口压力超过调压弹簧的调定值时，先导阀芯被打开，油液经泄油口 d 流回油箱，由于油液流经阻尼孔 b 时会产生压降，使主阀芯下腔压力大于上腔压力，当此压差所产生的作用力大于平衡弹簧力时，主阀芯上移，作用力使减压口关小，减压增强，出口压力减小。经过一个过渡过程，出口压力便稳定在先导阀所调定的压力值上。

a) 实物

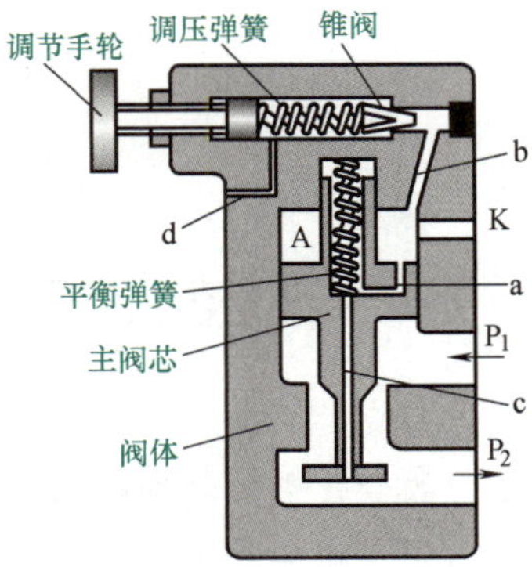

b) 结构

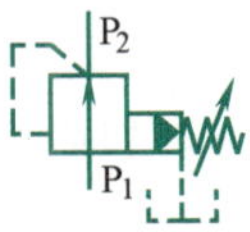

c) 图形符号

图 5-2-9　先导式液压阀

先导式减压阀的原理

由于外界干扰，如果使进口压力升高，出口压力也升高，主阀芯受力不平衡，向上移动，阀口减小，压力降增大，出口压力降低至调定值，反之亦然。调节调压手轮即可调节减压阀的出口压力。

【想一想】

请观察溢流阀和减压阀的结构，考虑溢流阀和减压阀在工作状态、非工作状态时的区别有哪些？

减压阀与溢流阀相比较，主要区别是：减压阀利用出油口压力与弹簧力平衡，保持出油口压力基本恒定，而溢流阀则利用进油口压力与弹簧力平衡，保持进油口压力基本恒定；减压阀的进、出油口均通压力油，所以泄漏油需要单独接油箱，而溢流阀的泄漏油可由内部通道经回油口流回油箱；非工作状态时，减压阀口常开（阀口开度为最大），而溢流阀口则常闭。

（4）减压阀的应用　减压阀可以降低液压泵输出油液的压力，供给低压回路使用。利用减压阀的稳压作用，可以避免一次压力波动对执行元件工作产生影响。根据不同需要，可以利用减压阀将液压系统分成若干不同压力回路，以满足控制油路、辅助油路或各种执行元件不同工作压力的需要。

设计减压回路时应注意：

1）为确保安全，减压回路中的换向阀可选用带定位式的电磁换向阀，如用普通电磁换向阀应设计成断电夹紧。

2）为使减压回路可靠地工作，减压阀的最低调整压力不应小于0.5MPa，最高调整压力至少应比系统压力低一定的数值，中压系统约低0.5MPa，中高压系统约低1MPa。

3）当减压回路中的执行元件需要调速时，调速元件应放在减压阀的后面，以免减压阀的泄漏口流回油箱的油液对执行元件的速度产生影响。

【想一想】

如果减压阀的出口被堵住，则减压阀处于何种工作状态？

3. 顺序阀

顺序阀利用系统中油液压力的变化来控制油路的通断，从而控制多个执行元件的顺序动作。按照工作原理和结构的不同，顺序阀可分为直动式和先导式两类，直动式用于低压系统，先导式用于中高压系统。按控制方式不同，分为内控式顺序阀和外控式顺序阀（简称液控式顺序阀）。

顺序阀的工作原理和溢流阀相似。其主要区别在于溢流阀的出油口接油箱，而顺序阀的出油口接执行元件，即顺序阀的进、出油口均通压力油，因此它的泄油口要单独接油箱。另外，顺序阀要有良好密封性，故阀芯和阀体孔的封油长度较溢流阀要长。

（1）直动式顺序阀　图 5-2-10a 所示为直动式顺序阀。压力油从进口 P_1 进入，经阀体和下盖上的通道进入活塞的下腔，当进口压力低于弹簧的调定压力时，进油口 P_1 与出油口 P_2 不通。当进油口压力超过调定压力时，活塞抬起，将阀芯顶起，使 P_1 和 P_2 相通，弹簧腔的泄漏油从泄油口 L 流回油箱，由于顺序阀的控制油直接从进油口 P_1 进入，故称为内控式顺序阀。

若将图 5-2-10a 中的下盖旋转 90°或 180°安装，旋下外控口 K 上的螺塞，并向外控口 K 引入控制压力油来控制阀口的启闭，这样就构成了外控式（液控式）顺序阀，如图 5-2-10b 所示。外控顺序阀阀口的开启与闭合与阀的主油路进口压力无关，而只决定于外控口 K 引入的控制压力。

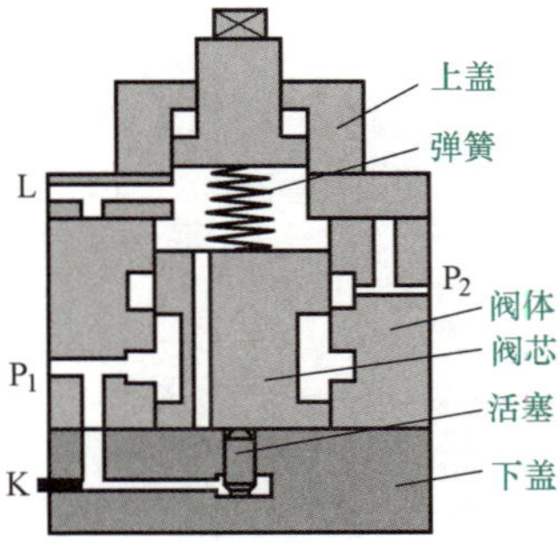

a) 内控外泄式结构

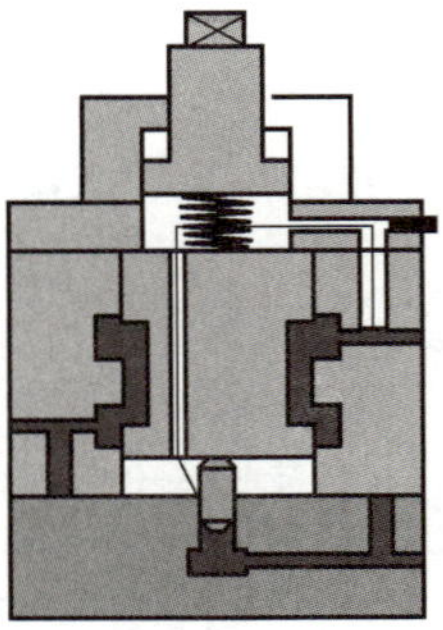

b) 外控内泄式结构

c) 实物

d) 图形符号

图 5-2-10　直动式顺序阀

直动式顺序阀原理

（2）先导式顺序阀　图 5-2-11 所示为先导式顺序阀，该阀由主阀和先导阀组成，压力油从进口 P_1 进入，经通道 a 进入先导阀的下端，再经阻尼孔 b 和先导阀后流回油箱。当系统压力不高时，先导阀关闭，主阀阀芯两端压力相等，平衡弹簧将阀芯推向下端，顺序阀进、出油口关闭；当压力达到调定值时，先导阀打开，压力油经阻尼孔产生压降，使主阀两端形成压差，此压差克服弹簧力，使主阀阀芯抬起，进出油口打开。

（3）顺序阀的应用　图 5-2-12 所示为用单向顺序阀控制的顺序动作回路。当换向阀右位接入油路中，压力油先进入定位缸上腔，完成定位动作碰到挡铁以后，使系统压力升高，达到顺序阀的调定压力时，顺序阀打开，压力油经顺序阀进入夹紧缸上腔，实现液压

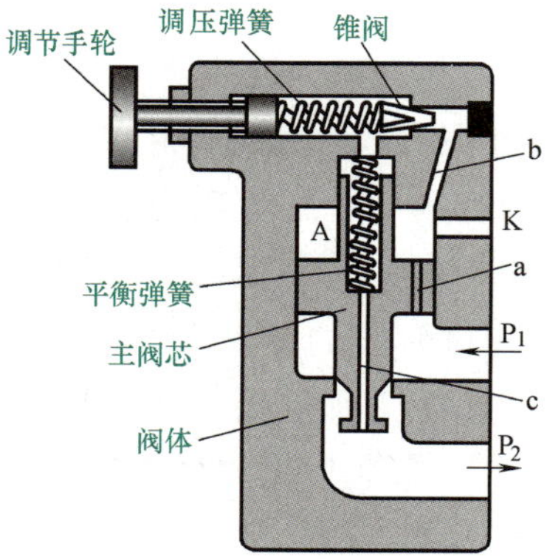

a) 结构

b) 实物

c) 图形符号

图 5-2-11　先导式顺序阀

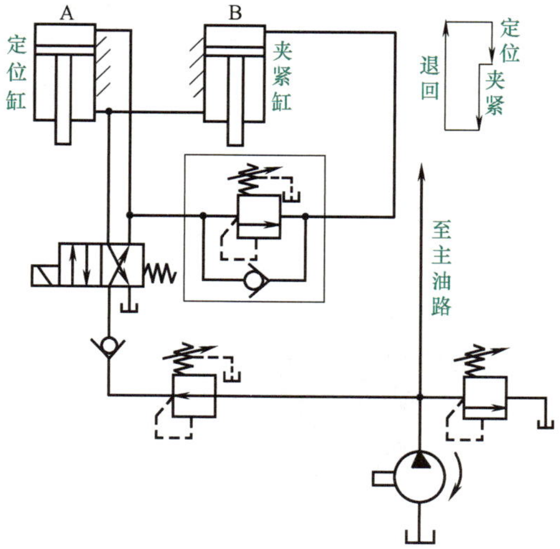

图 5-2-12　用单向顺序阀控制的顺序动作回路

夹紧，从而实现顺序阀的顺序动作。当电磁阀通电，换向阀换向后，两个液压缸可同时返回。

【想一想】

1. 说明图 5-2-12 中溢流阀、减压阀和顺序阀的位置及它们各自的作用。
2. 能否将溢流阀当作顺序阀使用？为什么？

4. 压力继电器

压力继电器是利用油液的压力来启闭电气微动开关触点的液-电转换元件。当油液的压力达到压力继电器的调定压力时，发出电信号，控制电气元件（如电动机、电磁铁等）动作，实现泵的加载或卸荷、执行元件的顺序动作或系统的安全保护和互锁等。

图 5-2-13 所示为压力继电器。当从压力继电器下端进油口进入的油液压力达到弹簧的调定值时，作用在柱塞上的液压力推动柱塞上移，使微动开关切换，发出电信号。调节螺钉可以改变弹簧的预压缩量。

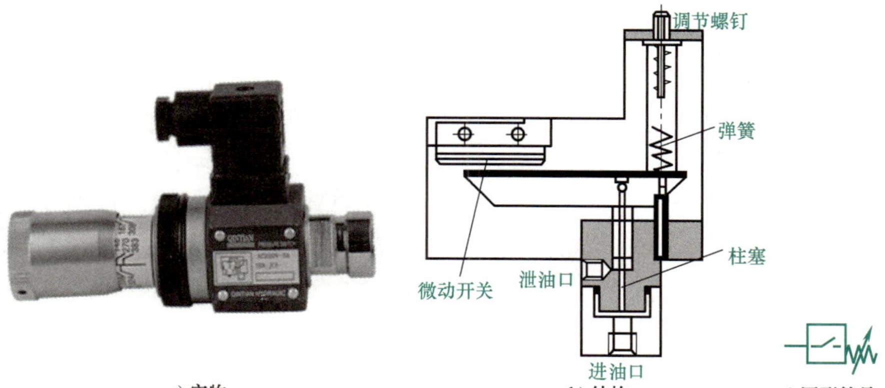

a) 实物　b) 结构　c) 图形符号

图 5-2-13　压力继电器

二、调压回路

1. 单级调压回路

【做一做】

请你观察图 5-2-14 所示的液压回路，用 FESTO FluidSIM-H 3.6 进行仿真并验证分析。

如图 5-2-14 所示，系统由定量泵供油，采用节流阀来调节进入液压缸的流量，使活塞获得需要的运动速度。因为定量泵输出的流量大于液压缸的流量，多余部分的油液则从溢流阀流回油箱。这时泵的出口压力稳定在溢流阀的调定压力上。调节溢流阀可调节泵的供油压力，溢流阀的调定压力必须大于液压缸最大工作压力和油路上各种压力损失的总和。回路中，泵出口处接有一个单向阀，作用是电动机停止转动时防止油液倒流和避免空气侵入系统。

2. 二级调压回路

图 5-2-15 所示为二级调压回路，该回路可实现两种不同的系统压力控制。由先导型溢流阀 1 和直动式溢流阀 2 各调一级，当二位二通电磁阀 3 处于图示位置时，系统压力由阀 1 调定；当阀 3 得电后处于右位时，系统压力由阀 2 调定。注意阀 2 的调定压力一定要小

于阀 1 的调定压力，否则不能实现二级调压；若将阀 2 和阀 3 对换位置，仍可进行二级调压，但是阀 3 在切换时由于阀 1 的远程控制口处的瞬时压力由其调定压力下降到几乎为零后再升到阀 2 的调定压力，会产生较大的液压冲击。

二级调压回路原理

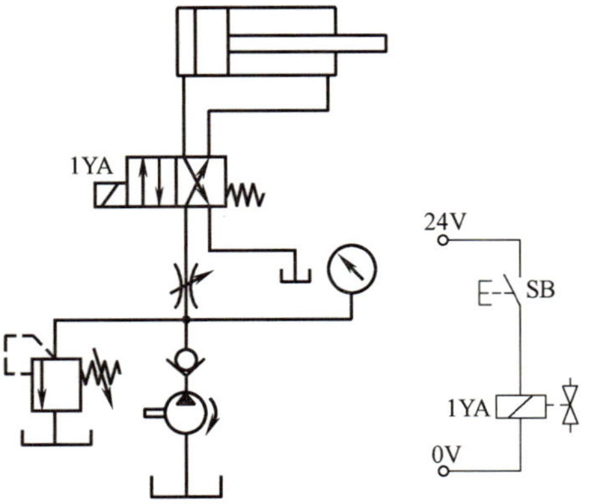

图 5-2-14　单级调压回路

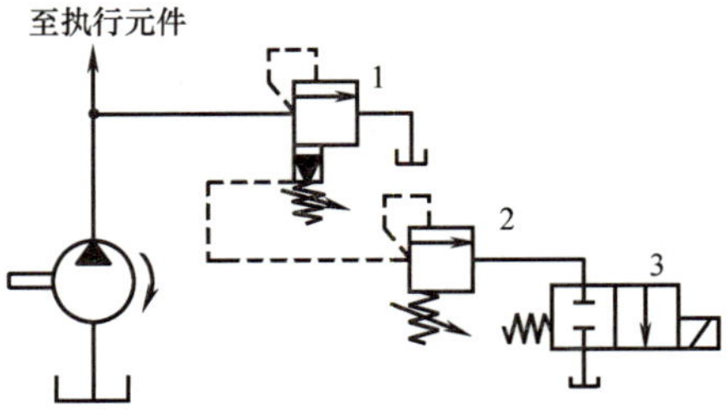

图 5-2-15　二级调压回路

【练一练】

如图 5-2-15 所示，阀 1 的调定压力是 5MPa，阀 2 的调定压力是 3MPa，若阀 3 处于左、右位时，其系统压力分别是多少？

3. 三级调压回路

图 5-2-16 为三级调压回路。三级压力分别由溢流阀 1、2、3 调定，当电磁铁 1YA、2YA 同时失电时，系统压力由主溢流阀 1 调定。当 1YA 得电时，系统压力由溢流阀 2 调定；当 2YA 得电时，系统压力由溢流阀 3 调定。在这种调压回路中，溢流阀 2 和溢流阀 3 的调定压力要低于主溢流阀 1 的调定压力，而溢流阀 2 和溢流阀 3 的调定压力之间没有关系。

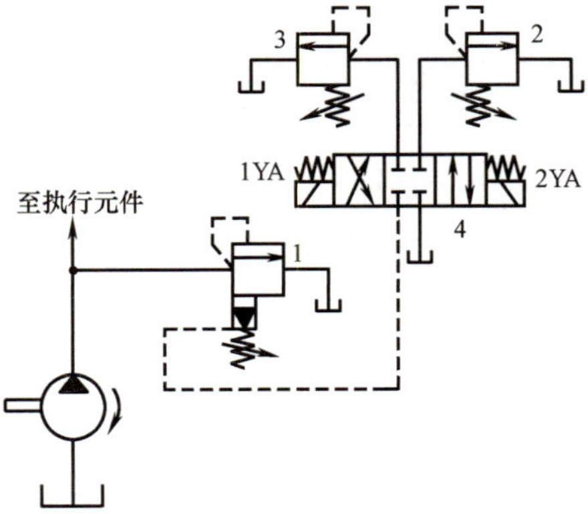

图 5-2-16　三级调压回路

三、减压回路

减压回路的功能是使单泵供油、多缸工作的液压系统中某一支路具有较主油路低的稳定压力。如机床液压系统中的定位、夹紧以及液压元件的控制油路等，它们往往要求比主油路较低的压力。

最常见的减压回路为图 5-2-17a 所示的通过定值减压阀与油路相连。其中单向阀的作用是当主油路压力低于减压阀的调定值时，防止夹紧缸的压力受其干扰，使夹紧油路和主油路隔开，实现短时间保压。减压回路中也可以采用如图 5-2-17b 两级或多级调压的方法获得两级或多级减压。

为了使减压回路工作可靠，减压阀的最低调整压力不应低于 0.5MPa，最高调整压力至少应比系统压力低 0.5MPa。当减压回路中的执行元件需要调速时，调速元件应放在减压阀的后面，以避免减压阀泄漏（指由减压阀泄油口流回油箱的油液）对执行元件的速度产生影响。

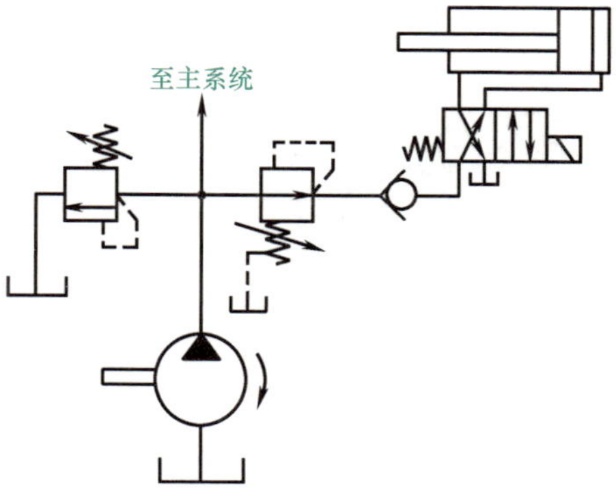

a) 定值减压阀减压回路

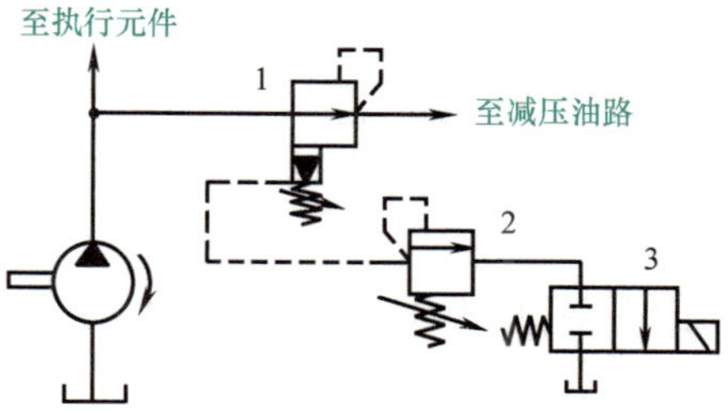

b) 二级减压回路

图 5-2-17　减压回路

四、增压回路

当液压系统中某一支路需要压力较高但流量又不大的压力油时，采用高压泵不经济，可采用增压回路。图 5-2-18 所示为采用增压器的单作用增压回路。当按下 SB 时，增压器输出压力为 $p_2=p_1A_1/A_2$ 的压力油进入工作缸 2；当松开 SB 时，增压器活塞左移，工作缸靠弹簧复位，油箱 3 经单向阀向增压器右腔补油。这种回路不能获得连续的高压油。当工作缸行程长、需要连续的高压油时，可采用双作用增压器。

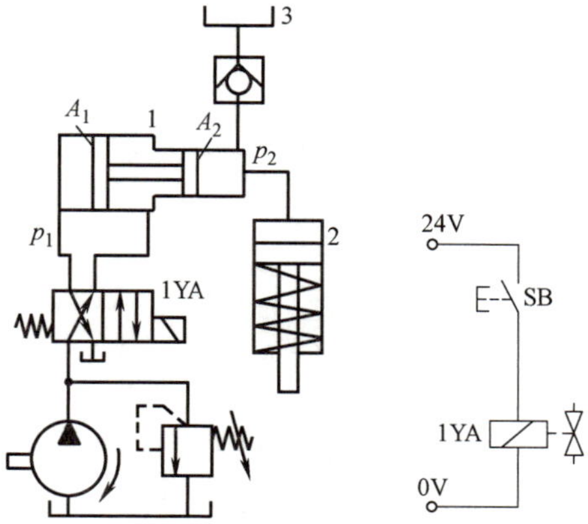

图 5-2-18　采用增压器的单作用增压回路

增压回路利用压力较低的液压泵，获得了压力较高的液压油，节省能源损耗，而且系统工作可靠、噪声小。

五、卸荷回路

卸荷回路的功能是在液压泵不停转的情况下，使液压泵在零压或很低压力下运转，以减小功率损耗，降低系统发热，延长液压泵和驱动电动机的使用寿命。

1. 用换向阀中位机能的卸荷回路

【做一做】

请观察图 5-2-19 所示的卸荷回路，并用 FESTO FluidSIM-H 3.6 进行仿真并验证分析卸荷情况。

如图 5-2-19a 所示，当中位机能为 M 型（或 H、K 型）的三位换向阀处于中位时，泵输出的油液直接回油箱，泵即卸荷。采用换向阀直接卸荷适用于低压小流量的液压泵。图 5-2-19b 所示为高压大流量液压泵卸荷，为了减小冲击，可将电磁换向阀换成电液换向阀，并在回油路上设置单向阀或在电液换向阀的回油口设置背压阀，使泵卸荷时，仍能保持 0.3~0.5MPa 的压力，以保证系统能重新起动。

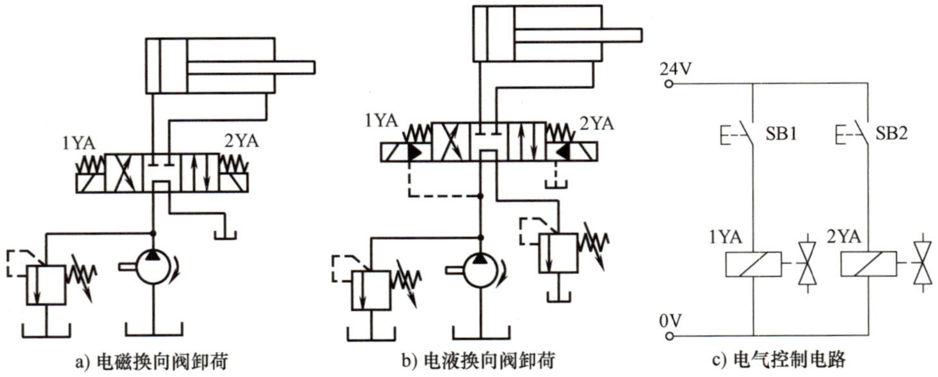

a) 电磁换向阀卸荷　b) 电液换向阀卸荷　c) 电气控制电路

换向阀卸荷回路原理

图 5-2-19　用换向阀中位机能的卸荷回路

2. 用二位二通换向阀的卸荷回路

如图 5-2-20 所示，当工作部件停止运动时，二位二通换向阀的电磁铁通电，泵输出的油液经二位二通换向阀流回油箱，使泵卸荷。二位二通换向阀的流量规格必须与泵的流量相适应。这种卸荷方法只适用于流量小于 40L/min 的场合。

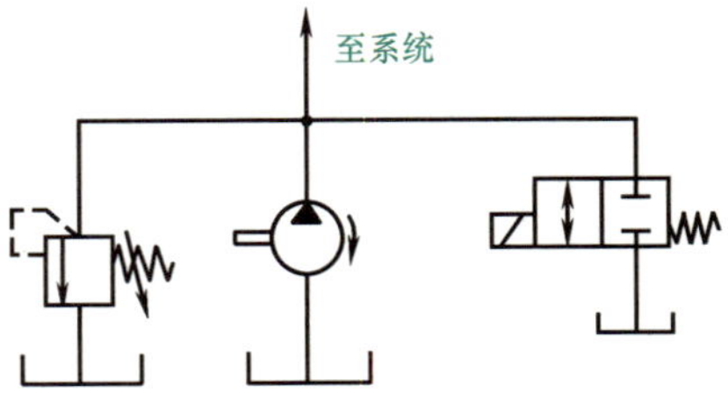

图 5-2-20　用二位二通换向阀的卸荷回路

3. 蓄能器保压及泵卸荷回路

如图 5-2-21 所示，当按下 SB1 按钮，电磁铁 1YA 通电时，泵向液压缸左腔和蓄能器同时供油，并推动活塞右移。当夹紧工件后，系统压力升高。当压力升至继电器 KP 调定值时，3YA 通电，通过先导式溢流阀使泵卸荷，此时液压缸中油液压力由蓄能器保持。按下按钮 SB2 时，电磁铁 2YA 通电，活塞返回。

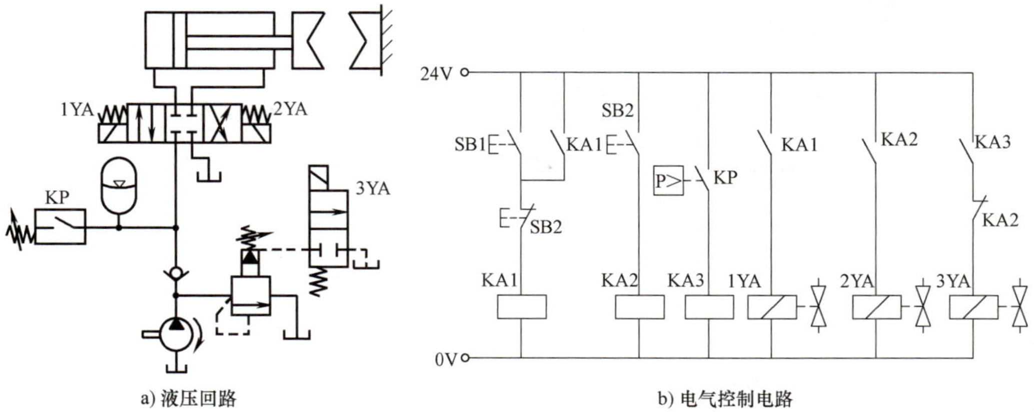

图 5-2-21　蓄能器保压及泵卸荷回路

六、平衡回路

平衡回路的作用在于防止垂直或倾斜放置的液压缸及与之相连的工作部件因自重而自行下落，或在下行中因自重而造成超速运动。

【做一做】

请你观察图 5-2-22 所示的平衡回路，并用 FESTO FluidSIM-H 3.6 进行仿真并验证分析它的平衡作用。

图 5-2-22a 所示为用单向顺序阀控制的平衡回路。单向顺序阀的调定压力应稍大于因运动部件自重在液压缸下腔形成的压力。换向阀处于中位液压缸不工作时，单向顺序阀关闭，运动部件不会自行下滑；按下按钮 SB1，电磁铁 1YA 得电，换向阀右位接入回路，液压缸上腔通压力油使液压缸下腔背压力大于顺序阀的调定压力时，顺序阀打开，活塞及运动部件下行，因运动部件自重得到平衡而不会产生超速下降现象；按下 SB2，2YA 得电，换向阀左位接入回路，液压油经单向阀进入液压缸下腔，活塞上行。这种回路当活塞向下快速运动时功率损失大，锁住时活塞及与之相连的工作部件会因单向顺序阀和换向阀的泄漏而缓慢下落，因此它只适用于工作部件重量不大、活塞锁住时定位要求不高的场合。

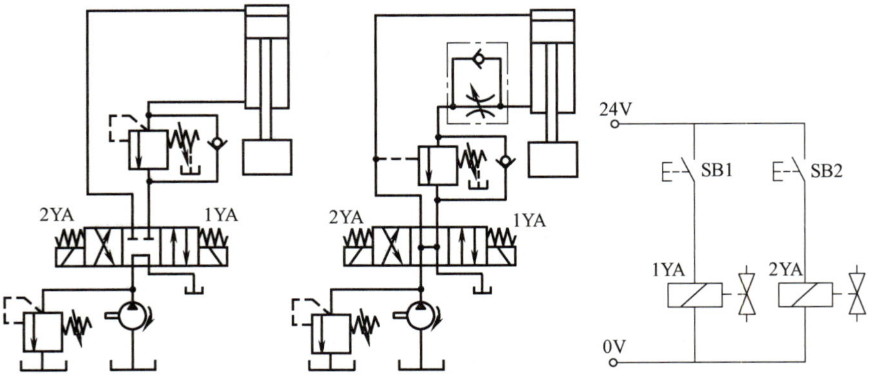

a) 单向顺序阀控制　　b) 液控单向顺序阀控制　　c) 电气控制电路

图 5-2-22　平衡回路

单向顺序阀控制的平衡回路

液控单向顺序阀控制的平衡回路

图 5-2-22b 所示是用液控单向顺序阀控制的平衡回路。换向阀处于中位，液控顺序阀控制油口通油箱，顺序阀关闭，活塞不会自行下滑；按下 SB1，1YA 得电，换向阀右位接入回路，压力油进入液压缸上腔和液控单向顺序阀控制油口，顺序阀打开，回油腔由于背压消失，运动部件的自重得以利用，因此下行效率较高；按下 SB2 ，2YA 得电，换向阀左位接入回路，压力油经单向阀进入液压缸下腔，上腔油液直接流回油箱，活塞上行。在液压缸下腔和液控单向顺序阀之间的油路上接入单向节流阀，来控制活塞的下行速度，防止活塞运动时产生振动和冲击。此回路适用于运动部件质量不是很大、停留时间较短的系统。

【想一想】

如图 5-2-23 所示，请分析该液压回路是如何实现平衡回路要求的。

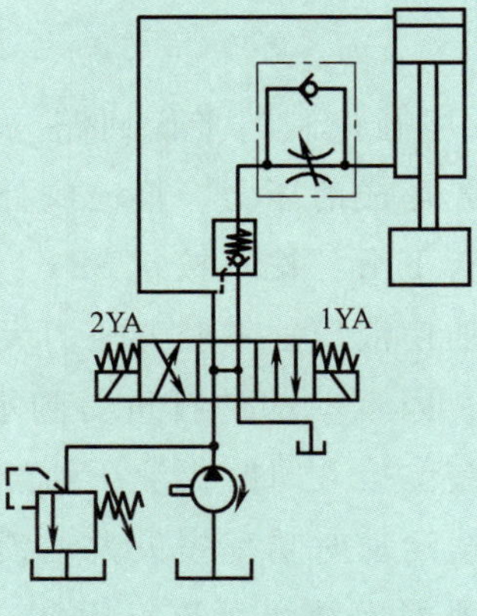

图 5-2-23　想一想图

【任务评价】

考核评价表见表 5-2-1，根据自评、小组互评和教师评价将各项得分以及总评内容和得分填入表中。

表 5-2-1　考核评价表

序号	评价内容	配分	要点总结	自评	组评	师评
1	液压压力控制阀的类型特点	20 分				
2	调压回路	10 分				
3	减压回路	10 分				
4	增压回路	10 分				
5	卸荷回路	10 分				
6	平衡回路	10 分				
7	安全文明操作	30 分				
总计得分		100 分				

【课后思考】

一、选择题

1. 减压阀的进口压力为 4MPa，调定压力为 6MPa，减压阀的出口压力为（　　）。

A. 4MPa　　B. 6MPa　　C. 10MPa　　D. 14MPa

2. 下列属于液压系统压力控制元件的是（　　）。

A. 节流阀　　B. 换向阀　　C. 减压阀　　D. 调速阀

3. 液压系统中的润滑油路需要较低的压力油，若它们与主系统共用一个液压泵，则必须在此分支油路中接入的控制阀是（　　）。

A. 溢流阀　　B. 节流阀　　C. 换向阀　　D. 减压阀

4. 在液压系统中可用于安全保护的控制阀有（　　）。

A. 单向阀　　B. 顺序阀　　C. 节流阀　　D. 溢流阀

5. 有两个调整压力分别为 5MPa 和 10MPa 的溢流阀串联和并联在液压泵的出口，泵的出口压力分别为（　　）。

A. 5MPa，10MPa　　B. 10MPa，5MPa

C. 15MPa，5MPa　　D. 20MPa，15MPa

6. 为防止立式液压缸因自重而造成超速运动，应采用的液压回路是（　　）。

A. 锁紧回路　　B. 平衡回路　　C. 调压回路　　D. 调速回路

二、简答题

1. 图 5-2-24 所示溢流阀的调定压力为 4MPa，若不计先导油流经主阀芯阻尼小孔时的压力损失，试判断下列情况下的压力表的读数。

（1）YA 断电，且负载为无穷大时。

（2） YA 断电，且负载压力为 2MPa 时。

（3） YA 通电，且负载压力为 2MPa 时。

2. 如图 5-2-25 所示回路，溢流阀的调定压力为 5MPa，减压阀的调定压力为 1.5 MPa，活塞运动时负载压力为 1 MPa，其他损失不计，试求

（1） 活塞在运动期间和碰到死挡铁后 A、B 处压力。

（2） 如果减压阀的外泄油口堵死，活塞碰到死挡铁后 A、B 处压力。

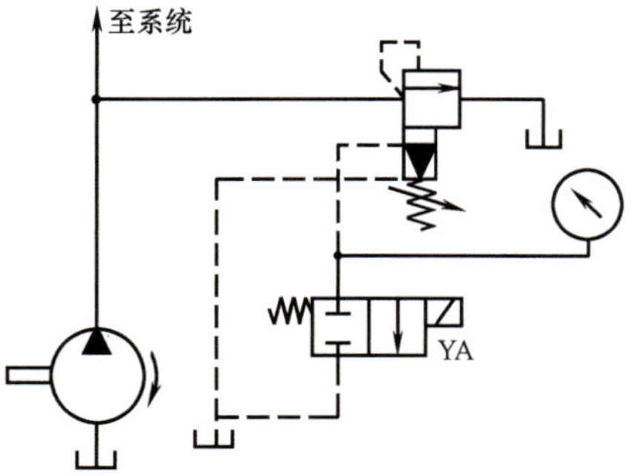

图 5-2-24　题 1 图

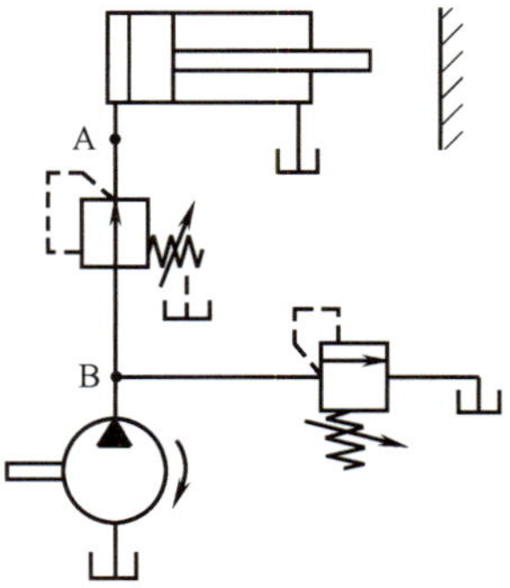

图 5-2-25　题 2 图

3. 如图 5-2-26 所示回路，顺序阀和溢流阀的调定压力分别为 3MPa 与 5MPa。试问在下列情况下，A、B 两处的压力各等于多少？

（1） 液压缸运动时，负载压力为 4MPa。

（2） 液压缸运动时，负载压力为 1MPa。

（3） 活塞碰到缸盖时。

4. 试确定图 5-2-27 所示回路在下列情况下液压泵的出口压力。

（1） 全部电磁铁断电。

（2） 电磁铁 2YA 通电，1YA 断电。

（3） 电磁铁 2YA 断电，1YA 通电。

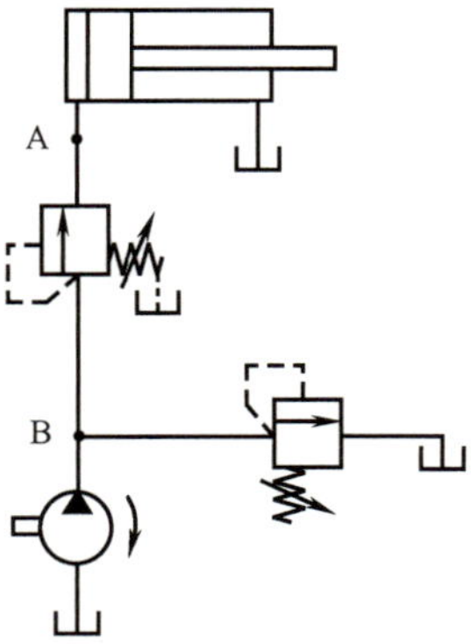

图 5-2-26　题 3 图

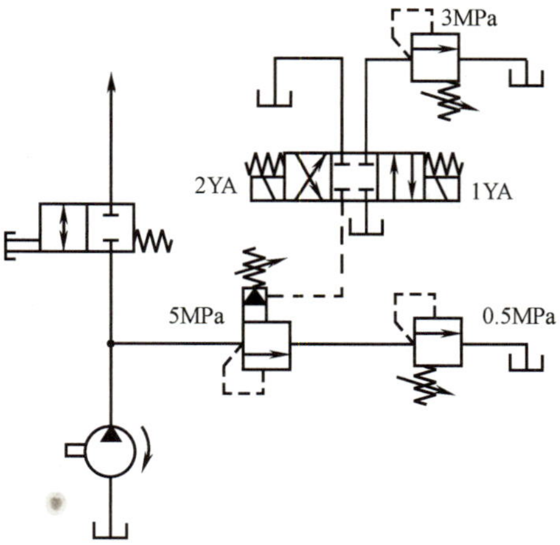

图 5-2-27　题 4 图

任务三　液压速度控制回路的组装与调试

【任务内容】

图 5-3-1 所示为液压起重机。液压起重机在工作时，起重吊臂的伸出与返回是由液压缸驱动的。根据工作要求，液压起重机运行时，起重吊臂的速度必须能够进行调节。如何采用恰当的速度液压回路实现对起重吊臂的控制要求呢？

图 5-3-1　液压起重机

【任务分析】

速度控制回路是控制液压系统中执行元件的运动速度和速度切换的回路。它包括调速回路、增速回路和速度换接回路，其中调速回路是液压系统用来传递动力的回路，在基本回路中占重要地位。

在该任务中，液压起重机的液压传动系统必须能够有效地调节液压臂的速度。而改变系统中的流量才能改变执行元件的速度。在液压传动系统中用来调节流量的元件是流量控制阀，常用的流量控制阀是节流阀。需要用节流阀来设计控制吊臂速度的液压回路。液压起重机控制回路如图 5-3-2 所示。

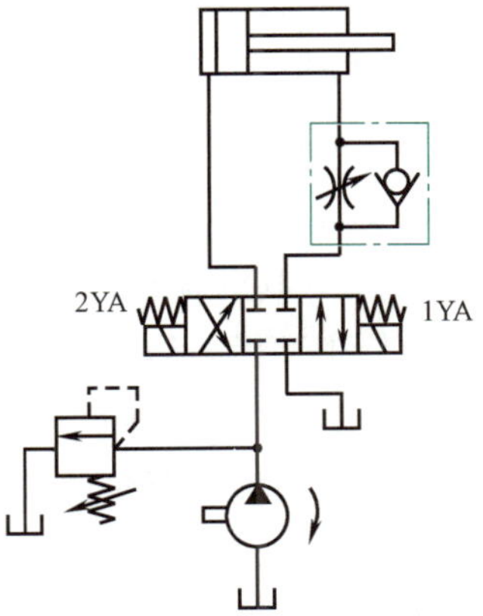

图 5-3-2　液压起重机控制回路

【任务实施】

1. 在教师的帮助下，学生选择相关液压元件，并在实训平台上固定液压元件。
2. 按照图 5-3-2 所示进行管路的连接。
3. 将液压泵起动，通过控制三位四通电磁换向阀换向，调节节流阀进行速度调整。
4. 完成实验经教师检查评估后，关闭油泵，拆下管线，将元件放回原来的位置。
5. 进行现场整理。

【知识链接】

一、流量控制阀

流量控制阀通过改变阀口通流面积调节其流量，以达到调节执行元件运动速度的目的。常用的流量控制阀有普通节流阀、调速阀等。

1. 节流口的结构形式

(1) 针阀式节流口　图 5-3-3a 所示为针阀式节流口，当阀芯轴向移动时，就可调节环形通道的大小，即可改变流量。这种结构加工简单，但通道长，易堵塞，流量受油温影响较大。一般用于对性能要求不高的场合。

(2) 偏心式节流口　图 5-3-3b 所示为偏心式节流口，阀芯上开有一个偏心槽，当转动阀芯时，就可改变通道的大小，即可调节流量。这种节流口容易制造，但阀芯上的径向力不平衡，旋转费力，一般用于压力较低、流量较大及流量稳定性要求不高的场合。

(3) 周向缝隙式节流口　图 5-3-3c 所示为周向缝隙式节流口。阀芯上开有狭缝，转动阀芯就可改变通流面积大小，从而调节流量。这种节流口可以做成薄刃结构，适用于低压小流量场合。

(4) 轴向缝隙式节流口　图 5-3-3d 所示为轴向缝隙式节流口。在套筒上开有轴向缝隙，阀芯轴向移动即可改变通流面积的大小，从而调节流量。这种节流口小流量时稳定性好，可用于性能要求较高的场合。但在高压下易变形，使用时应改善结构刚度。

(5) 轴向三角槽式节流口　图 5-3-3e 所示为轴向三角槽式节流口。阀芯的端部开有一个或两个斜的三角槽，轴向移动阀芯改变通流面积，即可调节流量。这种节流口可以得到较小的稳定流量，目前被广泛使用。

2. 影响节流口流量的稳定性因素

节流阀的节流口通常有三种形式：当小孔的长度 l 与其直径之比 $l/d \leqslant 0.5$ 时，称为薄壁孔；$l/d > 4$ 时，称为细长孔；当 $0.5 < l/d \leqslant 4$ 时，称为短孔。

通过节流口输出流量的稳定性与节流口的结构形式有关。无论节流口采用何种结构形式，节流口都介于薄壁孔和细长孔之间。因此节流阀的流量特性可用小孔流量通用公式来表示，即

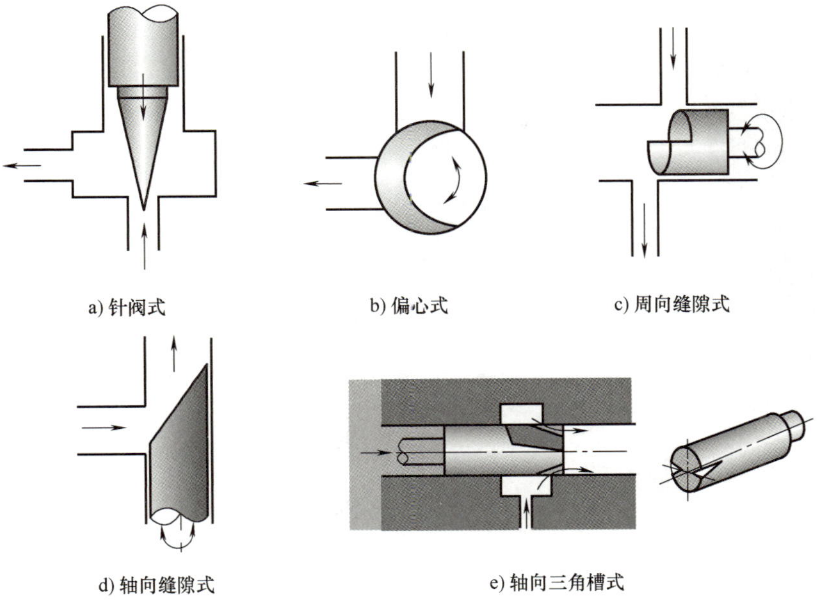

图 5-3-3　典型节流孔口的结构型式

$$q=KA_{\mathrm{T}}\Delta p^{m}$$

式中　q——通过节流口的流量；

K——由孔口的形状、尺寸和液体性质决定的系数；

A_{T}——孔口的截面面积；

Δp——孔口前后两端的压差；

m——由孔的长径比决定的指数，薄壁孔 $m=0.5$，细长孔 $m=1$，短孔 $0.5<m<1$。

由公式可知，通过节流口的流量不但与节流口通流面积有关，还与节流口前后的压差、油温以及节流口形状等因素有关。

（1）压差对流量的影响　当外负载变化时，Δp 将发生变化，薄壁孔的 m 值最小，其通过的流量受压差影响最小，因此目前节流阀常采用薄壁孔式节流口。

（2）油温对流量的影响　温度影响节流阀的黏度，黏度增大，流动阻力大，导致流量变小；黏度小，流量变大。油温变化对细长孔流量影响较大，黏度对薄壁孔流量几乎没有影响。

（3）孔口形状对流量的影响　由于节流阀的节流口开度较小，易被液压油中的杂质堵塞局部，这样节流阀的通流面积变小，流量随之发生改变。解决的方法是及时清洗更换系统滤芯或定期更换液压油。

3. 节流阀

图 5-3-4 所示是节流阀，旋转手柄，利用推杆使阀芯轴向移动，改变节流孔口的通流面积，使进、出油口的流量发生改变。节流阀结构简单、体积小，但负载和温度变化对流

节流阀的
工作原理

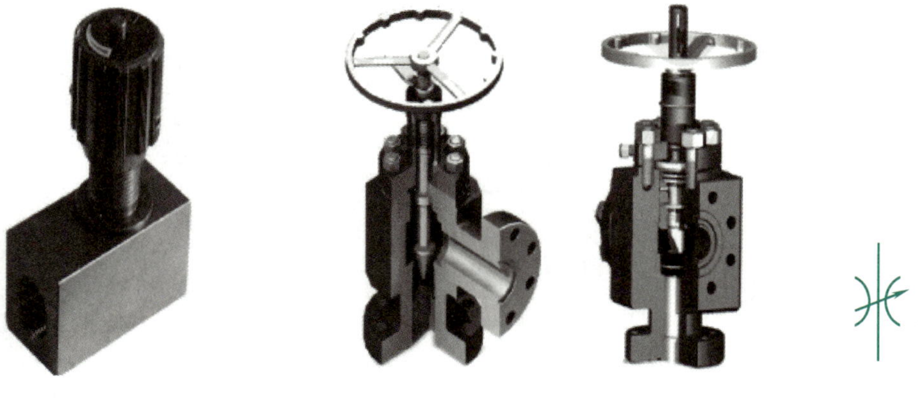

a) 实物　　b) 结构　　c) 图形符号

图 5-3-4　节流阀

量稳定性影响较大，常用于负载变化不大或对速度稳定性要求不高的液压系统中。

图 5-3-5 所示是单向节流阀，当油液从 A 口流向 B 口时，起节流作用；当油液从 B 口流向 A 口时，单向阀打开，无节流作用。该阀可以单独调节执行部件某一个方向上的速度。

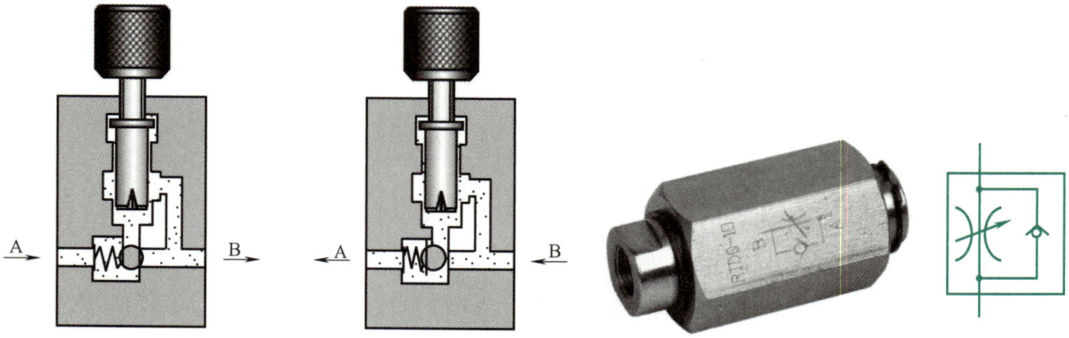

a) 有节流作用结构　　b) 无节流作用结构　　c) 实物　　d) 图形符号

图 5-3-5　单向节流阀

4. 调速阀

由于节流阀前后压力随负载变化而变化，会引起通过节流阀的流量变化，使执行元件的运动速度不稳定。因此，在速度稳定性要求较高时，常采用调速阀。

调速阀是由定差减压阀和节流阀串联而成的，定差减压阀能自动保持节流阀前后压差不变，使节流阀前后压差不受影响，保证通过节流阀的流量也基本为定值。

图 5-3-6 所示为调速阀。压力为 p_1 的油液经减压口 d 后，压力降为 p_2，并分成两路。一路经节流阀口压力降为 p_3，接通执行元件，并通过孔道 g 和 f 进入定差减压阀的下腔 c 和 e；另一路经孔道 a 进入减压阀芯上腔 b；这样节流口前后的压力油分别引到定差减压阀阀芯的上端和下端。定差减压阀阀芯两端的作用面积相等，减压阀的阀芯在弹簧力 F_s 和油液压力 p_2 与 p_3 的共同作用下处于平衡位置时，其阀芯的力平衡方程（忽略摩擦力等）为

$$p_2A=p_3A+F_s$$

则

$$p_2-p_3=\Delta p=F_s/A$$

a) 实物

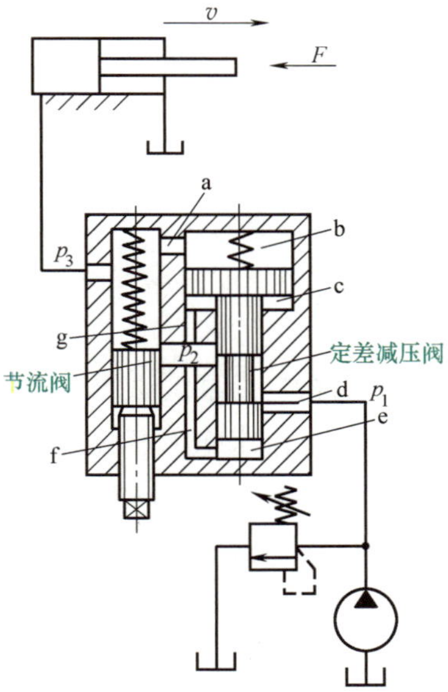

b) 结构

c) 图形符号

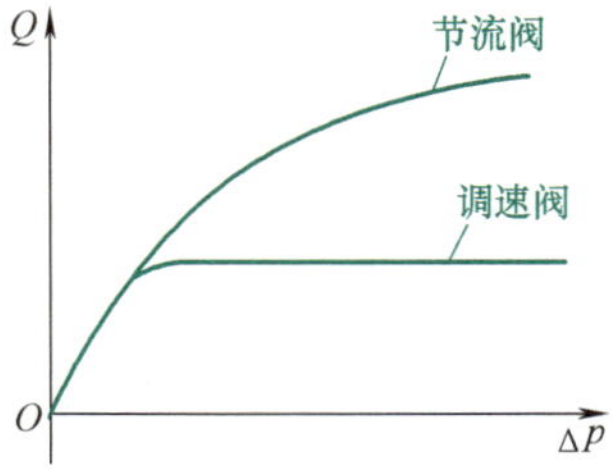

d) 特性曲线

图 5-3-6　调速阀

调速阀的
工作原理

因减压阀弹簧刚度低，且工作过程阀芯移动量小，弹簧力基本不变，故节流阀前后压力差基本不变，相应通过节流阀的流量稳定。其自动调节过程如下：

当负载增大时，压力 p_3 也随之增大，阀芯失去平衡而向下移动，使阀口 d 增大，减

压作用减小，使 p_2 增大，直至阀芯在新的位置上达到平衡为止。这样，p_3 增大时 p_2 也增大，其压差 $\Delta p = p_2 - p_3$ 基本保持不变；当负载减小时，情况相似。当调速阀进口压力 p_1 增大时，由于一开始减压阀阀芯来不及移动，故 p_2 在这一瞬间也增大，阀芯因失去平衡而向上移动，使阀口 d 减小，减压作用增强，又使 p_2 减小，故 $\Delta p = p_2 - p_3$ 仍保持不变。

由图 5-3-6d 所示的特性曲线可以看出，节流阀的流量随压差变化较大，而调速阀在压差大到一定值后，减压阀处于工作状态，流量基本保持恒定，其最小稳定流量为 0.05L/min。当压差很小时，由于减压阀阀芯被弹簧推至最下端，减压阀阀口 d 全开，不起减压作用，此时调速阀的性能和节流阀相同，所以要使调速阀正常工作就必须保证调速阀有一个最小压差（中低压调速阀为 0.5MPa，高压调速阀为 1MPa）。

二、调速回路

调速回路是用于调节执行元件的工作速度。目前，液压系统的调速方式有以下三种：

1）节流调速。即用定量泵供油，由流量控制阀改变输入执行元件的流量来调节速度。

2）容积调速。即通过改变变量泵或变量马达的排量来调节速度。

3）容积节流调速。即用能自动改变流量的变量泵与流量控制阀联合来调节速度。

1. 节流调速回路

定量泵节流调速是在定量泵供油的液压系统中安装流量阀来调节进入液压缸的油液流量，从而调节执行元件工作速度。根据流量控制阀在液压系统中设置位置的不同，可分为进油节流调速、回油节流调速和旁路节流调速三种节流调速回路。

节流调速回路的优点是结构简单，工作可靠，造价低，使用维护方便，在机床液压系统中广泛应用。缺点是能量损失大，效率低，发热大，故一般多用于小功率系统，如机床的进给系统。

【做一做】

请观察图 5-3-7 所示的进油节流调速回路，用 FESTO FluidSIM-H 3.6 进行仿真并验证分析。

（1）进油节流调速回路　图 5-3-7 所示为进油节流调速回路。当按下按钮 SB 时，电磁铁 1YA 线圈通电，液压泵输出的油液经可调节流阀、换向阀左位进入液压缸左腔，推动活塞向右运动，右腔的油液则流回油箱；当松开按钮 SB 时，电磁铁断电，液压泵输出的油液经可调节流阀、换向阀右位进入液压缸右腔，推动活塞向左运动，左腔的油液则流回油箱。调节节流阀阀口大小，便能控制进入液压缸的流量（多余油液经溢流阀溢回油箱）而达到调速目的。

进油节流调速回路将流量控制阀设置在执行元件的进油路上。由于节流阀串在电磁换向阀前，所以活塞往复运动均可实现进油节流调速，也可将单向节流阀串在换向阀和液压缸进油腔的油路上，实现单向进油节流调速。

进油节流调速回路结构简单，使用方便，但由于液压缸回油腔和回油管路中油液压力较低（接近于零），运动平稳性差。一般用于低速、轻载、负载变化不大和对速度刚性要求不高的场合。

（2）回油节流调速回路　回油节流调速回路如图 5-3-8 所示，流量控制阀设置在执行元件的回油路上。

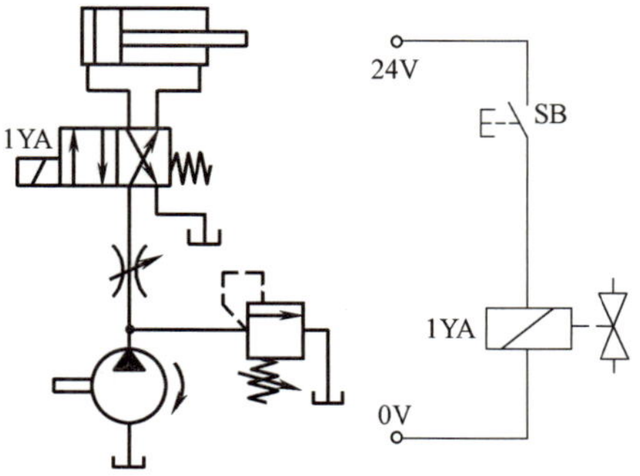

图 5-3-7　进油节流调速回路

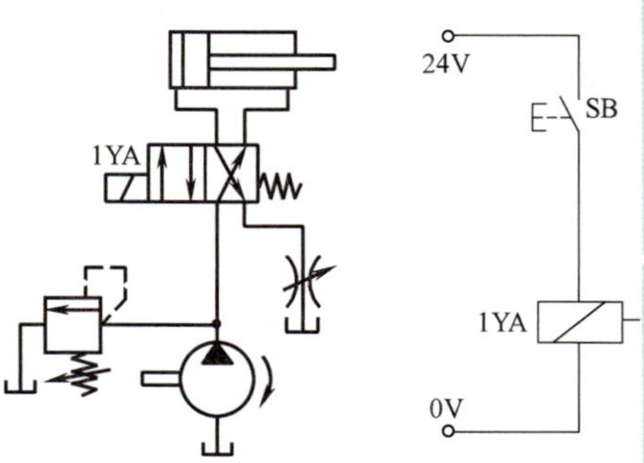

图 5-3-8　回油节流调速回路

进油节流调速回路原理

回油节流调速回路原理

【练一练】

请叙述图 5-3-8 所示回油节流调速回路的工作过程。

与进油节流调速回路相比，回油节流调速回路的特点：

1）因为节流阀接在系统回油路中，液压缸的回油腔存在背压，能承受一定的与活塞运动方向相同的负值负载。而进油节流调速回路，在负值负载作用下活塞的运动会因失控而超速前冲。

2）因为节流阀接在系统回油路中，液压缸的回油腔存在背压，外界负载变化时可起缓冲作用，且活塞运动速度越快产生的背压力就越大，所以运动平稳性好。

3）因为节流阀接在系统回油路中，油液经可调节流阀后因压力损耗而发热，温度升高的油液直接流回油箱，容易散热，且对液压缸泄漏影响较小。

4）因为回油节流调速回路在停车后，液压缸回油腔中的部分油液泄漏而形成空隙。启动时，液压泵输出的流量因不受流量阀控制而全部进入液压缸，使活塞出现较大的前冲现象，起动冲击大。

（3）旁路节流调速回路　旁路节流调速回路将控制阀设置在与执行元件并联的支路上，如图 5-3-9 所示。用节流阀来调节从支路流回油箱的流量，以间接控制进入液压缸的流量来达到调速的目的。正常工作时溢流阀不打开，起安全作用，其调节压力为最大负载所需压力的 1.1～1.2 倍。泵的工作压力不是恒定的，它随负载变化而发生变化。

【做一做】

请用 FESTO FluidSIM-H 3.6 进行仿真并验证分析：开大节流阀开口，活塞运动速度减小；关小节流阀开口，活塞运动速度增加。

旁路节流调速回路特点：

1）一方面由于没有背压使执行元件运动速度不稳定；另一方面由于液压泵压力随负载而变化，引起液压泵泄漏也随之变化，导致液压泵实际输出量的变化，这就增大了执行元件运动的不平稳性。

2）随着节流阀开口增大，系统能够承受的最大负载将减小，即低速时承载能力小。与进油路节流调速回路和回油路节流调速回路相比，它的调速范围小。

3）液压泵的压力随负载而变，溢流阀无溢流损耗，所以功率利用比较经济，效率比较高。

旁路节流调速回路适用于负载变化小，对运动平稳性要求不高的高速大功率的场合，例如牛头刨床的主传动系统；有时候也可用在随着负载增大，要求进给速度自动减小的场合。

采用节流阀的节流调速回路，在负载变化时液压缸运行速度随节流阀进出口压差而变化，故速度平稳性差。如果用调速阀来代替节流阀，调速阀中的定差减压阀可使节流阀前后压差保持基本恒定，速度平稳性将大大改善，但功率损失将会增大，效率变低。

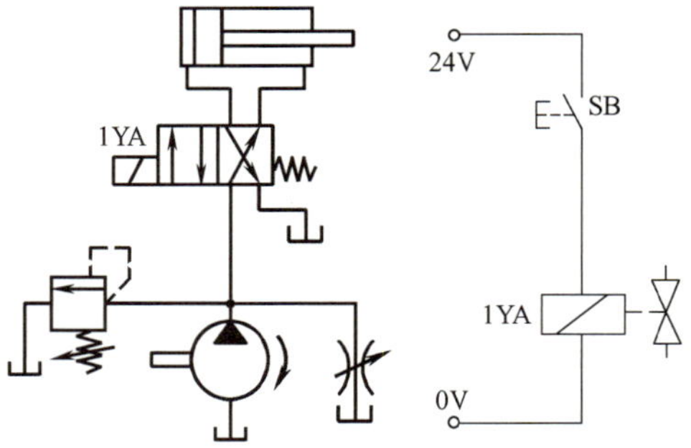

图 5-3-9　旁路节流调速回路

旁路节流调速回路原理

2. 容积调速回路

容积调速回路是通过改变液压泵或液压马达的排量来实现调速的。这种回路的特点是液压泵输出的油液都直接进入执行元件，没有溢流和节流损失，因此效率高、发热小，适用于大功率系统，但这种回路需要采用结构较复杂的变量泵或变量马达，造价较高，维修较困难。

容积调速回路按油液循环方式不同，可分为开式和闭式两种。开式容积调速回路的液压泵从油箱吸油供给执行元件，执行元件排出的油液直接返回油箱，油液在油箱中可得到很好冷却并沉淀杂质，油箱体积大，空气也容易浸入回路而影响执行元件的平稳性。闭式容积调速回路的液压泵将油液输入执行元件的进油腔，又从执行元件的回油腔吸油，油液不一定经过油箱，而直接在封闭回路内循环，从而减少空气浸入的可能性，但为了补偿回路的泄漏和执行元件进、回油腔的流量差，需设置补油装置，结构较复杂。

根据液压泵与执行元件的组合不同，容积调速回路主要有两种形式：变量泵-定量马达（或缸）容积调速回路和变量泵-变量马达容积调速回路。

（1）变量泵-定量马达（或缸）容积调速回路　图 5-3-10a 所示为变量泵-液压缸容积调速回路。回路中溢流阀 3 工作时关闭，作安全阀使用，限制回路的最大压力，起过载保护的作用，换向阀 4 用来改变活塞的运动方向，改变变量泵 1 的排量即可调节进入液压缸的流量，进而调节液压缸的运动速度。单向阀 2 在泵停止工作时防止缸中油液流出进入空气，阀 6 作背压阀，使活塞运动平稳。

图 5-3-10b 所示为变量泵-定量马达容积调速回路。溢流阀 4 起安全作用，用来防止系统过载。为补充泵和液压马达的泄漏，同时置换部分已经发热的油液回到油箱，补充油泵 1 将冷油输入回路，溢流阀 6 溢出多余热油，调节系统供油压力。

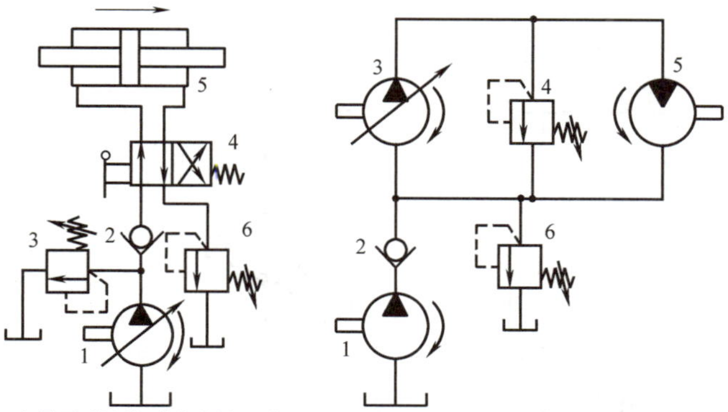

a) 变量泵-液压缸容积调速回路　　b) 变量泵-定量液压马达容积调速回路

图 5-3-10　变量泵-定量马达（或缸）容积调速回路

变量泵-定量马达容积调速回路原理

在这种回路中，液压泵的转速和液压马达的排量为定值，故改变泵的排量可使马达输出转速和输出的最大功率随之成正比变化。马达的输出转矩和系统的工作压力取决于负载转矩，不会因调速而发生变化，这种调速回路也称为恒转矩调速回路。

（2）变量泵-变量马达容积调速回路　图 5-3-11 所示为用变量泵和变量马达组成的调速回路。图中 3 为双向变量泵，既可以改变输出流量，又可以改变供油方向，用以实现液压马达的调速和换向。4 为双向变量马达。由于液压泵和液压马达的排量都可以改变，回路的调速范围可以扩大。图中 1 为补油泵，单向阀 5、6 用来实现双向补油。单向阀 7、8 使溢流阀 9 能在两个方向上起安全作用。这种调速回路实际上是恒转矩调速和恒功率调速回路的组合。在液压马达的低速阶段，将马达的排量固定在最大值上，调节变量泵的排量使其从小逐渐增大，这时液压马达的转速也从低到高逐渐变大，直到变量泵的排量达到最大值。在此调节过程中，液压马达的最大转矩不变，而输出功率逐渐增加，为恒转矩调速。在液压马达的高速阶段，将变量泵的排量固定在最大值上，调节变量马达的排量，使其由大变小，马达的转速继续升高，直到达到其最高转速为止。在此调节过程中，液压马达的最大转矩由大变小，而输出功率不变，为恒功率调速。这种调速顺序可满足大多数机械中低速运转时保持较大转矩、高速运转时输出较大功率的要求，具有较大的调速范围，效率高，适用于大功率和调速范围要求较大的场合，例如机床的主运动及某些纺织机械、矿山机械和行走机械中。

与节流调速回路相比，容积调速既没有溢流损失，又没有节流损失，系统的效率较高。但变量泵或变量马达的结构较复杂，成本比节流调速回路高，在液压系统的功率较大或对发热限制较严格时，宜采用容积调速回路。

3. 容积节流调速回路

容积调速回路虽然具有效率高、发热小等优点，但低速稳定性比采用调速阀组成的节流调速回路差。如果既要求效率高，又要求有良好的低速稳定性，可采用容积节流调速回路。

图 5-3-12 所示为容积节流调速回路。限压式变量泵输出的油液经调速阀全部进入液压缸左腔，液压缸右腔的油液经背压阀返回油箱，调节调速阀便可改变进入液压缸的流量，泵的供油量会自动地与进入液压缸的流量相适应。

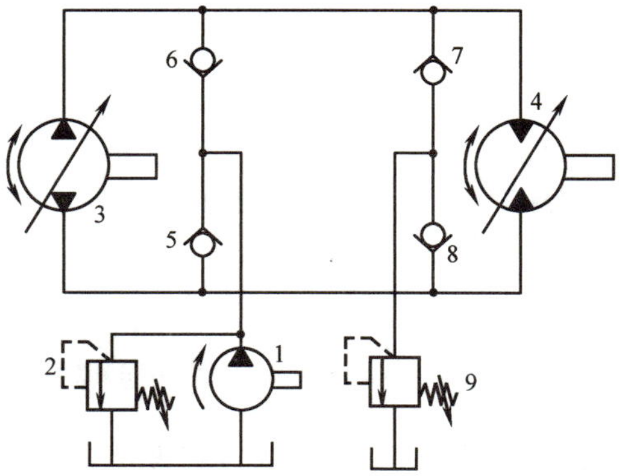

图 5-3-11　变量泵-变量马达容积调速回路

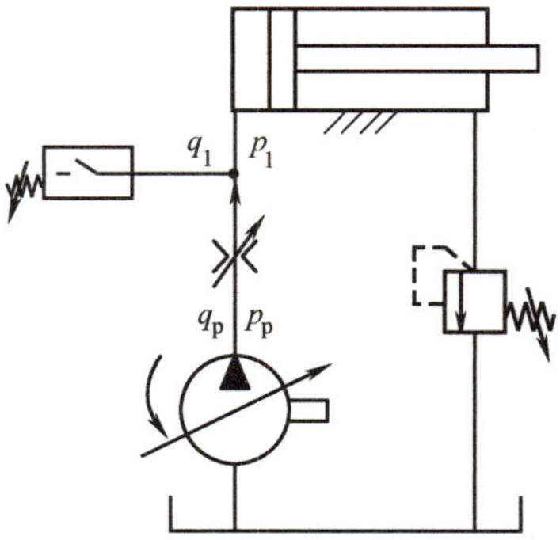

图 5-3-12　容积节流调速回路

容积节流调速回路原理

容积节流调速回路的特点是速度刚性好，且泵的供油量能自动与调速阀调节的流量相适应，只有节流损失，没有溢流损失。但这种调速回路不宜用于负载变化大且大部分时间在低负载下工作的场合。

三、增速回路

某些执行元件在空行程时需要做快速运动，以提高生产率，这就用到增速回路。根据公式 $v=q/A$ 可知，增加进入液压缸的流量或减小液压缸有效工作面积，可使执行元件获得快速运动。

1. 差动连接快速运动回路

图 5-3-13 所示为差动连接增速回路。当按下按钮 SB1 时，单活塞杆差动连接，液压缸有效工作面积为活塞杆的截面积，液压缸有杆腔排出的油液和液压泵的供油合在一起进入液压缸的无杆腔，活塞向右快速运动。按下按钮 SB2，1YA 与 3YA 电磁线圈通电，二位三通换向阀右位接入油路，单杆活塞杆为非差动连接，其有效工作面积为无杆腔的活塞面积，液压缸回油经过调速阀，活塞实现工作进给。当按下按钮 SB3 时，1YA 断电，2YA 和 3YA 通电，活塞快退。这种回路简单、经济，但只能实现一个方向的增速，且增速时作用在活塞上的推力相应减小，一般用于空载。

值得注意的是，在差动连接回路中，阀和管路应按合成流量来选择，否则压力损失过大，严重时会使溢流阀在快进时也开启，而达不到差动快进的目的。

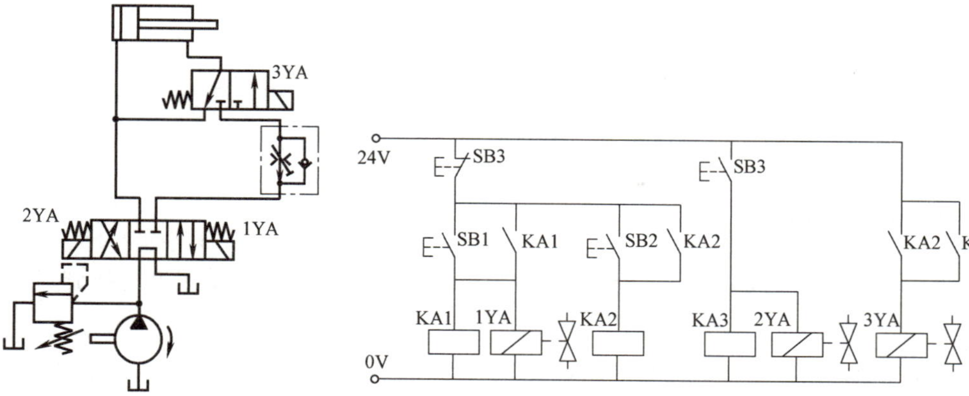

a) 液压回路　　b) 控制电路

图 5-3-13　差动连接增速回路

差动连接增速回路原理

2. 双泵供油快速运动回路

图 5-3-14 所示为双泵并联增速回路。当系统中执行元件空载快速运动时，由于负载小，系统压力较低，液控顺序阀 3 关闭，大流量泵 1 中的压力油经单向阀 4 后与小流量泵 2 的供油汇合，供给执行元件快速运动所需的流量，工作压力由溢流阀 5 调定。当工作进给时，系统压力升高，液控顺序阀 3 打开，大流量泵 1 卸荷，单向阀 4 关闭，系统由小流量泵 2 供油，执行元件作慢速工作进给运动。这种增速回路比单泵供油时功率损失小，效率较高，常用于组合机床液压系统中。

3. 采用蓄能器的快速运动回路

图 5-3-15 所示为采用蓄能器的快速运动回路，采用蓄能器的目的是利用小流量液压泵使执行元件获得快速运动。

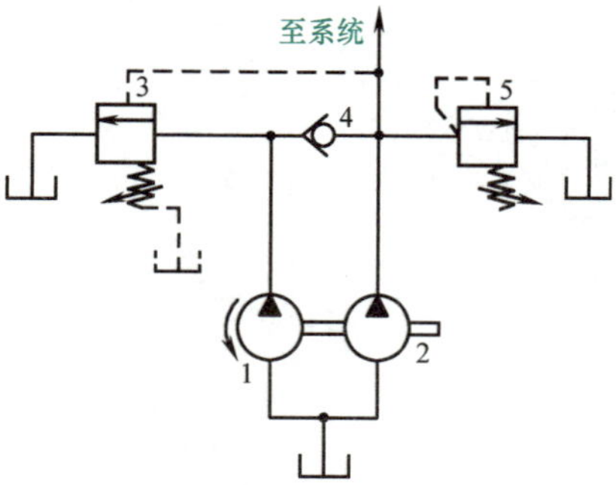

图 5-3-14　双泵并联增速回路

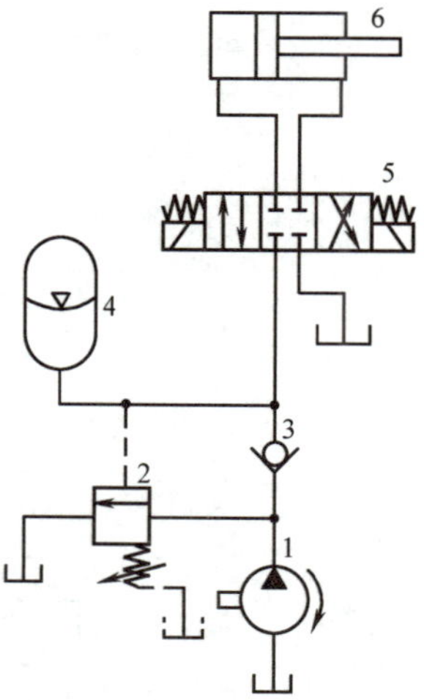

图 5-3-15　采用蓄能器的快速运动回路

当系统停止工作时，换向阀 5 处于中间位置，这时液压泵 1 经单向阀 3 向蓄能器 4 充液，蓄能器内压力升高，达到液控顺序阀 2（卸荷阀）调定压力后，阀口打开，使液压泵卸荷。当系统中短期需要大流量时，换向阀 5 处于左位或右位，由液压泵 1 和蓄能器 4 共同向液压缸 6 供油，使液压缸实现快速运动。

四、速度换接回路

速度换接回路的功能是使执行元件在一个工作循环中，从一种运动速度变换到另一种运动速度。

速度换接回路因切换前后速度相对快慢的不同，常有快速-慢速和慢速-慢速切换两大类。

行程阀的快速-慢速切换回路

1. 快速-慢速切换回路

图 5-3-16 所示为用行程阀的快速-慢速切换回路。电磁换向阀和行程阀在图示状态时，液压缸 7 活塞快速向右运动，当活塞移动致使活塞杆上的挡块压下行程阀 6 时，液压缸 7 右腔油液经调速阀 5 流回油箱，活塞转为慢速工进；当换向阀 2 左位接入回路时，压力油经单向阀 4 进入液压缸 7 右腔，活塞快速向左返回。

由于切换时行程阀的阀口是逐渐关闭的，故这种回路快慢速换接比较平稳，换接点的位置比较准确，缺点是行程阀安装位置不能任意改变，管路连接较复杂。

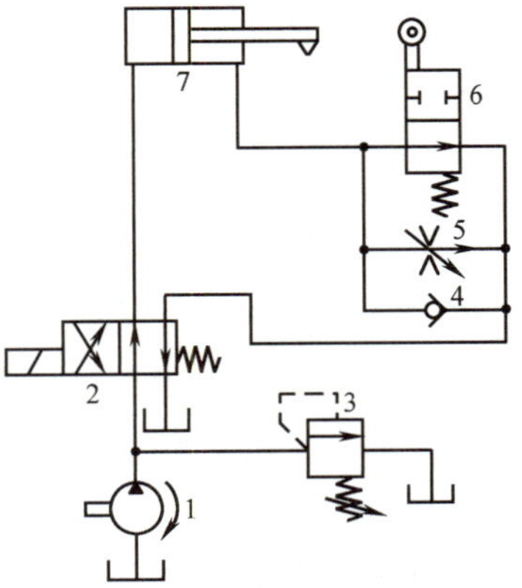

图 5-3-16　用行程阀的快速-慢速切换回路

【练一练】

如图 5-3-17 所示，请分析用行程开关实现的快速-慢速切换回路，并绘出电气控制电路。

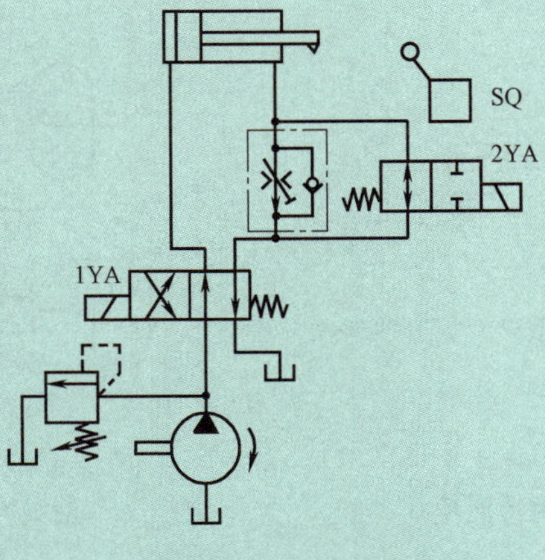

图 5-3-17　练一练图

2. 两种工进速度的换接回路

【做一做】

请你用 FESTO FluidSIM-H 3.6 进行仿真并验证图 5-3-18 所示回路，观察活塞运动速度。

图 5-3-18 所示为调速阀串联的两次进给速度的切换回路。当执行元件需要第一种进给速度时，电磁铁 1YA 通电，且二位二通电磁换向阀处于常态位置，压力油经调速阀 A 和二位二通电磁换向阀左位进入液压缸左腔，执行元件运动速度由调速阀 A 的开口大小决定。当执行元件需要第二种进给速度时，电磁铁 1YA、3YA 同时通电吸合，压力油先经调速阀 A，再经调速阀 B 进入液压缸左腔，调速阀 B 的开口要小于调速阀 A，两个调速阀串联时，进入执行元件的流量由调速阀 B 的开口大小决定，执行元件的进给速度降到更低。

图 5-3-19 为调速阀并联来实现两次进给速度的切换回路。当 1YA、3YA 得电时，液压泵输出的液压油经调速阀 B 和二位五通电磁阀左位进入液压缸，获得第一种工作进给速度，其速度大小由调速阀 B 决定。当需要第二种工作进给速度时，二位五通电磁阀失电，其右位接入回路，液压泵输出的液压油经调速阀 A 进入液压缸，其速度的大小由调速阀 A 决定。这种回路中两个调速阀的节流口可以单独调节，互不影响，即第一种和第二种工作进给速度相互间没有限制。

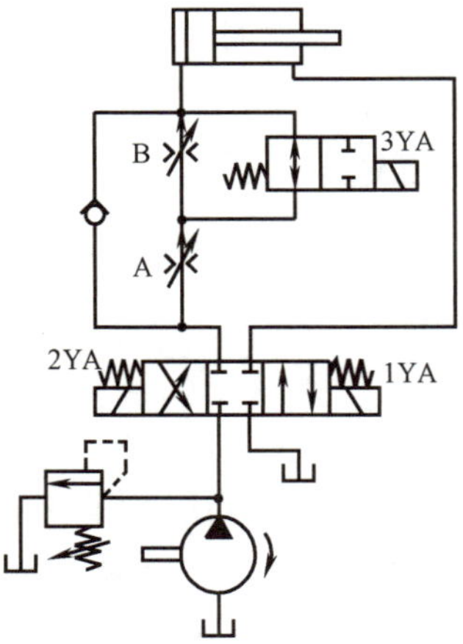

图 5-3-18　调速阀串联的两次进给速度的切换回路

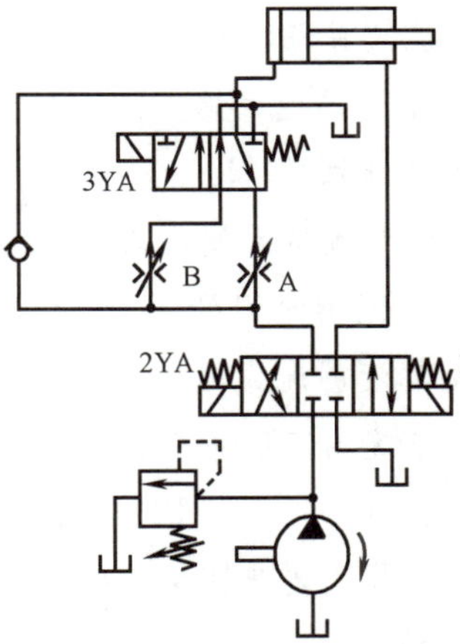

图 5-3-19　调速阀并联来实现两次进给速度的切换回路

调速阀串联的速度切换回路原理

【练一练】

请绘出图 5-3-19 所示液压回路的电气控制电路。

【任务评价】

考核评价表见表 5-3-1，根据自评、小组互评和教师评价将各项得分以及总评内容和得分填入表中。

表 5-3-1　考核评价表

序号	评价内容	配分	要点总结	自评	组评	师评
1	液压流量控制阀的类型特点	30 分				
2	调速回路	20 分				
3	增速回路	10 分				
4	速度换接回路	10 分				
5	安全文明操作	30 分				
总计得分		100 分				

【课后思考】

一、选择题

1. 速度换接回路所采用的主要液压元件为（　　）。

A. 调速阀和二位二通换向阀　　B. 节流阀和变量泵

C. 顺序阀和压力继电器　　D. 变量泵和二位二通换向阀

2. 一节流阀并联在液压缸的进油路上构成调速回路，这种回路属于（　　）。

A. 进油节流调速回路　　B. 回油节流调速回路

C. 容积调速回路　　D. 旁路节流调速回路

3. 节流阀节流口开度越大，油缸运动速度越低，属于（　　）回路。

A. 进油节流调速回路　　B. 回油节流调速回路

C. 旁路节流调速回路　　D. 容积调速回路

4. 液压系统调速回路中，与变量泵并联的溢流阀的作用是（　　）。

A. 稳压溢流　　B. 过载保护　　C. 控制流量　　D. 产生背压

5. 为改善节流调速回路中执行元件的速度稳定性，可采用（　　）调速。

A. 节流阀　　B. 变量泵　　C. 调速阀　　D. 分流阀

二、简答题

1. 根据图 5-3-20 所示的液压电路，请分析：

（1）指出液压元件 A、B 的名称及作用。

（2）若拆下元件 B，活塞的快进和工进运动速度有无变化？

（3）活塞快进和快退的速度哪个大？

（4）活塞快进时，通电的电磁阀有哪几个？活塞快退时，通电的电磁阀有哪几个？

2. 如图 5-3-21 所示液压传动系统，阀 2 开口小于阀 1 开口，能实现“快进—第 1 次工

进（中速）—第 2 次工进（慢速）—快退—停止”，分析回路，回答下列问题

(1) 三位五通换向阀控制方式是哪一种？一般什么情况下采用这种控制方式？

(2) 第一次工进时，节流阀 1 和阀 2 哪一个起节流调速作用？

(3) 要实现液压缸快进工作，需要哪几个电磁铁通电？

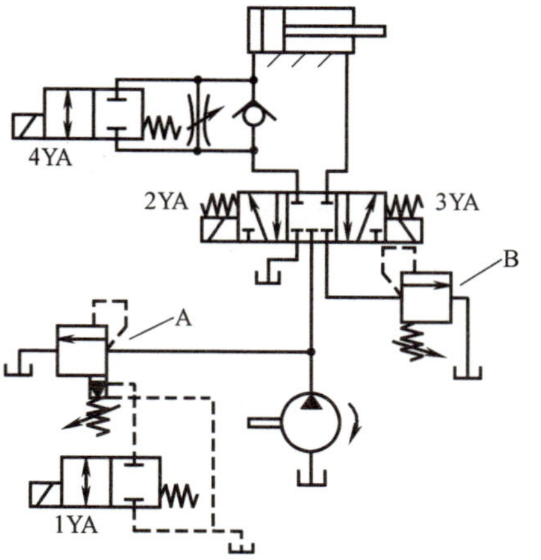

图 5-3-20　题 1 图

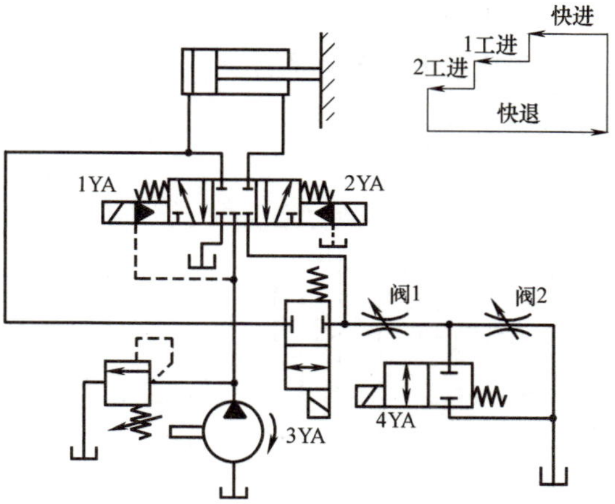

图 5-3-21　题 2 图

任务四　液压顺序动作控制回路的组装与调试

【任务内容】

图 5-4-1 所示为工业自动化装配机。液压缸 A、B 分别将两个工件压入基础工件的孔中，工件压入的速度要求可调。首先液压缸 A 将第一个工件压入，当压力达到 20bar（1bar = 10^5Pa）时液压缸 B 的活塞才将另一个工件压入。组装完成后，液压缸 B 的活塞杆先缩回，然后当液压缸 A 压力达到 30bar 时液压缸 A 的活塞杆缩回。采用什么样液压回路才能控制油缸的工作顺序呢？

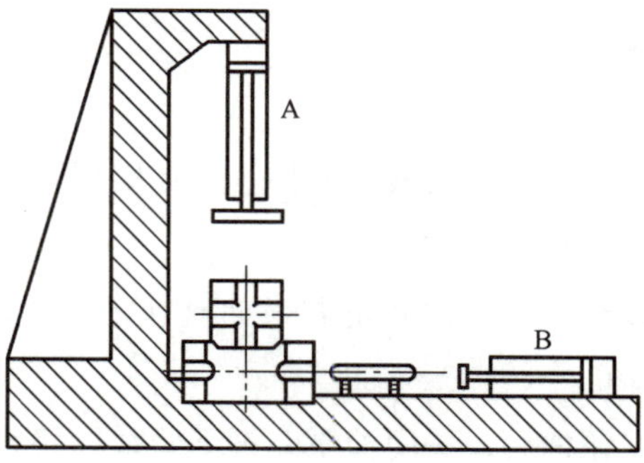

图 5-4-1　工业自动化装配机

【任务分析】

图 5-4-2 所示为自动装配机控制回路。要使工件压入的速度可以调节，可采用节流阀或调速阀来调节速度。根据任务分析可知，在工件的装配过程中，要使 A 缸活塞先向下运动将第一个工件压入，当压力达到某一值时，使液压缸 B 活塞向左运动将另一个工件压入；组装完成后 B 缸活塞先缩回，当压力达到一定值时，然后液压缸 A 活塞缩回。要求采用顺序阀控制两缸运动顺序，完成上述工作。

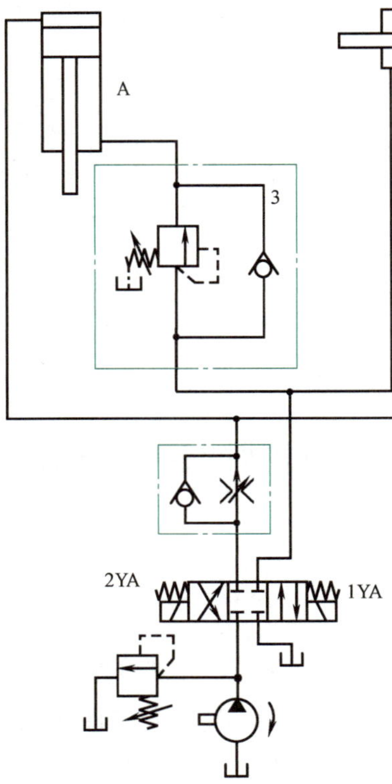

图 5-4-2　自动装配机控制回路

【任务实施】

1. 在教师的帮助下，学生选择相关液压元件，并在实训平台上固定液压元件。

2. 按照图 5-4-2 所示进行管路的连接。

3. 将液压泵起动，通过控制三位四通电磁换向阀换向，实现液压缸 A 和 B 的顺序动作，调节调速阀进行速度调整。

4. 完成实验经教师检查评估后，关闭油泵，拆下管线，将元件放回原来的位置。

5. 进行现场整理。

【知识链接】

在多缸液压系统中，往往需要按照预先给定的动作次序来实现顺序运动。例如：自动车床中刀架的纵横向运动，夹紧机构的定位和夹紧运动。控制系统中多个执行元件按照一定的顺序先后动作的回路称为顺序动作回路。

一、压力控制的顺序动作回路

1. 用顺序阀控制的顺序动作回路

图 5-4-3 所示为顺序阀控制的顺序动作回路。当其中缸 1、缸 2 分别为夹紧液压缸和工作液压缸。阀 3 和阀 4 是由单向阀和顺序阀构成的组合阀，称为单向顺序阀。其中单向顺序阀 4 控制两液压缸前进的先后顺序，单向顺序阀 3 控制两液压缸后退时的先后顺序，使夹紧液压缸和工作液压缸依次按①—②—③—④的顺序动作。系统工作过程如下：按下按钮 SB 时，二位四通电磁换向阀通电，右位接入回路，压力油进入液压缸 1 的左腔，回油经阀 3 中的单向阀流回油箱，实现动作①；液压缸 1 向右运动到达终点后，夹紧工件，系统压力升高，打开阀 4 中的顺序阀，压力油进入液压缸 2 的左腔，回油经二位四通电磁换向阀右位流回油箱，实现动作②；加工结束后松开 SB，二位四通电磁换向阀断电，换向阀左位接入系统，压力油进入液压缸 2 的右腔，回油经阀 4 中的单向阀及换向阀左位流回油箱，刀具快速退回，实现动作③；液压缸 2 向左运动到终点后，油液压力升高，使阀 3 中的顺序阀开启，压力油进入液压缸 1 的右腔，回油经换向阀流回油箱，实现动作④，完成工作循环。

这种回路的优点是动作灵敏，安装连接方便。缺点是可靠性差，位置精度低。适用于液压缸数目不多、负载变化小的系统。为了保证顺序动作的可靠准确，应使顺序阀的调定压力比先动作的液压缸的最高工作压力高 10%～15%，以避免因压力波动使顺序阀先行开启而造成误动作。

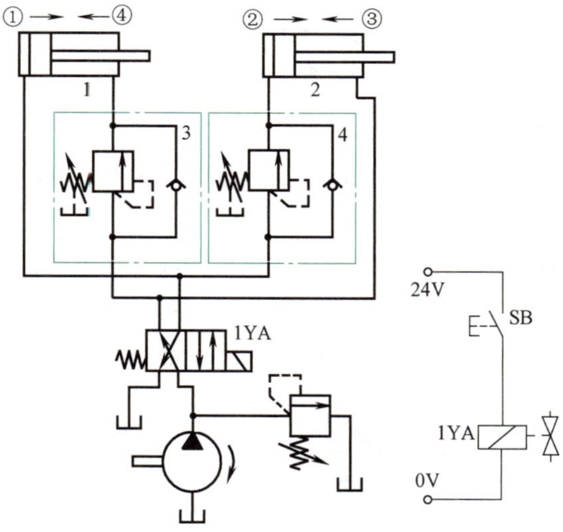

图 5-4-3　顺序阀控制的顺序动作回路

顺序阀控制的顺序动作回路

2. 用压力继电器控制的顺序动作回路

图 5-4-4 所示为用压力继电器控制的顺序动作回路。压力继电器 1KP、2KP 分别控制两液压缸向右、向左运动的先后顺序。当电磁铁 2YA 通电时，换向阀 3 右位接入回路，压力油进入液压缸 1 左腔推动活塞向右运动；当缸 1 的活塞向右运动到行程终点碰到挡铁时，进油路中压力升高而使压力继电器 1KP 动作发出电信号，相应电磁铁 4YA 通电，换向阀 4 右位接入电路，液

压缸 2 的活塞向右运动；当缸 2 活塞向右运动到行程终点，其挡块压下相应的电气行程开关而发出电信号时，电磁铁 4YA 断电而 3YA 通电，阀 4 换向，缸 2 的活塞向左运动；当缸 2 的活塞向左运动到行程终点时，进油路中压力升高而使压力继电器 2KP 动作发出电信号，相应 3YA 断电而 1YA 通电，阀 3 换向，缸 1 的活塞向左运动。为防止压力继电器误动作，压力继电器的动作压力应比先动作的液压缸最高工作压力高 0.3～0.5MPa，但应比溢流阀的调定压力低 0.3～0.5MPa。

这种回路适用于液压缸数目不多、负载变化不大和可靠性要求不太高的场合。

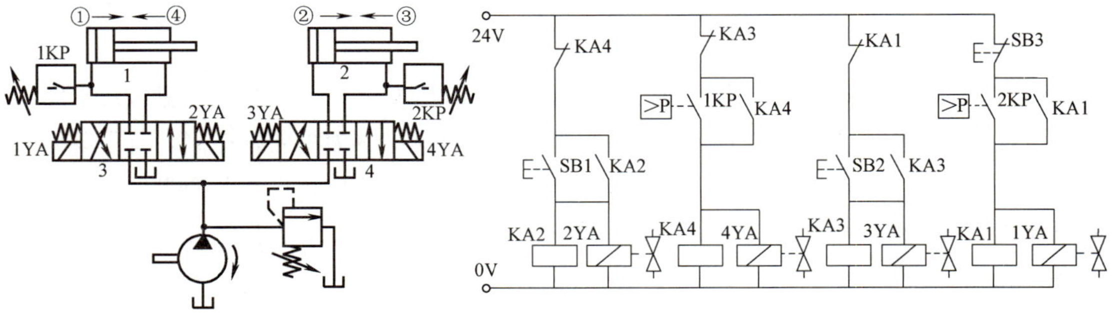

图 5-4-4　压力继电器控制的顺序动作回路

二、行程控制的顺序动作回路

1. 行程阀控制的顺序动作回路

行程阀控制的顺序动作回路如图 5-4-5 所示，液压缸 1 和 2 的活塞均在左位，当阀 3 左位工作时，缸 1 活塞先向右行，实现动作①。当活塞杆上的挡块压下行程阀 4 后，使行程阀 4 的上位进入工作位置，缸 2 向右运行，实现动作②。当阀 3 右位工作时，缸 1 左行返回，实现动作③。随着挡铁左移，阀 4 复位，缸 2 左行退回，实现动作④，至此完成了两缸的顺序动作循环。这种回路换接位置准确，动作可靠；但行程阀必须安装在液压缸附近，不易改变动作顺序。

2. 行程开关控制的顺序动作回路

行程开关控制的顺序动作回路如图 5-4-6 所示，当电磁线圈 1YA 通电，缸 1 的活塞右行，实现动作①；当缸 1 活塞右行到预定位置，挡铁压下行程开关 SQ1 时，使电磁线圈 2YA 通电，缸 2 的活塞右行，实现动作②；当缸 2 活塞右行到预定位置，挡铁压下行程开关 SQ2 时，使电磁线圈 1YA 断电，缸 1 的活塞左行，实现动作③；当缸 1 活塞左行到原位，挡铁压下行程开关 SQ3 时，使电磁线圈 2YA 断电，缸 2 的活塞左行，实现动作④；至此完成了两缸的顺序动作循环。这种采用电气行程开关控制的顺序动作回路，能方便地调整行程大小和改变动作顺序，因此应用较为广泛。

【练一练】

请绘出图 5-4-6 所示液压回路的控制电路，实现顺序动作要求。

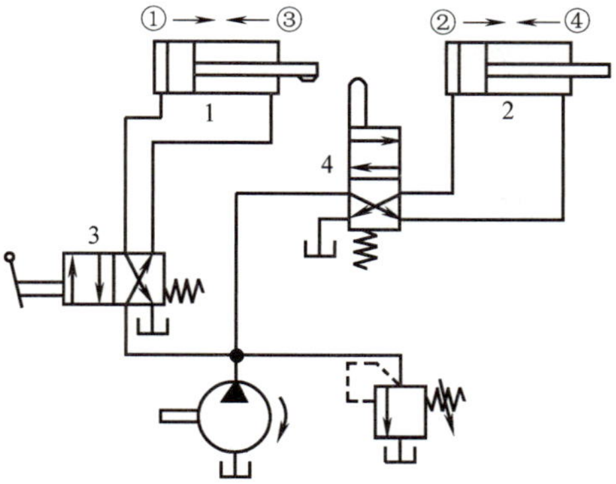

图 5-4-5　行程阀控制的顺序动作回路

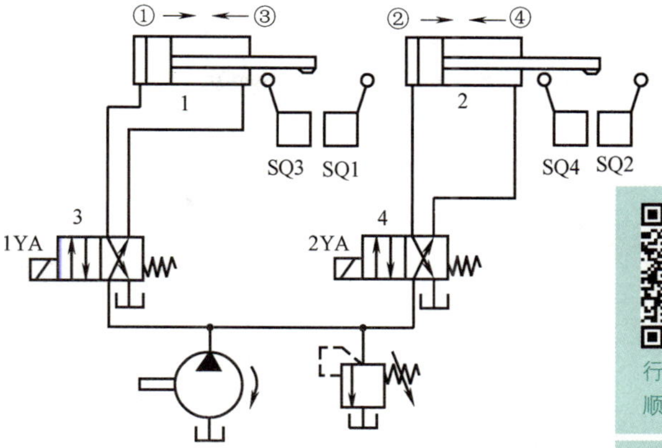

图 5-4-6　行程开关控制的顺序动作回路

行程阀控制的顺序动作回路

行程开关控制的顺序动作回路

【任务评价】

考核评价表见表 5-4-1，根据自评、小组互评和教师评价将各项得分以及总评内容和得分填入表中。

表 5-4-1　考核评价表

序号	评价内容	配分	要点总结	自评	组评	师评
1	压力控制的顺序动作回路	35 分				
2	行程控制的顺序动作回路	35 分				
3	安全文明操作	30 分				
总计得分		100 分				

【课后思考】

一、选择题

1. 压力继电器只能（　　）系统的压力。

A. 改变　　B. 反映　　C. 减小　　D. 增大

2. 某顺序动作控制回路对于机械工件的要求，请分析正确的工序是（　　）。

A. 定位—夹紧—加工　　B. 夹紧—加工—定位

C. 定位—加工—夹紧　　D. 加工—定位—夹紧

二、简答题

1. 如图 5-4-7 所示液压系统，是由主油路和夹紧支路组成，分析回路，回答下列问题：

（1）减压阀在系统中的作用是什么？

（2）主液压缸 1 与夹紧缸 2 有何不同？

（3）图示状态工件是否被夹紧？

(4) 工件夹紧后，1YA 通电，主液压缸 1 进油节流，实现慢进，此时泵出口压力多大？

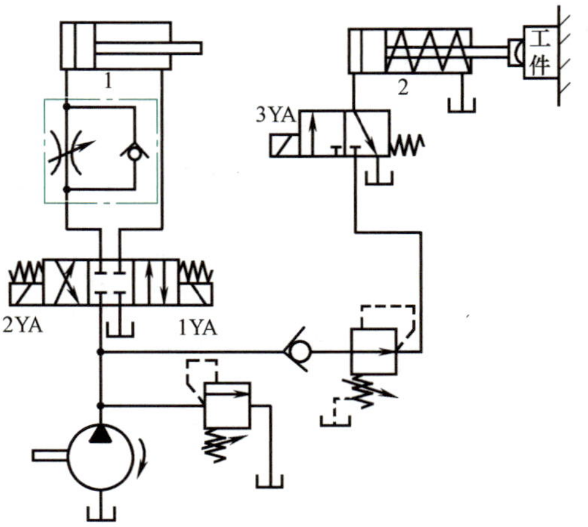

图 5-4-7　题 1 图

2. 以先导式结构为例，比较溢流阀、减压阀、顺序阀的油口设置、结构特点和图形符号。

任务五　液压传动系统的识读与维护

【任务内容】

组合机床广泛应用于成批大数量的生产中，组合机床上的主要通用部件动力滑台是用来实现进给运动的。它要求液压传动系统完成的进给动作是：快进→第一次工作进给（一工进）→第二次工作进给（二工进）→固定挡块停留→快退→原位停止，同时还要求系统工作稳定、效率高。那么液压动力滑台的液压系统是如何工作的呢？

【任务分析】

要达到动力滑台工作时的性能要求，就必须将各液压元件有机地组合，形成完整有效的液压控制回路。在动力滑台中，进给运动其实是由液压缸带动主轴头从而完成整个进给运动的。因此，组合机床液压回路的核心问题是如何来控制液压缸的动作。

【任务实施】

1. 根据项目要求，分析动力滑台液压系统控制回路。

2. 选择相应的元器件，在实验台上组建回路并检查回路的功能是否正确。

3. 对系统压力、速度等进行调节。

4. 观察运行情况，对使用中遇到的问题进行分析和解决。

5. 先卸压，再关油泵，拆下管路，整理好所有元件并归位。

【知识链接】

由若干液压元件和管路构成，为实现某种规定功能的组合即为液压回路。液压回路按给定的用途和要求组成的整体称为液压系统。为了能正确阅读液压系统图，应熟悉各种液压元件的工作原理和特点，熟悉各种常用的基本回路，并以执行元件为中心，把整个液压系统分解为几种基本回路，然后分析它们之间的相互关系，联成整体，了解整个系统的工作原理和特点。看系统原理图，一般是先看两头，后看中间，并按执行元件的数量将其分为若干个子系统。对于子系统，一般是先看主油路，后看辅助油路。

一、动力滑台液压系统

1. 工作过程

液压动力滑台是组合机床实现进给运动的一种通用部件，对液压动力滑台液压系统性能要求主要是工作可靠，换速平稳，进给速度稳定，功率利用合理和系统效率高。

图 5-5-1 所示为 YT4543 型液压动力滑台的液压系统。该滑台的工作压力为 4~5MPa，最大进给力为 4~4.5kN，进给工作速度范围为 6.6~660mm/min。在机、电、液的联合控制下实现的工作循环是："快进→一工进→二工进→死挡铁停留→快退→原位停止"。

（1）快进　如图 5-5-1 所示，按下起动按钮，电磁铁 1YA 得电，电液换向阀 6 的先导阀左位工作，由变量泵 1 输出的压力油经先导阀进入液动换向阀的左侧，使其也处于左侧工作，形成差动连接。其主油路分为进油路和回油路。

1）进油路：泵 1→单向阀 2→换向阀 6 左位→行程阀 11 下位→液压缸左腔。

2）回油路：液压缸的右腔→换向阀 6 左位→单向阀 5→行程阀 11 下位→液压缸左腔。

（2）第一次工作进给（一工进）　当滑台快速运动到预定位置时，滑台上的行程挡块压下了行程阀 11 的阀芯，切断了该通道，此时压力油经调速阀 7 进入液压缸的左腔，使系统压力升高，打开液控顺序阀 4，由于单向阀 5 的上部压力大于下部压力，则单向阀 5 关闭，使液压缸的差动回路切断，回油经液控顺序阀 4 和背压阀 3 流回油箱，使滑台转换为第一次工作进给。其主油路分为进油路和回油路。

1）进油路：泵 1→单向阀 2→换向阀 6 左位→调速阀 7→换向阀 12 右位→液压缸左腔。

2）回油路：液压缸右腔→换向阀 6 左位→顺序阀 4 →背压阀 3 →油箱。

工作进给时，由于系统压力升高，使变量泵 1 的输油量自动减小，以适应工作进给的

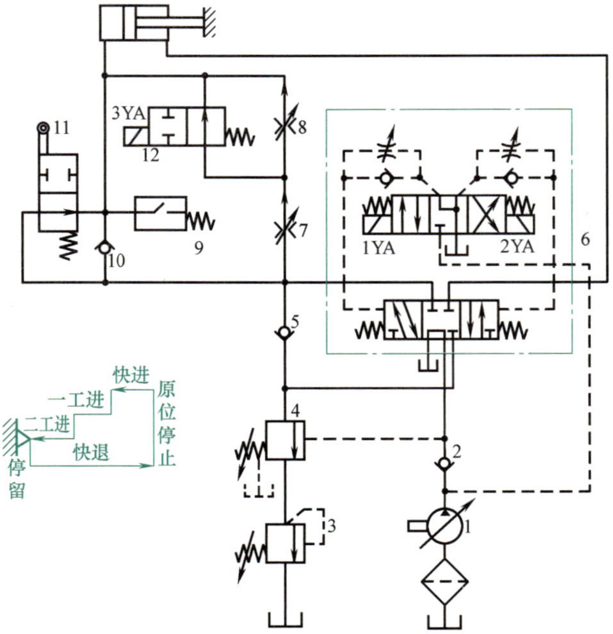

图 5-5-1 YT4543 型液压动力滑台的液压系统

YT4543 液压滑台工作原理

需要。其中，进给量大小由调速阀 7 来调节。

（3）第二次工作进给（二工进） 第一次工进结束后，行程挡块压下行程开关，使 3YA 通电，二位二通换向阀切断通路，进油经调速阀 7 和调速阀 8 进入液压缸，由于调速阀 8 的开口量小于调速阀 7 的开口量，则进给速度再次降低，其他油路情况同第一次工作进给。

（4）死挡铁停留 当滑台工作进给运动结束后，碰上死挡铁的滑台不再前进，停留在死挡铁处，此时系统压力继续升高，当压力达到压力继电器 9 的调整值时，压力继电器动作，经过时间继电器的延时，发出信号使滑台返回。滑台的停留时间可由时间继电器调整。设置死挡铁可以提高滑台停止的位置精度。

（5）快退 时间继电器经延时发出信号，使 2YA 通电，1YA、3YA 断电。其主油路分为进油路和回油路。

1）进油路：泵 1→单向阀 2→换向阀 6 右位→液压缸右腔。

2）回油路：液压缸左腔→单向阀 10→换向阀 6 右位→油箱。

（6）原位停止 当滑台退回原位时，行程挡块压下行程开关，发出信号，2YA 断电，使换向阀 6 又处于中位，液压缸失去液压动力源，滑台停止运动。液压泵输出的油液经换向阀 6 直接回到油箱，泵卸荷。

电磁阀和行程阀动作顺序见表 5-5-1。

2. 液压动力滑台系统的特点

1）采用了限压式变量叶片泵和调速阀组成的容积节流调速回路，并在回路中设置了背压阀。这样既能保证系统调速范围大、低速稳定性好的要求，又使回路无溢流损失，系统效率较高。

表 5-5-1　电磁阀和行程阀动作顺序

动作	电磁阀			行程阀 11
	1YA	2YA	3YA	
快进	+	−	−	−
一工进	+	−	−	+
二工进	+	−	+	+
死挡铁停留	+	−	+	+
快退	−	+	−	+
原位停止	−	−	−	−

注：表中“+”表示电磁铁通电或行程阀压下；“−”表示电磁铁断电或行程阀复位。

2）采用限压式变量叶片泵和液压缸差动连接实现快进，工进时断开液压缸差动连接，这样既能得到较高的快进速度，又保证了系统的效率不致过低。

3）通过采用行程阀和液控顺序阀使系统由快进转换为工进，简化了机床电路，使转换动作平稳可靠，转换的位置精度提高。由于滑台的运动速度比较低，采用安装方便的电磁换向阀，保证了两种工进速度的转换精度要求。

4）采用三位五通及中位为 M 型机能的电液换向阀，提高了滑台换向平稳性，并且滑台在原位停止时，使液压泵处于卸荷状态，减少功率消耗。采用五通换向阀，使回路形成差动连接，简化了回路。

二、液压系统的使用与维护

液压系统使用得当、维护保养好，可以减少故障的发生，能有效延长系统的使用寿命。

1. 液压系统使用注意事项

1）操作者在使用液压设备前，要熟悉液压元件控制机构的操作要领，以及各液压元件所需控制的相应执行元件和调节旋钮的转动方向、流量大小变换的关系等，严防调节错误而造成事故。

2）使用液压设备时，应随时注意油位和温升，一般油液的工作温度为 30~60℃；发现异常升温时，应停机检查。冬天气温低时，应使用加热器。

3）保持液压油清洁，定期检查更换。对于新使用的液压设备，使用三个月左右就应清洗油箱、更换油液；以后每隔半年至一年进行一次清洗和换油。

4）注意过滤器的使用情况，定期清洗和更换滤芯。

5）若设备长期不用，应将各调节手柄全部放松，以防止弹簧发生永久变形。

2. 液压系统的维护保养事项

1）日常检查。日常检查是减少液压系统故障的重要环节，主要是操作者在使用中经常通过目视、耳听及手触等比较简单的方法，在泵起动前后和停止运转前检查油量、油温、压力、泄漏、振动等。出现不正常情况应停机检查原因，及时排除。对重要的液压设备，应填写日检修卡。

2）定期检查。定期检查的内容包括调查日常检查中发现而未及时排除的异常现象，发现潜在的故障预兆并查明原因和给予排除；对规定必须定期维修的基础部件，应认真检查并加以保养；对需要维修的部位，必要时应分解检修。定期检查的时间间隔一般与过滤器检修的时间间隔相同，大约为三个月。

3）综合检查。综合检查大约每年进行一次，其主要内容是检查液压装置的部件，判断其性能和寿命，并对产生的故障进行检修或更换元件。

【任务评价】

考核评价表见表 5-5-2，根据自评、小组互评和教师评价将各项得分以及总评内容和得分填入表中。

表 5-5-2　考核评价表

序号	评价内容	配分	要点总结	自评	组评	师评
1	动力滑台液压系统	50 分				
2	液压系统的使用与维护	20 分				
3	安全文明操作	30 分				
总计得分		100 分				

【课后思考】

简答题

1. 液压动力滑台系统有何特点？
2. 液压系统使用应注意哪些问题？

【匠心筑梦】

锻造工业重器“创新大脑”

“我要把创新驱动发展战略和制造强国战略落实到每一个工作项目中。”从北京回到兰州新区，珍藏起金色的奖章，换上朴实的工装，全国劳动模范、兰州兰石能源装备工程研究院的高级工程师何琪功快步走进自己的工作室。

何琪功非常忙碌，作为从事机电液一体化锻压装备设计研发 30 余年的专家，如今他正瞄准数字化设计与制造技术、带领团队在科技自立自强的道路上奋力奔跑。他说：“装备制造必须与互联网、大数据、人工智能深度融合，推动先进制造业集群发展、众创发展。”

2016 年 9 月，历经 5 年的探索，随着“300MN 多缸薄板成型液压机组”项目验收通过，何琪功带领的团队又在自主创新上向前迈出一大步。这个迄今为止世界上最大吨位、压印投影面积达 5.4m^2 的多缸薄板成型液压机组填补了国内薄板成型领域大型装备的空白，迈入国际领先行列，提升了中国装备制造业的国际竞争力。

这之后，何琪功又主持完成了高精密特钢锻造生产线 EPC（总承包）项目，实现了我国在锻压设备领域的国产化和成套精密锻造装备的出口销售，1.6MN 径锻机作为生产线的核心设备，性能达到了同类国际先进水平，引领了行业技术进步，为提高中国锻压设备实力和提升行业国际竞争力做出重大贡献。

附录 常用液压与气动元件图形符号（GB/T 786.1—2021）

图形符号的基本要素和管路连接

图形	描述	图形	描述
	供油管路，回油管路，元件外壳和外壳符号		内部和外部先导（控制）管路、泄油管路、冲洗管路、放气管路
	组合元件框线		两条管路的连接标出连接点
	两条管路交叉没有连接，则没有交点		回到油箱
	气压源		液压源
控制机构			
	带有定位的推/拉控制机构		用作单向行程控制的滚轮杠杆
	带有一个线圈的电磁铁，动作指向阀芯		带有一个线圈的电磁铁，动作背离阀芯
	带有一个线圈的电磁铁，动作指向阀芯，连续控制	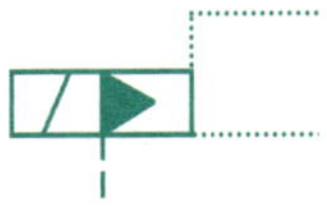	外部供油的电液先导控制机构
	带两个线圈的电气控制装置，一个动作指向阀芯，另一个动作背离阀芯，连续控制		电控气动先导控制机构
液压泵、马达和缸			
	变量泵（顺时针单向旋转）		变量泵（双向流动，带外泄油路，顺时针单向旋转）
	变量泵/马达（双向流动，带有外泄油路，双向旋转）	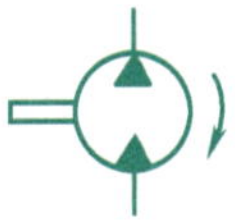	定量泵/马达（顺时针单向旋转）

（续）

图形	描述	图形	描述
液压泵、马达和缸			
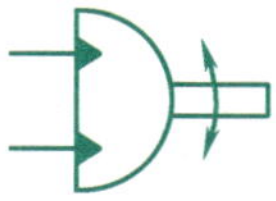	摆动执行器/旋转驱动装置（带有限制旋转角度功能，双作用）	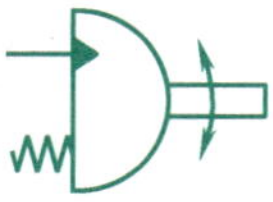	摆动执行器/旋转驱动装置（单作用）
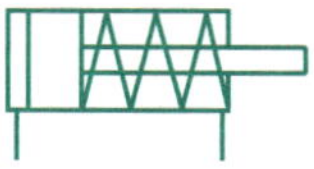	单作用单杆缸（靠弹簧力回程，弹簧腔带连接油口）	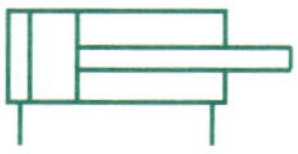	双作用单杆缸
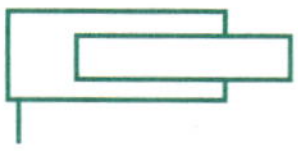	单作用柱塞缸		单作用多级缸
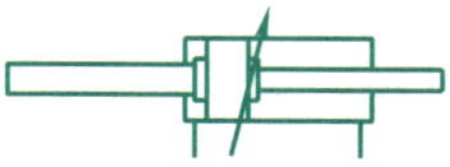	双作用双杆缸（活塞杆直径不同，双侧缓冲，右侧缓冲带调节）		双作用多级缸
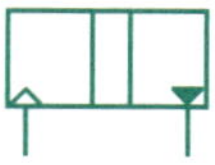	单作用气液转换器		
气压泵、马达和缸			
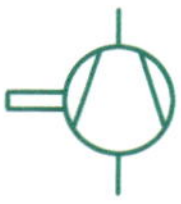	真空泵	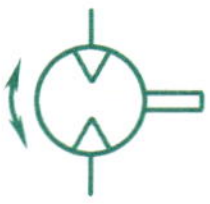	气马达，双向流通，固定排量，双向旋转
	空气压缩机	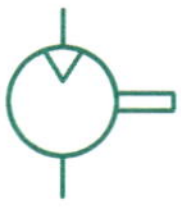	气马达
	摆动执行器/旋转驱动装置（带有限制旋转角度功能，双作用）		摆动执行器/旋转驱动装置（单作用）
	单作用单杆缸（弹簧复位，弹簧腔带连接气口）		双作用单杆缸
	单作用膜片缸（活塞杆终端带缓冲，带排气口）	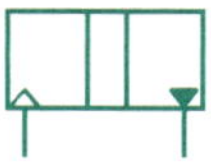	单作用压力气液转换器（将气体压力转换为等值的液体压力）
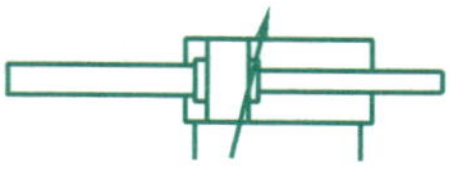	双作用双杆缸（活塞杆直径不同，双侧缓冲，右侧缓冲带调节）		

（续）

图形	描述	图形	描述
液压控制元件			
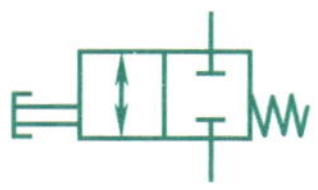	二位二通方向控制阀（双向流动，推压控制，弹簧复位，常闭）	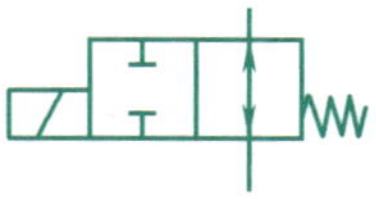	二位二通方向控制阀（电磁铁控制，弹簧复位，常开）
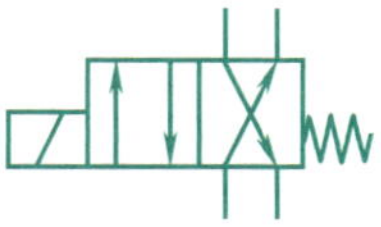	二位四通方向控制阀（电磁铁控制，弹簧复位）	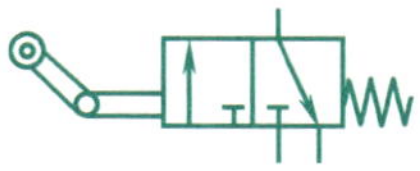	二位三通方向控制阀（单向行程的滚轮杠杆控制，弹簧复位 ）
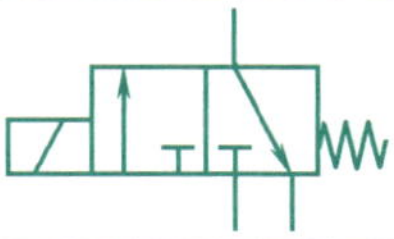	二位三通方向控制阀（单电磁铁控制，弹簧复位）	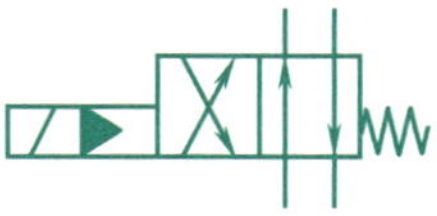	二位四通方向控制阀（电液先导控制，弹簧复位）
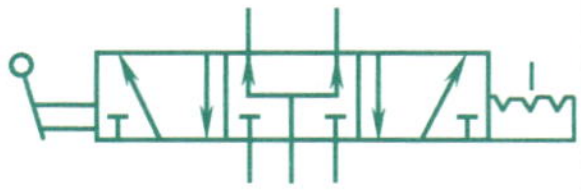	三位五通方向控制阀（手柄控制，带有定位机构）	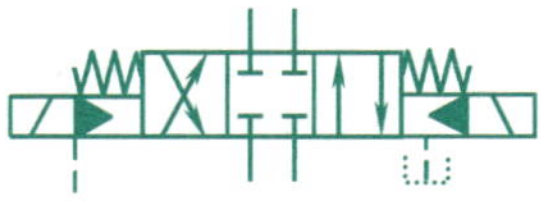	三位四通方向控制阀（电液先导控制，先导级电气控制，主级液压控制，先导级和主级弹簧对中，外部先导供油，外部先导回油）
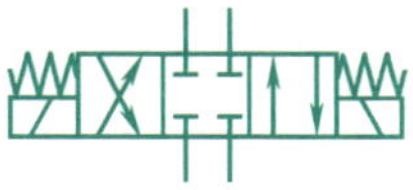	三位四通方向控制阀（弹簧对中，双电磁铁控制）		二位四通方向控制阀（液压控制，弹簧复位）
	三位四通方向控制阀（液压控制，弹簧对中）		二位五通方向控制阀（双向踏板控制）
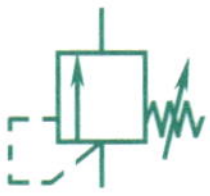	溢流阀（直动式，开启压力由弹簧调节）	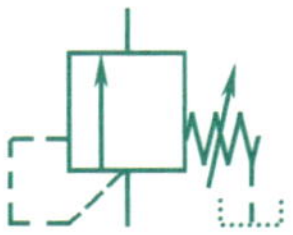	顺序阀（直动式，手动调节设定值）
	二通减压阀（直动式，外泄型）		顺序阀（带有旁通单向阀）
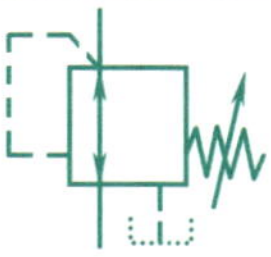	三通减压阀（超过设定压力时，通向油箱的出口开启）		二通减压阀（先导式，外泄型）
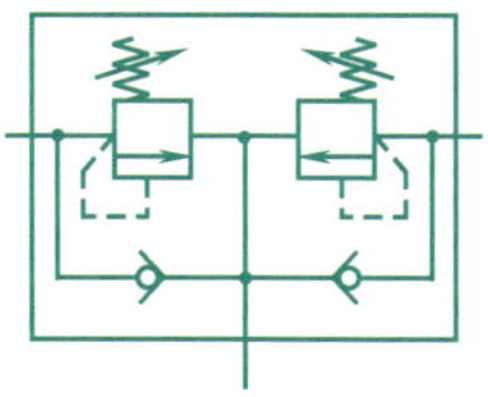	防气蚀溢流阀（用来保护两条供压管路）	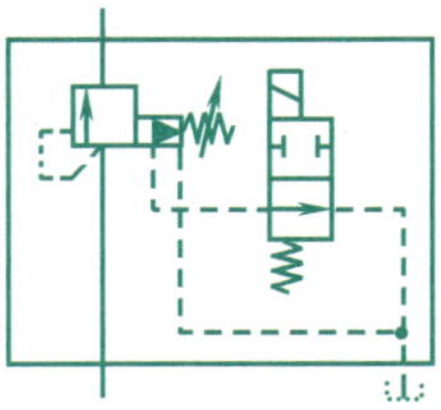	电磁溢流阀（由先导式溢流阀与电磁换向阀组成，通电建立压力，断电卸荷）

（续）

图形	描述	图形	描述
液压控制元件			
	节流阀	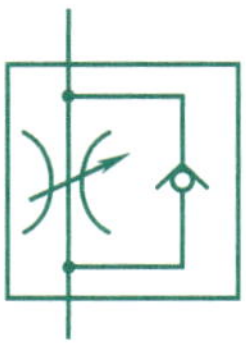	单向节流阀
	调速阀		二通流量控制阀（开口度预设置，单向流动，流量特性基本与压降和黏度无关，带有旁路单向阀）
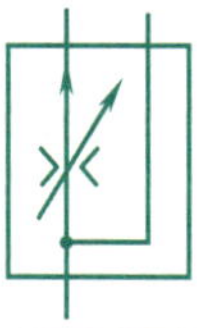	三通流量控制阀（开口度可调节，将输入流量分成固定流量和剩余流量）		单向阀，只能在一个方向自由流动
	单向阀（只能在一个方向自由流动）	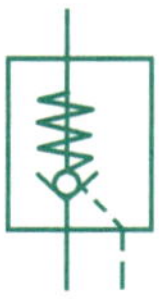	液控单向阀（带有弹簧，先导压力控制，双向流动）
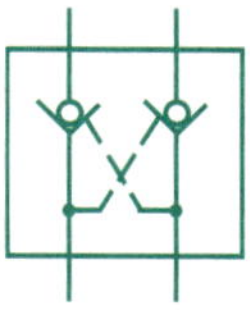	双液控单向阀	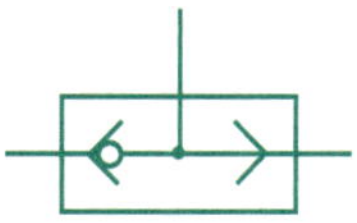	梭阀（逻辑为“或”，压力高的入口自动与出口接通）
气动控制元件			
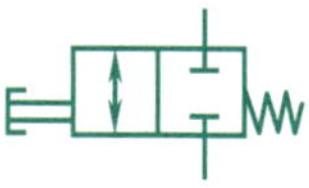	二位二通方向控制阀（推压控制，弹簧复位，常闭）	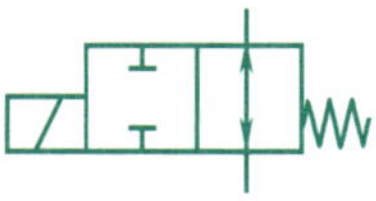	二位二通方向控制阀（电磁铁控制，弹簧复位，常开）
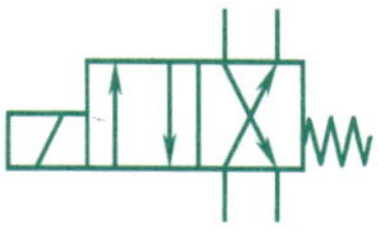	二位四通方向控制阀（电磁铁控制，弹簧复位）	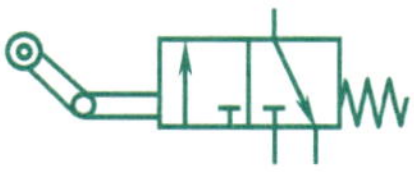	二位三通方向控制阀（滚轮杠杆控制，弹簧复位）
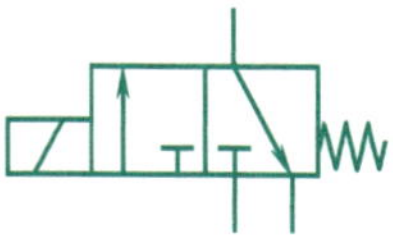	二位三通方向控制阀（单电磁铁控制，弹簧复位，常闭）	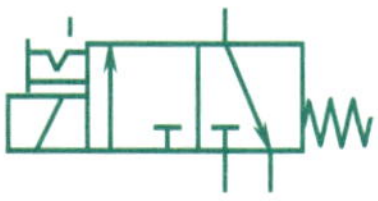	二位三通方向控制阀（单电磁铁控制，弹簧复位，手动锁定）
	三位五通方向控制阀（手柄控制，带有定位机构）		二位四通方向控制阀（单电磁铁控制，弹簧复位，手动锁定）

（续）

图形	描述	图形	描述
气动控制元件			
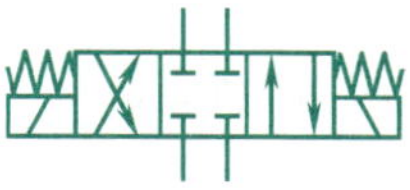	三位四通方向控制阀（弹簧对中，双电磁铁控制）		二位五通方向控制阀（单电磁铁控制，外部先导供气，手动辅助控制，弹簧复位）
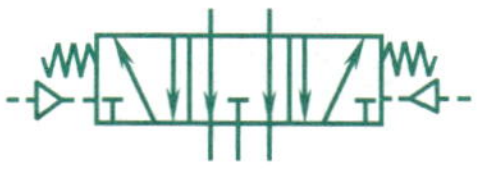	三位五通直动式气动方向控制阀（弹簧对中，中位时两出口都排气）	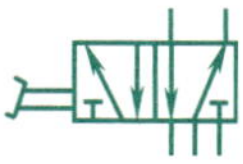	二位五通方向控制阀（踏板控制）
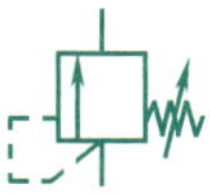	溢流阀（直动式，开启压力由弹簧调节）	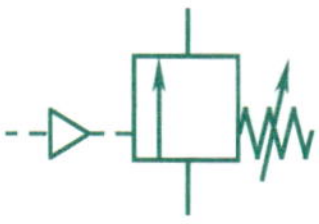	顺序阀（外部控制）
	减压阀（内部流向可逆）		减压阀（远程先导可调，只能向前流动）
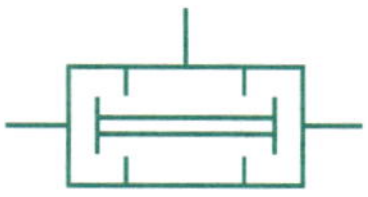	双压阀（逻辑为“与”，两进气口同时有压力时，低压力输出）		节流阀
	单向阀（带有弹簧，只能在一个方向自由流动，常闭）		单向节流阀
	单向阀（只能在一个方向自由流动）	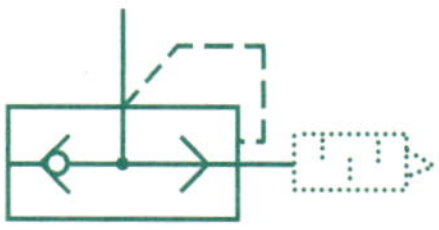	快速排气阀（带消声器）
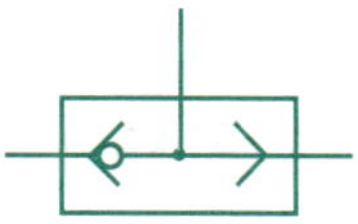	梭阀（逻辑为“或”，压力高的入口自动与出口接通）	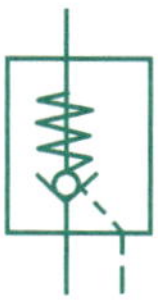	先导式单向阀（带有弹簧，先导压力控制，双向流动）

（续）

图形	描述	图形	描述
附件			
	压力表		压力继电器
	过滤器	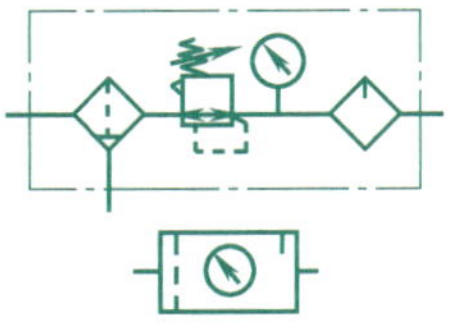	气源处理装置（FRL 装置，包括手动排水过滤器、手动调节式溢流减压阀、压力表和油雾器）第一个图为详细示意图，第二个图为简化图
	手动排水分离器	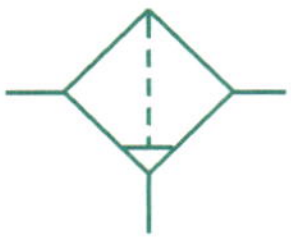	带手动排水分离器的过滤器
	吸附式过滤器		空气干燥器
	油雾器		气罐
	手动排水式油雾器		流量计
	不带有冷却方式指示的冷却器	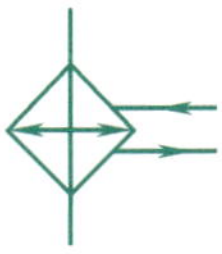	采用液体冷却的冷却器
	加热器		温度调节器
	隔膜式蓄能器		活塞式蓄能器

（续）

图形	描述	图形	描述
附件			
	快速接头，断开状态		快速接头，连接状态
	吸盘	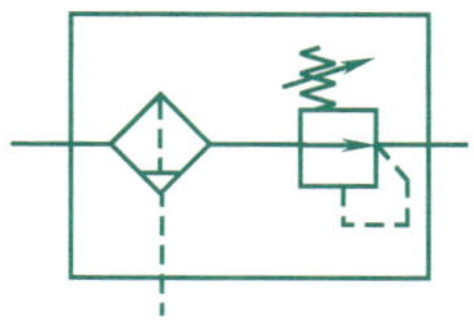	手动排水过滤器与减压阀的组合元件（通常与油雾器组成气动三联件，手动调节，不带有压力表）

参 考 文 献

［1］ 潘玉山．气动与液压技术［M］．2版．北京：机械工业出版社，2019.

［2］ 马振福．气动与液压传动［M］．2版．北京：机械工业出版社，2021.

［3］ 崔金华．气动与液压技术及实训［M］．北京：机械工业出版社，2017.

［4］ 王超，李文正．液压与气压传动技术［M］．北京：电子工业出版社，2016.

职业教育校企合作“互联网+”新形态教材

气动与液压技术及实训工作页

第2版

主　编　崔金华
副主编　徐　芳　曲珊珊
参　编　李海霞　李华宇　张爱英
　　　　王明清　高士静　顾赛男

机械工业出版社

目　　录

实训项目一　费斯托仿真软件的使用

实训一　FESTO FluidSIM-P 3.6 仿真软件的使用

一、实训目的

1）掌握 FESTO FluidSIM-P 3.6 仿真软件的使用方法。

2）能应用 FESTO FluidSIM-P 3.6 仿真软件制作简单的气动回路并进行仿真。

二、实训器材

1）工具：扳手、螺钉旋具等。

2）器材：计算机（已安装 FESTO FluidSIM-P 3.6 仿真软件）、导线。

三、实训内容与步骤

1. 实训内容

请用仿真软件完成图 1-1-1 所示的气动回路及电路，并进行仿真。

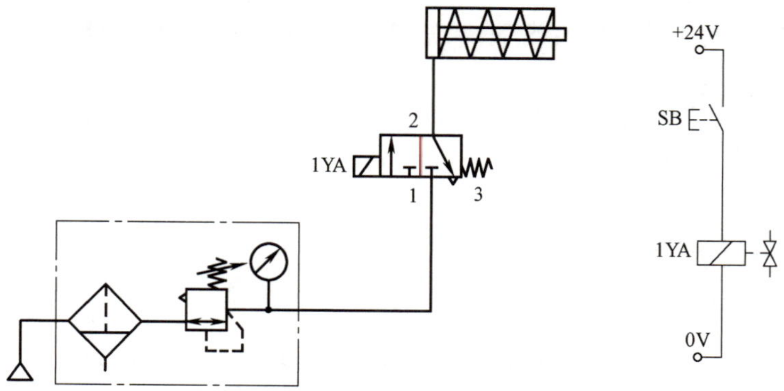

图 1-1-1　气动回路及电路

2. 实训步骤

1）打开 FESTO FluidSIM-P 3.6 仿真软件，出现如图 1-1-2 所示界面，主窗口中有菜单栏、快捷工具栏，仿真软件的元件库中有气动实训的气动元件和电气元件等。

2）单击“新建”按钮，在原理图工作编辑区中可新建原理图，如图 1-1-3 所示。

3）从左边元件库中把相应的元件拖入右边原理图工作编辑区中，对元件可进行各种形式的编辑，如图 1-1-4 所示。

① 所拖入的元件：气源、二联件、单作用缸、n 位三通换向阀、电源负极 0V、电源正极 24V、按钮开关（常开）、电磁线圈。

② 同时选中两个及以上的元件，进行对齐操作。

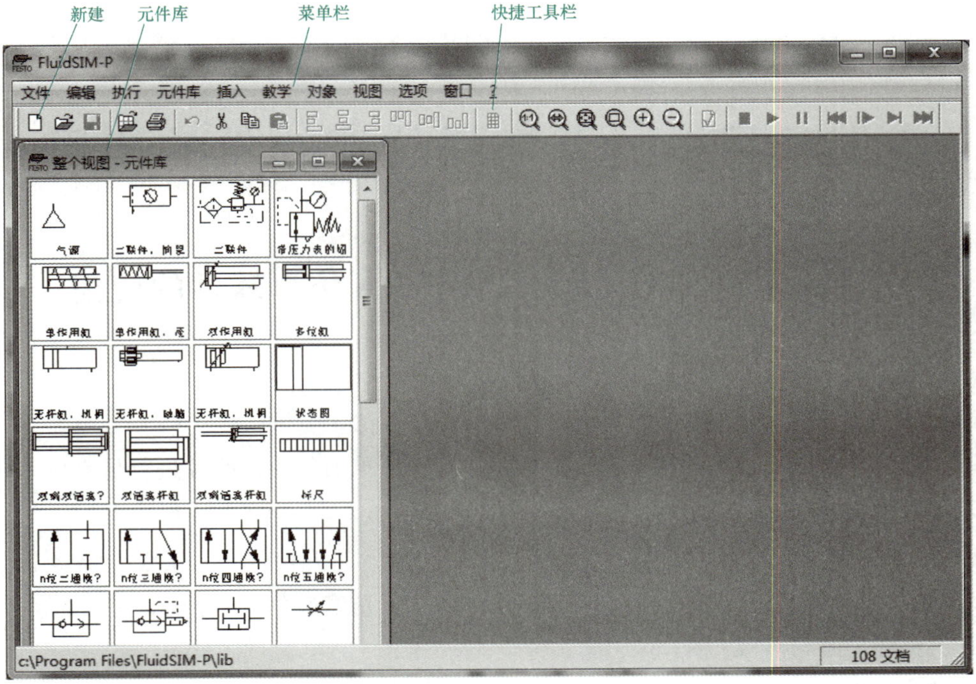

图 1-1-2　FESTO FluidSIM-P 3.6 启动界面

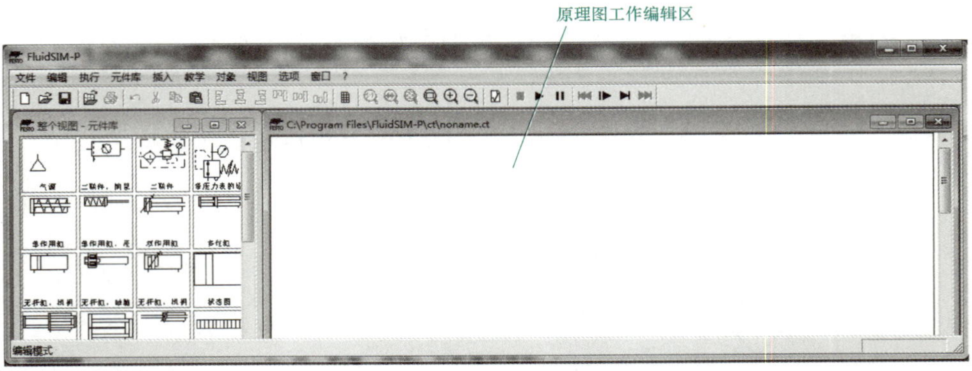

图 1-1-3　新建原理图工作编辑区

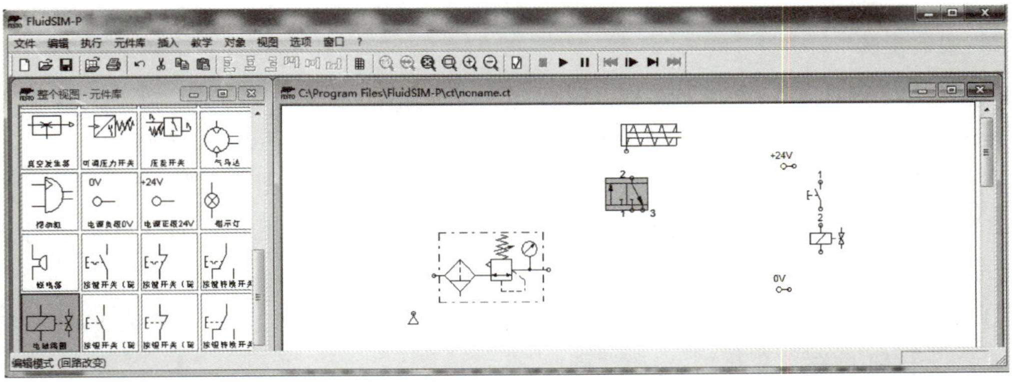

图 1-1-4　编辑元件

③ 若某元件放置角度不合适，可选中该元件，然后右击，在菜单中选择“旋转/90°”选项，直至调整到角度合适为止。

④ 选中“n位三通换向阀”元件，然后右击，在菜单中选择“属性”选项，弹出图1-1-5所示的“配置换向阀结构”对话框，在“左端驱动”选项组中选择“气控/电控”选项，“右端驱动”选项组中单击“弹簧复位”复选按钮，单击“确定”按钮，完成配置。

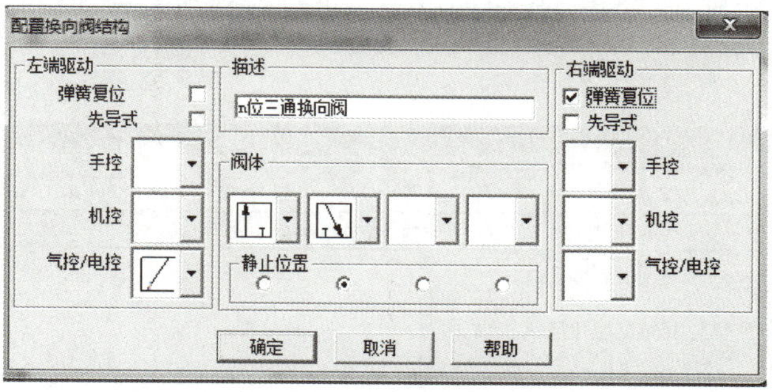

图1-1-5　配置换向阀结构

⑤ 元件间的管路连接：将光标放到元件圆圈（气接口）位置，待光标形状变为圆形后，单击并拖动光标到另外元件的气接口位置松开鼠标左键，可以看到管路连接完成。依次连接所有需要连接的管路与电路，如图1-1-6所示。

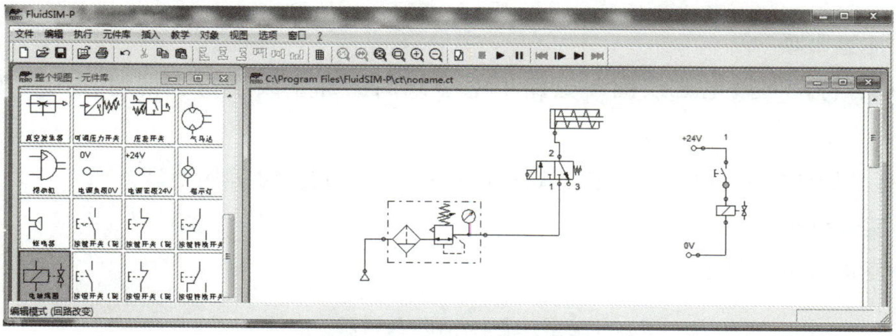

图1-1-6　管路与电路连接

⑥ 将光标放到二位三通换向阀的接口3位置，并右击，在弹出菜单中选择“属性”选项，在弹出的“气接口”对话框中，在“气接口端部”下拉列表框中选择图1-1-7所示形状，单击“确定”按钮。

⑦ 修改文字标识。将光标分别放到换向阀最左侧电控符号处和电路中电磁线圈处，双击弹出图1-1-8所示的“电磁线圈”对话框，在“标签”文本框中输入“1YA”，单击“确定”按钮。用同样方法将按钮开关（常开）的标签修改为“SB”。

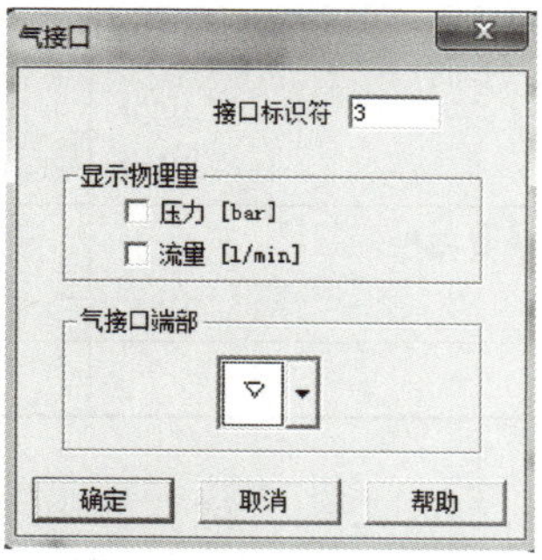

图1-1-7　“气接口”对话框

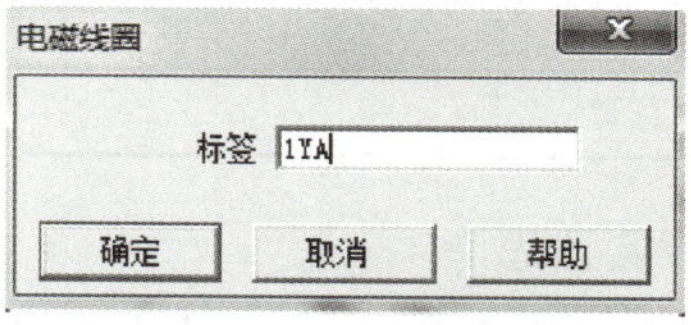

图1-1-8　“电磁线圈”对话框

4）如图 1-1-9 所示，在各元件搭成回路并完成所有设置后，单击“仿真”按钮，将光标放到“SB”按钮处单击，可以看到活塞移动。

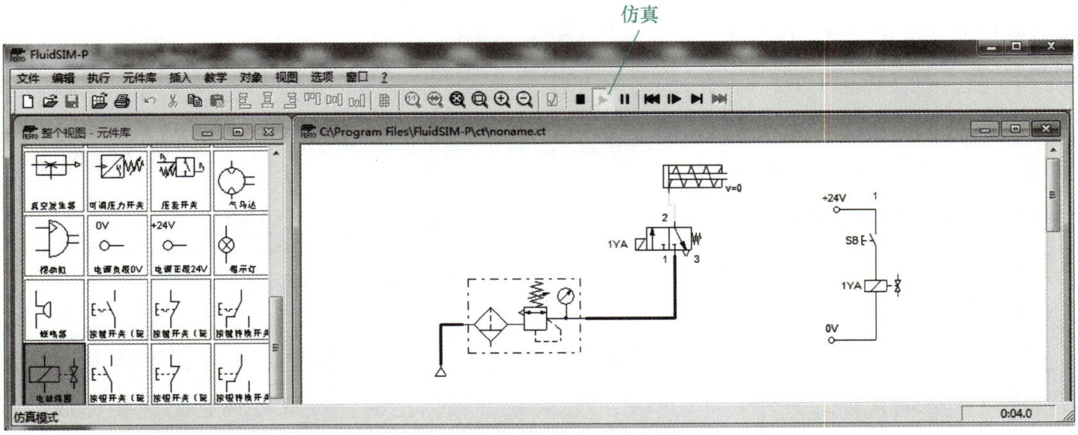

图 1-1-9　气动回路仿真

四、注意事项

1）只有将换向阀电磁线圈与电路中电磁线圈的标签设置为相同时，二者才联系在一起。

2）有个别实际元件可能在仿真软件元件库中找不到，可替换处理。

五、实训评价

评价反馈表见表 1-1-1。

表 1-1-1　评价反馈表

实训名称	学生姓名	学号	班级	日期

项目内容	配分	评分标准		得分
仿真软件的界面认识	10 分	1. 正确认识软件的菜单栏和工具栏 2. 正确认识元件库的各种符号	5 分 5 分	
气动回路的仿真	20 分	1. 会根据气动回路仿真回路 2. 正确使用仿真按钮	10 分 10 分	
电路的仿真	20 分	1. 会根据电路控制回路仿真电路 2. 会标注文字符号	10 分 10 分	
气动回路和电路的综合仿真	20 分	1. 熟悉通过电路控制气动回路 2. 能正确处理仿真中的问题	10 分 10 分	
文明生产、小组合作	30 分	1. 严格遵守安全规程、文明生产、规范操作 2. 小组协作、共同完成	20 分 10 分	
总评				

六、实训思考

FESTO FluidSIM-P 3.6 仿真软件元件库中的符号与国家标准符号有何区别？

实训二　FESTO FluidSIM-H 3.6 仿真软件的使用

一、实训目的

1）掌握 FESTO FluidSIM-H 3.6 仿真软件的使用方法。

2）能应用 FESTO FluidSIM-H 3.6 仿真软件制作简单的液压回路并进行仿真。

二、实训器材

1）工具：扳手、螺钉旋具等。

2）器材：计算机（已安装 FESTO FluidSIM-H 3.6 仿真软件）、导线。

三、实训内容与步骤

1. 实训内容

请用仿真软件完成图 1-2-1 所示的液压回路及电路，并进行仿真。

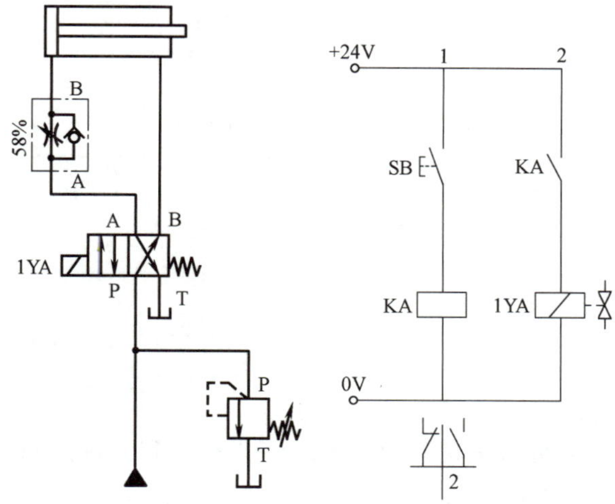

图 1-2-1　液压回路及电路

2. 实训步骤

1）打开 FESTO FluidSIM-H 3.6 仿真软件，单击“新建”按钮，在原理图工作编辑区中可新建原理图。

2）从左边元件库中把相应的元件拖入右边原理图工作编辑区中，对元件可进行各种形式的编辑，如图 1-2-2 所示。

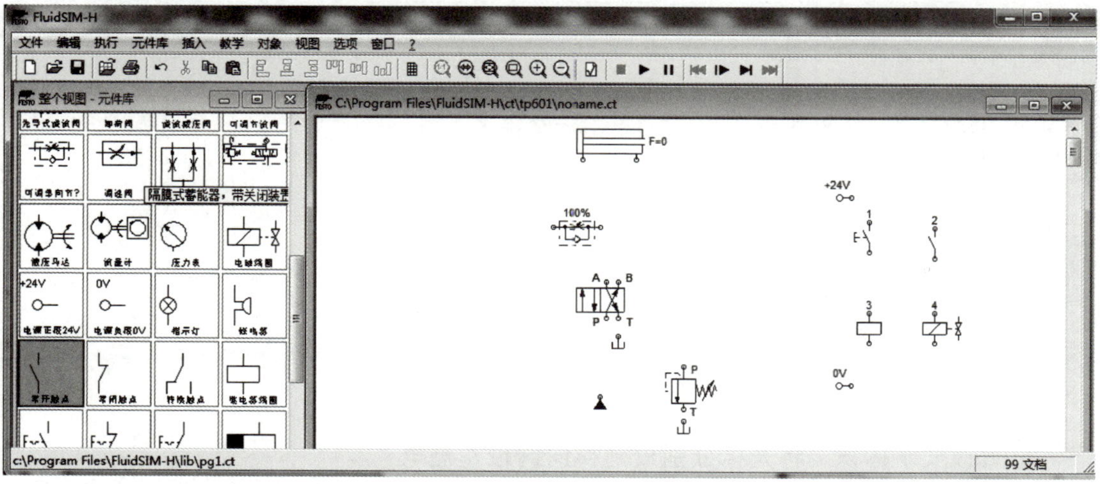

图 1-2-2　编辑元件

① 所拖入的元件：液压源、溢流阀、双作用缸、n 位四通换向阀、可调单向节流阀、电源负极 0V、电源+24V、按钮开关（常开）、常开触点、继电器线圈、电磁线圈。

② 同时选中两个及以上的元件，进行对齐操作。

③ 选中“可调单向节流阀”元件，然后右击，在菜单中选择“旋转/90°”选项，然

后双击该元件，调整开度为 58%。

④ 选中“n 位四通换向阀”元件，然后右击，在菜单中选择“属性”选项，弹出如图 1-2-3 所示的“配置换向阀结构”对话框，在“左端驱动”选项组中选择“液控/电控”选项，“右端驱动”选项组中单击“弹簧复位”复选按钮，单击“确定”按钮，完成配置。

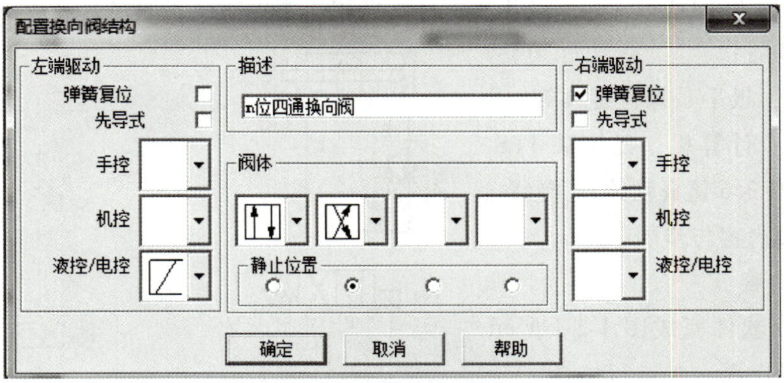

图 1-2-3　“配置换向阀结构”对话框

⑤ 元件间的管路连接：将光标放到元件圆圈（油口）位置，待光标形状变为圆形后，单击并拖动光标到另外元件的油口位置松开鼠标左键，可以看到管路连接完成。依次连接所有需要连接的管路与电路，如图 1-2-4 所示。

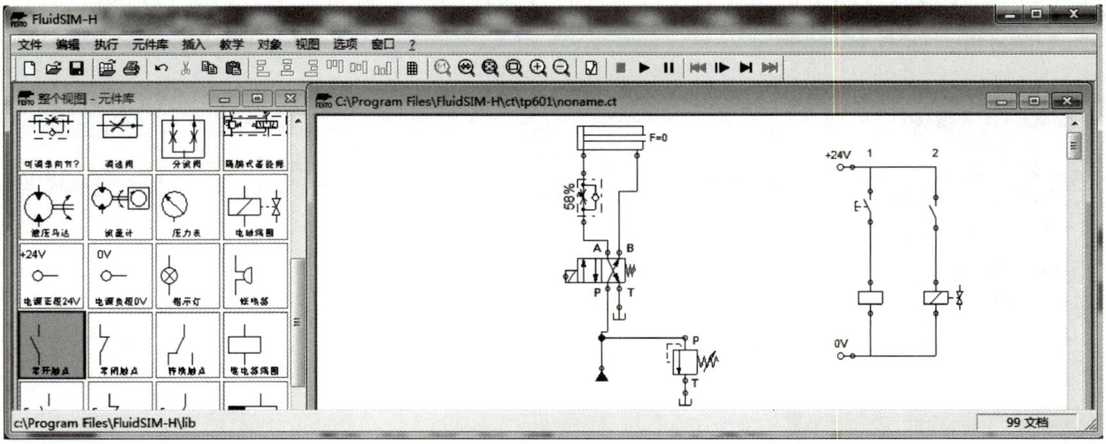

图 1-2-4　管路与电路连接

⑥ 修改文字标识。将光标分别放到换向阀最左侧电控符号处和电路中电磁线圈处，双击弹出图 1-2-5 所示的“电磁线圈”对话框，在“标签”文本框中输入“1YA”，单击“确定”按钮。用同样方法将“按钮开关（常开）”的“标签”修改为“SB”，“继电器线圈”及“常开触点”修改为“KA”。

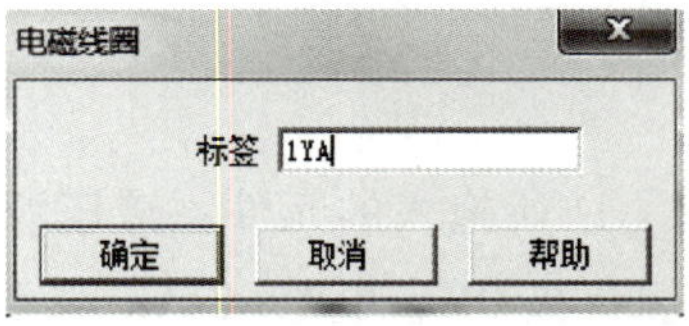

图 1-2-5　“电磁线圈”对话框

3）如图 1-2-6 所示，在各元件搭成回路并完成所有设置后单击“仿真”按钮，将光标放到“SB”按钮处单击，可以看到活塞移动。

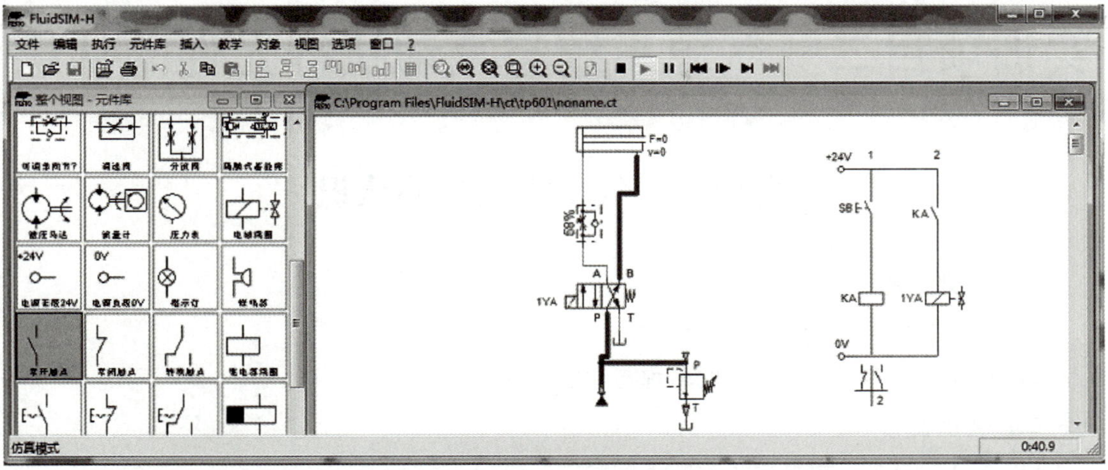

图 1-2-6　液压回路仿真

四、注意事项

注意事项同本实训项目实训一。

五、实训评价

评价反馈表见表 1-2-1。

表 1-2-1　评价反馈表

<table>
<tr><td colspan="3">实训名称</td><td>学生姓名</td><td>学号</td><td>班级</td><td>日期</td></tr>
<tr><td colspan="3"></td><td></td><td></td><td></td><td></td></tr>
<tr><td>项目内容</td><td>配分</td><td colspan="3">评分标准</td><td colspan="2">得分</td></tr>
<tr><td>仿真软件的界面认识</td><td>10 分</td><td colspan="3">1. 正确认识软件的菜单栏和工具栏　5 分
2. 正确认识元件库的各种符号　5 分</td><td colspan="2"></td></tr>
<tr><td>液压回路的仿真</td><td>20 分</td><td colspan="3">1. 会根据液压回路仿真回路　10 分
2. 正确使用仿真按钮　10 分</td><td colspan="2"></td></tr>
<tr><td>电路的仿真</td><td>20 分</td><td colspan="3">1. 会根据电路仿真电路　10 分
2. 会标注文字符号　10 分</td><td colspan="2"></td></tr>
<tr><td>液压回路和电路的综合仿真</td><td>20 分</td><td colspan="3">1. 熟悉通过电路控制液压回路　10 分
2. 能正确处理仿真中的问题　10 分</td><td colspan="2"></td></tr>
<tr><td>文明生产、小组合作</td><td>30 分</td><td colspan="3">1. 严格遵守安全规程、文明生产、规范操作　20 分
2. 小组协作、共同完成　10 分</td><td colspan="2"></td></tr>
<tr><td>总评</td><td colspan="6"></td></tr>
</table>

六、实训思考

FESTO FluidSIM-H 3.6 仿真软件元件库中的符号与国家标准符号有何区别？

实训项目二　气源系统与气动执行元件的认识

实训一　气动实训台的认识

一、实训目的

1）认识气动实训台的基本结构。

2）掌握气动实训台各部分的名称与功能。

二、实训器材

1）工具：扳手、螺钉旋具等。

2）器材：气动实训台、气管及带快插管接头的阀。

三、实训内容与步骤

1. 实训内容

认识气动实训台，会使用气动实训台。

如图 2-1-1 所示，气动实训台主要用于气压实训，能够对典型的气动回路进行实验和仿真。气动实训台包括气路的硬件、电气控制、PLC 控制以及计算机等部分。

（1）气压实验装置　实训台中气路的连接采用快速接头，提高了气路连接的效率，而

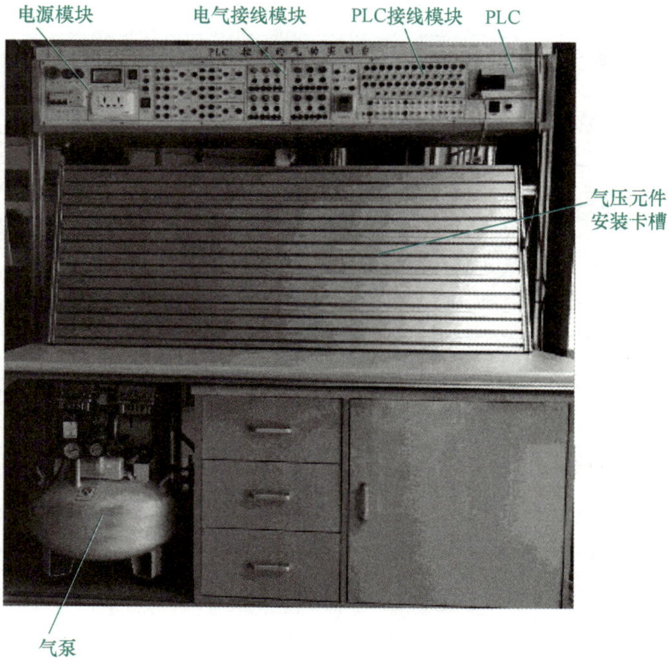

图 2-1-1　气动实训台

且接头能够重复多次使用，便于不同气路的连接和组成。气压实验装置主要包括气压元件固定台板、气压元件、气泵、气动辅助元件。

1）气压元件固定台板：采用铝合金制作，上面带有元件固定卡槽。气路实验中的控制元件、执行元件能够直接在固定卡槽中快速安装和取下。

2）气压元件：是组成气动回路的执行元件和控制元件。控制元件包括气动换向阀、电磁换向阀、单向阀、延时阀等。执行元件包括单作用缸、双作用缸等。

3）气泵：是一种能量转化装置，把电能转化为气动回路动作的压力能。气动实训台中的气泵采用的是静音式无油空气压缩泵，具有噪声小、易维护和自动工作的特点。

4）气动辅助元件：气路快速接头、限位传感器等。

（2）电气及 PLC 控制装置　如图 2-1-2 所示，电气装置由 PLC、继电器控制元件及控制面板等组成。继电器控制面板由插孔和继电器按钮组成。通过组合插接不同插孔设计电气控制回路。

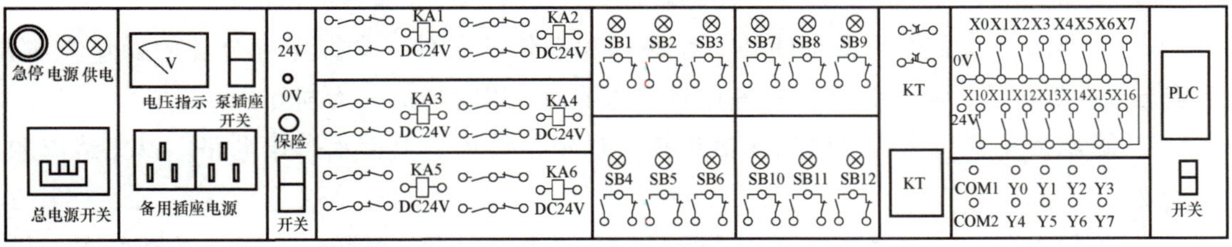

图 2-1-2　电气及 PLC 控制装置

PLC 为自动气路构建的控制核心，气动实训台中的 PLC 为三菱 FX2N-48MR，其结构已经在气动实训台中全部固化为安全插头，便于实验。

2. 实训步骤

1）认识气动实训台的整体组成：气压实验装置、电气及 PLC 控制装置。

2）认识气动实训台中的气动元件固定板、气动执行元件等。

3）认识电气控制装置，了解电气控制元件的作用和工作原理。

4）气管与快插管接头的连接使用：如图 2-1-3 所示，连接时握住气管的末端直接将气

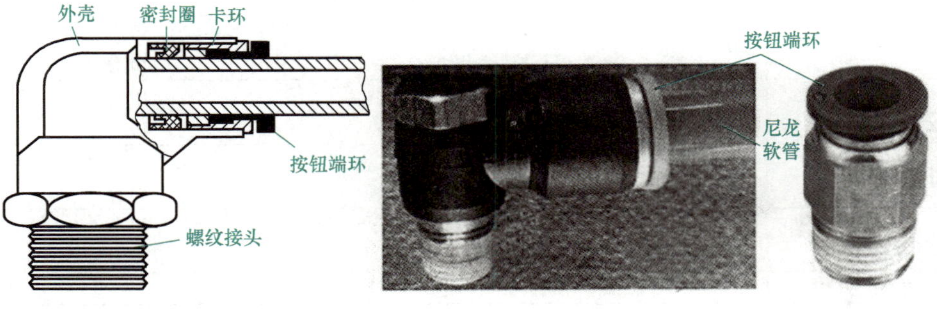

a) 快插管接头　　b) 实物连接图

图 2-1-3　气管与快插管接头的连接

管插入快插管接头的插孔，插入时应该将气管插到底，管接头的弹性卡环将其咬合固定，并由O形密封圈密封；若需将气管从快插管接头中拔出时，必须按下快插管接头的按钮端环，然后再向外拔下气管。

四、注意事项

1）实验中应注意安全并爱护实验设备，严格遵守实验规程，不得擅自起动与当次实验无关的设备。实验中发现异常现象应立即切断电源并保护现场，向指导教师报告，以便妥善处理。

2）气管切断时，应保证切口竖直，且管子外部无伤痕。连接气管时，应注意松紧适度。

3）活塞杆运动路程上不得有阻碍。

4）气动元件要安装牢固。管路不许缠绕和扭折。引入压缩空气之前，要检查所有螺纹连接部位、气动软管插接是否牢固，因为通入压缩空气后容易发生脱头。谨防发生危险甚至导致事故。拆卸、检查、更换元件时一定要关断气源。

5）实验完毕后，要清洁元件，注意做好元件的保养和实验台的清洁。

6）做实验之前必须熟悉元件的工作原理和动作的条件，掌握正确合理的操作方法，严禁强行拆卸阀体，不要强行旋扭各种元件的手柄，以免造成人为损坏。

7）通电后不要将手或导电物体戳进护套插座，禁止手上带水操作电路，以免造成触电事故。

8）连接电路、气动回路之前必须断开设备总电源；拆卸系统时，先要关断气源，待气动三联件上的压力表显示为零时，再拆开系统。

9）气动元件为弹卡式安装，使用时要确保稳当，以免做实验时掉落；气管搭接插装时要插装到位，以免加压后出现脱离现象。

五、实训评价

评价反馈表见表2-1-1。

表2-1-1 评价反馈表

<table>
<tr><td colspan="3">实训名称</td><td>学生姓名</td><td>学号</td><td>班级</td><td>日期</td></tr>
<tr><td colspan="3"></td><td></td><td></td><td></td><td></td></tr>
<tr><td>项目内容</td><td>配分</td><td colspan="3">评分标准</td><td colspan="2">得分</td></tr>
<tr><td rowspan="2">气压实验装置认识</td><td rowspan="2">10分</td><td colspan="2">1. 正确认识气动实训台各部分名称</td><td>5分</td><td rowspan="2" colspan="2"></td></tr>
<tr><td colspan="2">2. 正确认识气动实训台各部分作用</td><td>5分</td></tr>
<tr><td rowspan="2">电气及PLC控制装置认识</td><td rowspan="2">20分</td><td colspan="2">1. 熟悉电气控制装置组成作用</td><td>10分</td><td rowspan="2" colspan="2"></td></tr>
<tr><td colspan="2">2. 熟悉PLC控制装置组成作用</td><td>10分</td></tr>
<tr><td rowspan="2">实训步骤的认识</td><td rowspan="2">20分</td><td colspan="2">1. 明确电路步骤</td><td>10分</td><td rowspan="2" colspan="2"></td></tr>
<tr><td colspan="2">2. 会进行气管的连接</td><td>10分</td></tr>
<tr><td rowspan="2">实训注意事项</td><td rowspan="2">20分</td><td colspan="2">1. 熟悉注意事项中内容</td><td>10分</td><td rowspan="2" colspan="2"></td></tr>
<tr><td colspan="2">2. 理解注意事项中的禁止问题</td><td>10分</td></tr>
<tr><td rowspan="2">文明生产、小组合作</td><td rowspan="2">30分</td><td colspan="2">1. 严格遵守安全规程、文明生产、规范操作</td><td>20分</td><td rowspan="2" colspan="2"></td></tr>
<tr><td colspan="2">2. 小组协作、共同完成</td><td>10分</td></tr>
<tr><td>总评</td><td colspan="4"></td><td colspan="2"></td></tr>
</table>

六、实训思考

在气动实训台上，要进行气路连接实验，各器件的操作顺序是什么？

实训二　气源装置和辅助元件认识

一、实训目的

1）认识静音无油空气压缩泵的结构。

2）会使用静音无油空气压缩泵。

3）会查看静音无油空气压缩泵的铭牌参数。

4）认识三联件的内部结构，了解其工作原理。

二、实训器材

1）工具：消声器、扳手、螺钉旋具等。

2）器材：气动实训台、静音无油空气压缩泵、三联件等。

三、实训内容与步骤

1. 认识静音无油空气压缩泵的结构

（1）实训内容　图 2-2-1 所示为静音无油空气压缩泵，通过该气泵的工作可为实训台提供稳定的可调气源。气罐下方有放污阀，每日空压机工作结束后，必须旋开气罐放污阀排出污水，第二日空压机起动前再合上放污阀；红色泵开关 S 操作时，向上拉为开机，向下压为停机。

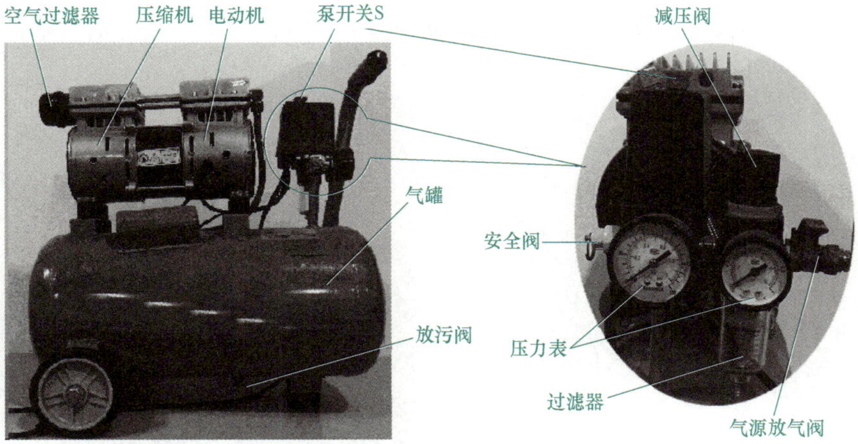

图 2-2-1　静音无油空气压缩泵

（2）实训步骤

1）请分组讨论指出静音无油空气压缩泵各部分的功能及作用。

2）认识静音无油空气压缩泵的铭牌参数及意义。

静音无油空气压缩泵的铭牌参数见表 2-2-1，观察阐述每个数值的实际意义。

参数中的起动压力和停止压力就是压缩机工作的临界值，当气罐中的气体压力小于 0.6MPa 时，压缩机工作增加气罐的压力；当气罐的压力大于 0.8MPa 时，压缩机停止工作。

表 2-2-1　铭牌参数

项目	参数	项目	参数	项目	参数
型号	JYK35	电源	220V/50Hz	功率	0.8kW
实际流量	65L/min	理论流量	150L/min	转速	1400r/min
噪声	55dB	起动压力	0.6MPa	容积	35L
外形尺寸	440mm×440mm×710mm	停止压力	0.8MPa	净重	30kg

3）在教师指导下，分步操作起动各器件，起动空压机。

① 查看设备外观、环境、电气绝缘、机械装置是否符合相应规格要求。

② 检查注油器油标油位，拉动安全阀看是否起作用。

③ 排污：打开气罐与大气相通。

④ 运转：如图 2-2-2 所示，起动泵开关 S，主电动机空运转，关闭气罐排污阀闸，调节输出气口，观察压力表，看压力开关 SP 是否在气压达到设定的压力上限时，电动机自动停止，当气压低于设定压力时自动起动。在空压机工作过程中要注意空压机的温度。

⑤ 停机前，首先气罐要排气；待卸压后，方可关闭主电动机并排污，然后关闭电控柜断路器。

2. 认识气动三联件

（1）实训内容　图 2-2-3 所示为气动三联件，其包括过滤器、减压阀、油雾器三大件。减压阀可对气源进行稳压，使气源处于恒定状态，可减小因气源气压突变时对阀门或执行元件等硬件的损伤。过滤器用于对气源的清洁，可过滤压缩空气中的水分，避免水分随气体进入装置。油雾器可对机体运动部件进行润滑，可以对不方便加润滑油的部件进行润滑，大大延长机体使用寿命。

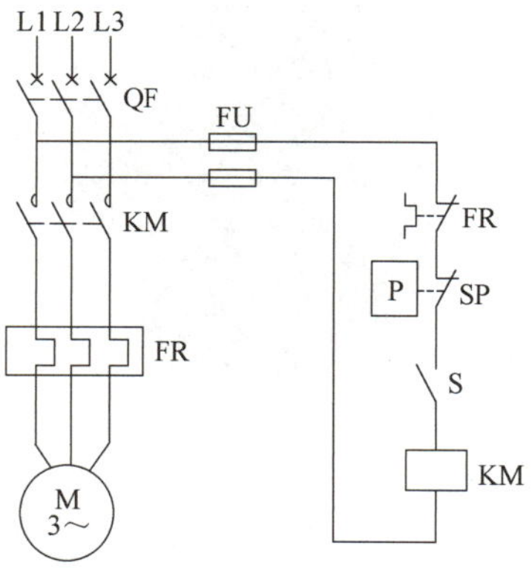

图 2-2-2　空气压缩机起动电路

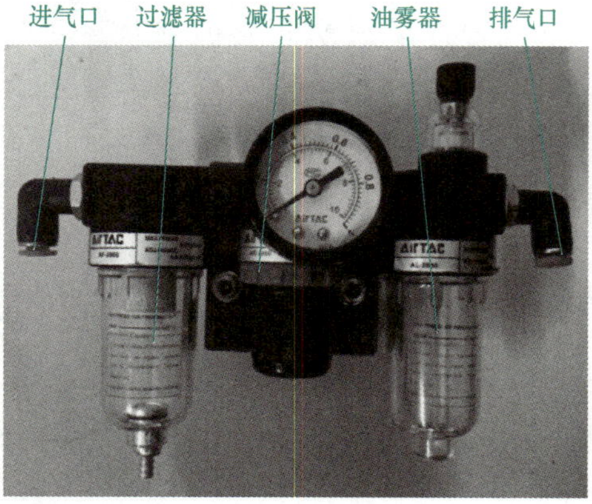

图 2-2-3　三联件

（2）实训步骤

1）说明三联件的各部分结构与功能。

2）说明三联件的使用注意事项。

① 配管前，请注意清洗连接管道及接头，避免脏物带入气路。使用密封条时，应顺时针方向将密封条缠绕在管螺纹上，端部应空出 1.5～2 个螺纹牙型宽度。

② 安装时请注意气体流动方向与阀体上箭头所指方向是否一致，并注意接管及接头

螺纹牙型是否正确。

③ 压力调节时，在转动旋钮前请先拉起再旋转，压下旋钮为定位。顺时针旋转为调高出口压力，逆时针旋转调低出口压力。调节压力时应逐步均匀地调至所需压力值，不应一步调节到位。

④ 给油器的使用方法：加油量请不要超过杯子八分满。油雾量旋钮数字 0 为油量最小，9 为油量最大。

⑤ 滤芯应定期清洗或更换，清洗水应使用中性清洗剂，然后用净水漂净后吹干。

⑥ 为了延长减压阀的使用寿命，阀不用时，应旋松手柄使压力回零，避免阀内膜片长期受压产生塑性变形。

⑦ 气动系统润滑油是专用油，一般用的是气动元件生产商推荐的润滑油，绝对不允许使用锭子油或机油。

⑧ 维修时，要注意观察压力表，排放系统的残压，以免发生危险。

四、注意事项

1）开机前请确认已装上空气过滤器。

2）不得使用截面积小于规定且长度大于 3m 的导线作为电源线。

3）在加压时，应该先关闭阀门，当气压到达工作值时再开启阀门。

4）不要随意调整安全阀。

5）不要用拔出插头的方式来代替通过气压开关停机。

6）停机时，如气压开关或电磁阀不能泄气，应查明原因以免损坏电动机。

7）使用结束应关闭压缩机的电气开关，并拔下插头，切断电源。

8）实验结束时，应先关阀门，再断开气路；气罐内有气压时，不要拆卸任何连接部件。

五、实训评价

评价反馈表见表 2-2-2。

表 2-2-2　评价反馈表

<table>
<tr><td colspan="3">实训名称</td><td>学生姓名</td><td>学号</td><td>班级</td><td>日期</td></tr>
<tr><td colspan="3"></td><td></td><td></td><td></td><td></td></tr>
<tr><td>项目内容</td><td>配分</td><td colspan="4">评分标准</td><td>得分</td></tr>
<tr><td rowspan="2">认识静音无油空气压缩泵的结构</td><td rowspan="2">10 分</td><td colspan="3">1. 正确认识各部分名称</td><td>5 分</td><td rowspan="2"></td></tr>
<tr><td colspan="3">2. 正确认识各部分作用</td><td>5 分</td></tr>
<tr><td rowspan="2">认识气动三联件</td><td rowspan="2">20 分</td><td colspan="3">1. 正确认识各部分名称</td><td>10 分</td><td rowspan="2"></td></tr>
<tr><td colspan="3">2. 正确认识各部分作用</td><td>10 分</td></tr>
<tr><td rowspan="2">实训步骤的认识</td><td rowspan="2">20 分</td><td colspan="3">1. 明确操作步骤</td><td>10 分</td><td rowspan="2"></td></tr>
<tr><td colspan="3">2. 会进行气管的连接</td><td>10 分</td></tr>
<tr><td rowspan="2">实训注意事项</td><td rowspan="2">20 分</td><td colspan="3">1. 熟悉注意事项中内容</td><td>10 分</td><td rowspan="2"></td></tr>
<tr><td colspan="3">2. 理解注意事项中的禁止问题</td><td>10 分</td></tr>
<tr><td rowspan="2">文明生产、小组合作</td><td rowspan="2">30 分</td><td colspan="3">1. 严格遵守安全规程、文明生产、规范操作</td><td>20 分</td><td rowspan="2"></td></tr>
<tr><td colspan="3">2. 小组协作、共同完成</td><td>10 分</td></tr>
<tr><td>总评</td><td colspan="5"></td><td></td></tr>
</table>

六、实训思考

为什么压缩机的停止与起动临界值不是一个数值？

实训三　气缸和气马达的认识

一、实训目的

1）理解气缸的内部结构和工作原理。

2）认识气马达及外形结构。

二、实训器材

1）工具：扳手、螺钉旋具等。

2）器材：气动实训台、气缸、气马达等。

三、实训内容与步骤

1. 实训内容

认识气缸和气马达。

2. 实训步骤

（1）绘制符号　图 2-3-1 所示为单作用气缸和双作用气缸实物图，请绘出两种气缸的图形符号。

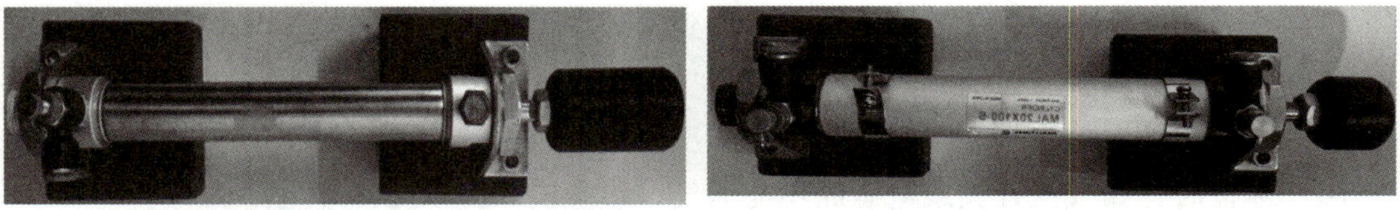

a) 单作用气缸　　b) 双作用气缸

图 2-3-1　气缸

（2）比较区别　用手拉动气缸进行伸缩运动，双作用缸伸缩自如且不能自动复位，单作用缸驱动力大且能够在弹簧作用下自动复位。

（3）拆卸气缸并观察内部结构　拆卸气缸时注意拆卸的顺序，并使用专用工具进行拆装，避免损坏气缸。安装气缸时应严格控制装配精度，安装完成后应该无漏气，运行顺滑无阻滞。

以气动系统中最常使用的单活塞杆双作用气缸为例来说明，气缸典型结构（图 2-3-2）由缸筒、活塞、活塞杆、前缸盖、后缸盖及密封件等组成。双作用气缸内部被活塞分成两个腔。有活塞杆腔称为有杆腔，无活塞杆腔称为无杆腔。

当从无杆腔输入压缩空气时，有杆腔排气，气缸两腔的压力差作用在活塞上所形成的力克服阻力负载推动活塞运动，使活塞杆伸出；当有杆腔进气，无杆腔排气时，使活塞杆缩回。若有杆腔和无杆腔交替进气和排气，活塞实现往复直线运动。

（4）认识气马达　图 2-3-3 所示为气马达，气马达分单向转动和双向转动。单向转动可以设计成顺时针旋动或逆时针旋动。气马达需要以空气气管方式润滑，润滑装置尽可能靠近马达。

四、注意事项

1）因气缸的缸体属于薄壁器件，在拆装时应该注意拆装技巧，不能强力拆装，避免因气缸壁变形导致气缸无法使用。

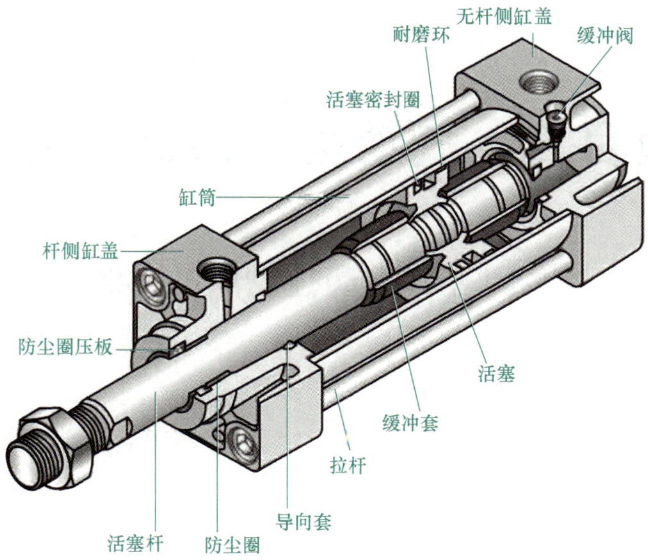

图 2-3-2　气缸的内部结构

2）装配时应该进行清理和润滑。

3）在拆装气缸时，必须先切除气源，保证缸体内气体放空，直至设备处于静止状态方可作业。

4）装配结束后，应先检查身体任何部分未置于其行程范围内，方可接通气源试运行，接通气源时，应先缓慢充入部分气体，使气缸充气至原始位置，再插入接头。

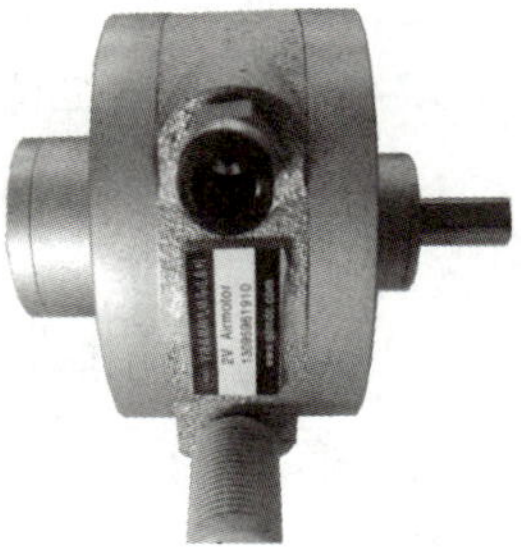

图 2-3-3　气马达

五、实训评价

评价反馈表见表 2-3-1。

表 2-3-1　评价反馈表

实训名称		学生姓名	学号	班级	日期
项目内容	配分	评分标准			得分
认识气缸	20 分	1. 正确认识各部分名称　10 分 2. 正确认识各部分作用　10 分			
认识气马达	10 分	1. 正确认识各部分名称　5 分 2. 正确认识各部分作用　5 分			
实训步骤的认识	20 分	1. 明确操作步骤　10 分 2. 明确实训部件的装拆步骤　10 分			
实训注意事项	20 分	1. 熟悉注意事项中内容　10 分 2. 理解注意事项中的禁止问题　10 分			
文明生产、小组合作	30 分	1. 严格遵守安全规程、文明生产、规范操作　20 分 2. 小组协作、共同完成　10 分			
总评					

六、实训思考

摆动气缸与气马达有何区别？

实训项目三　气动基本回路组装与调试

实训一　气动控制阀的拆装

一、实训目的

1）了解气动控制阀的内部结构。

2）会进行气动控制阀的拆装。

二、实训器材

1）工具：扳手、螺钉旋具等。

2）器材：二位五通气动控制阀、气动实训台。

三、实训内容与步骤

1. 拆装并观察二位五通气动控制阀

（1）实训内容　拆装并观察二位五通气动控制阀（图 3-1-1）的内部结构。

（2）实训步骤

1）如图 3-1-1 所示，观察气动换向阀的结构图，明确各部分的名称。

2）将二位五通气动换向阀的两侧螺钉进行拆卸。如图 3-1-2 所示拆卸螺钉，即可打开气动阀。

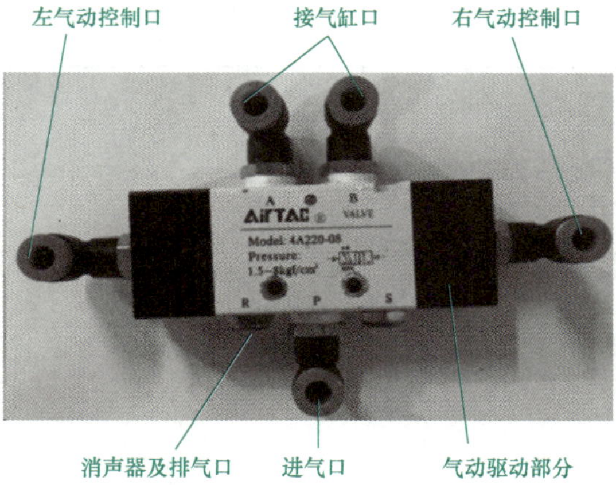

图 3-1-1　二位五通气动换向阀的结构

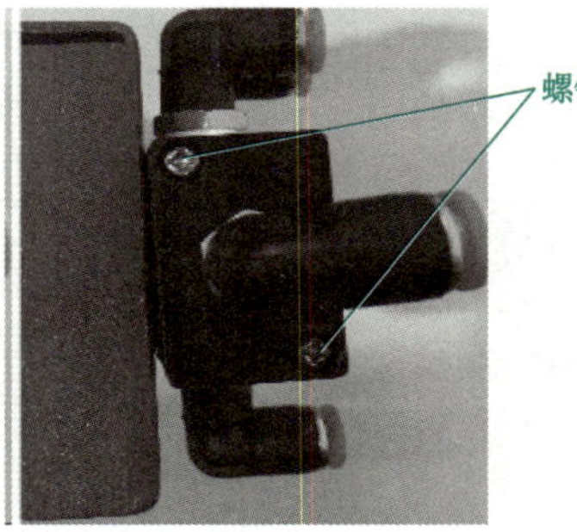

图 3-1-2　拆卸螺钉

3）观察结构　观察两侧气动驱动部分的内部结构，如图 3-1-3 所示。

4）观察图 3-1-4 所示的阀芯结构。

5）观察图 3-1-5 所示的阀体内部结构。

6）装配　拆卸完成以后，重新进行组装并连接气动阀，检测气动换向阀是否能正常工作，无漏气运行流畅。装配过程是拆卸过程的逆顺序。

图 3-1-3　两侧气动驱动部分

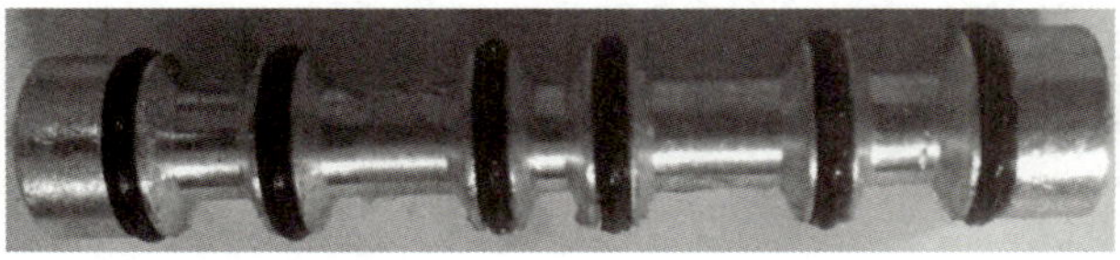

图 3-1-4　阀芯结构

图 3-1-5　阀体的内部结构

2. 拆装并观察二位五通电磁换向阀

（1）实训内容　拆装并观察二位五通电磁换向阀（图 3-1-6）的电磁铁内部结构。

（2）实训步骤

1）如图 3-1-6 所示，观察气动电磁换向阀的结构图，明确各部分的名称。

2）如图 3-1-7 所示，将二位五通电磁换向阀的两侧螺母拧开，拆开以后可以看到电磁驱动机构。

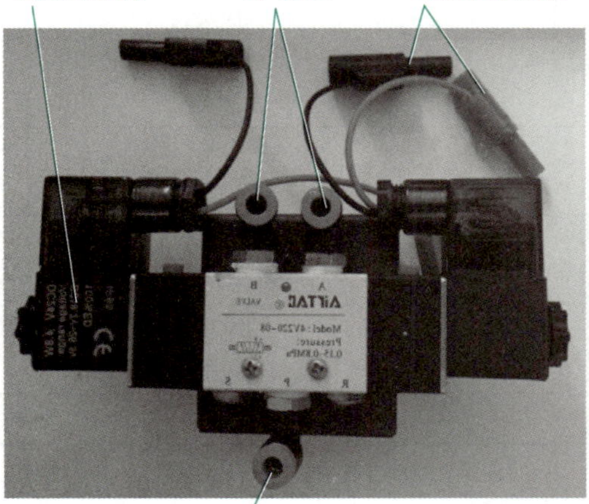

图 3-1-6　二位五通电磁换向阀的结构

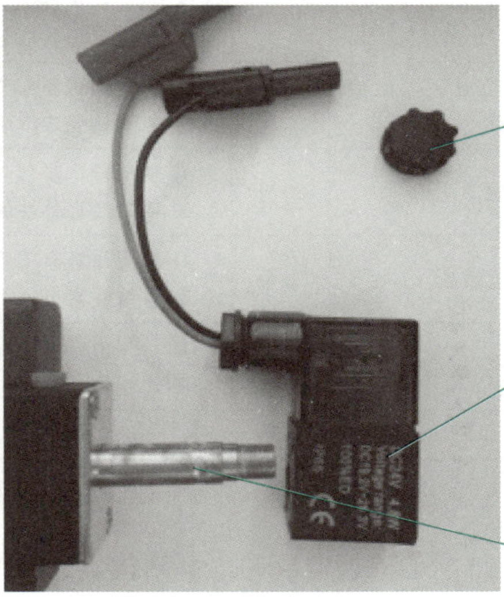

图 3-1-7　拆卸电磁线圈

3）观察打开的电磁铁心，可以看到内部结构，如图 3-1-8 所示。

图 3-1-8　拆卸电磁铁心

4）拆卸完成以后，重新进行组装，检测电磁换向阀是否能正常工作，无漏气运行流畅。装配过程是拆卸过程的逆顺序。

四、注意事项

1）拆卸过程中应该保证气动换向阀的机构不受损伤。

2）因为阀芯需要润滑，所以阀芯的拆装要注意清理与润滑。

3）拆装完成以后，必须通气检测运行。运行应该顺滑无阻滞。

4）拆卸环境要保持清洁，拆卸时，要慢慢松动螺钉。

5）不得用汽油等有机溶剂清洗零件，一般用气动元件生产厂家推荐的清洗剂，再用清水清洗后用干燥空气吹干，然后涂上厂家推荐的润滑脂再行装配。

6）装配密封圈时，注意保持密封圈清洁，为便于安装，可涂润滑脂在密封圈上，安装时，防止沟槽的棱角处碰伤密封件。

五、实训评价

评价反馈表见表 3-1-1。

表 3-1-1　评价反馈表

实训名称			学生姓名	学号	班级	日期
项目内容	配分	评分标准			得分	
认识三位五通气动控制阀结构	20 分	1. 正确认识各部分名称　10 分 2. 正确认识各部分作用　10 分				
认识二位五通电磁换向阀电磁铁	10 分	1. 正确认识各部分名称　5 分 2. 正确认识各拆装部件及作用　5 分				
实训步骤的认识	20 分	1. 明确操作步骤　10 分 2. 明确实训部件的装拆步骤　10 分				
实训注意事项	20 分	1. 熟悉注意事项中内容　10 分 2. 理解注意事项中的禁止问题　10 分				
文明生产、小组合作	30 分	1. 严格遵守安全规程、文明生产、规范操作　20 分 2. 小组协作、共同完成　10 分				
总评						

六、实训思考

分析推断电磁换向阀的内部结构，进行拆装验证。

实训二　气动换向回路组装与调试

一、实训目的

1）加深理解换向回路的组成原理及回路特性。

2）能应用 FESTO FluidSIM-P 3.6 气动仿真软件制作简单的气动回路并进行仿真。

3）能够完成气动换向控制回路的组装和调试。

二、实训器材

1）工具：扳手、螺钉旋具等。

2）器材：气动实训台、计算机（已安装 FESTO FluidSIM-P 3.6 气动仿真软件）、导线。

三、实训内容与步骤

1. 实训 1

（1）实训内容　图 3-2-1 所示为送料装置。要求将料仓中的毛坯推出料仓。当按下按钮时，气缸的活塞杆伸出；当松开按钮后，活塞杆缩回。

图 3-2-2 所示为单作用气缸换向回路，压缩空气由气源经排水过滤器和调压阀、截止阀向系统供气，气压设定为 0.5MPa，利用一个二位三通电磁换向阀控制一个单作用气缸活塞杆的伸出。

具体要求为：

1）运用 FESTO FluidSIM-P 3.6 仿真软件进行仿真。

2）根据气路及电路要求，进行管线连接并实验。

3）根据图 3-2-3 所示 PLC 的 I/O 接线图，编写 PLC 梯形图程序，并进行 PLC 的连接和程序输入。

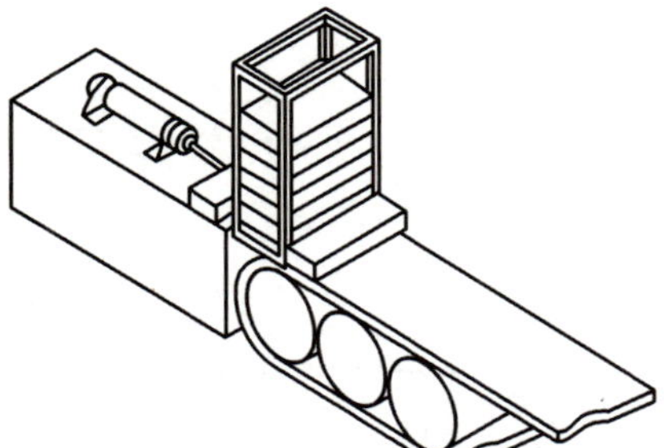

图 3-2-1　送料装置

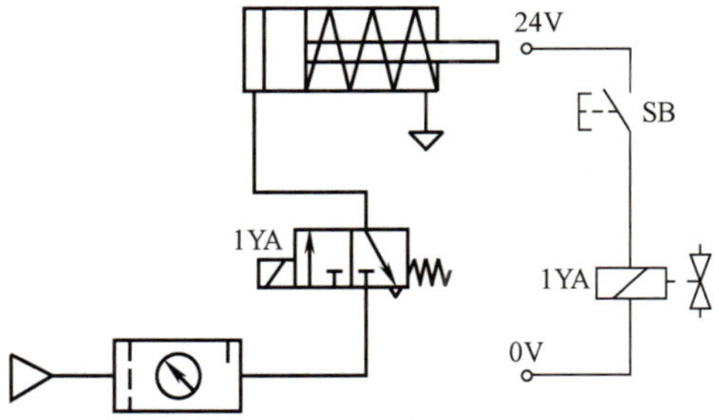

图 3-2-2　气动回路及电气控制回路

（2）实训步骤

1）打开 FESTO FluidSIM-P 3.6 仿真软件，对图 3-2-2 气动回路进行仿真。

2）按照气动回路图，选取所需的气动元件和辅件。

3）将选好的气动元件安装在气动实训台的适当位置上，在压缩空气关掉的前提下，通过管接头和管路按回路进行连接，并检查气路连接是否正确可靠，确保气缸动作范围内不会碰上配管及其他物体等。

4）按照电气控制回路进行电气接线。

5）气动回路连接完成并经检查无误后方可打开气源，调定要求的压力。注意调试气路时要关闭气源。

6）按下按钮 SB，活塞伸出，松开按钮 SB，活塞返回。

7）将电气线圈拆除，并按照图 3-2-3a 所示进行 PLC 控制线路的连接。

8）PLC 的梯形图程序如图 3-2-3b 所示，将程序输入 PLC。

9）实训完成后应先关闭气源并放气，再拆卸气路，拆卸后每个元件应放回原位。

10）拆除 PLC 的控制线路接线，所有线路放回原位。

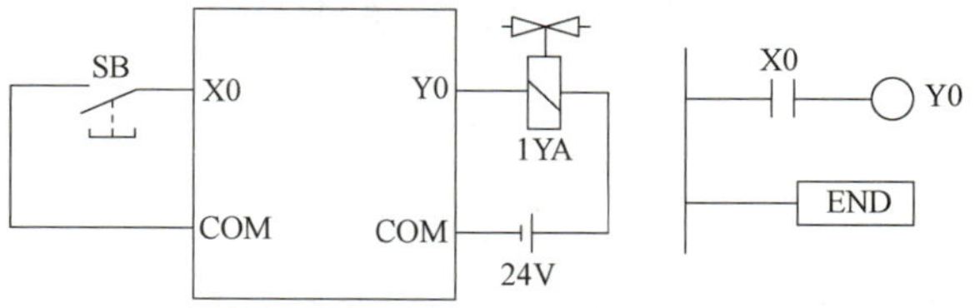

a) I/O接线图　　b) 梯形图程序

图 3-2-3　PLC 的 I/O 接线图及程序

2. 实训 2

（1）实训内容　图 3-2-4 所示为用压力机组装零件，双手按下手动按钮阀 T1 和 T2 时，气缸才能压入衬套零件。

图 3-2-5 所示为双作用气缸换向回路，压缩空气由气源经排水过滤器和调压阀、截止阀向系统供气，气压设定为 0.5MPa，利用两个手动二位三通换向阀 T1 和 T2、一个双压阀、一个气控二位五通换向阀，完成双作用气缸活塞杆的伸出和缩回控制。

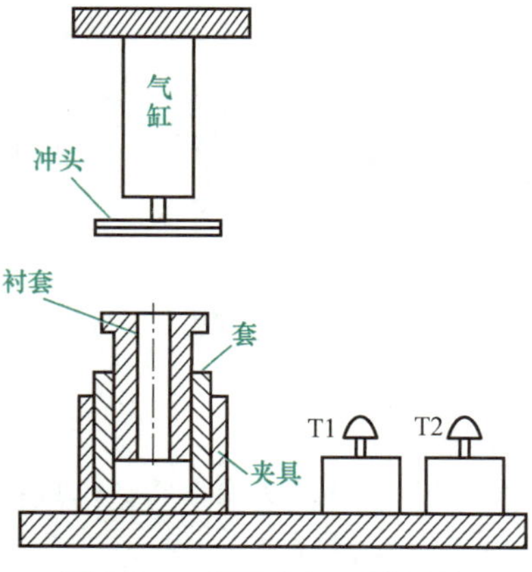

图 3-2-4　用压力机组装零件

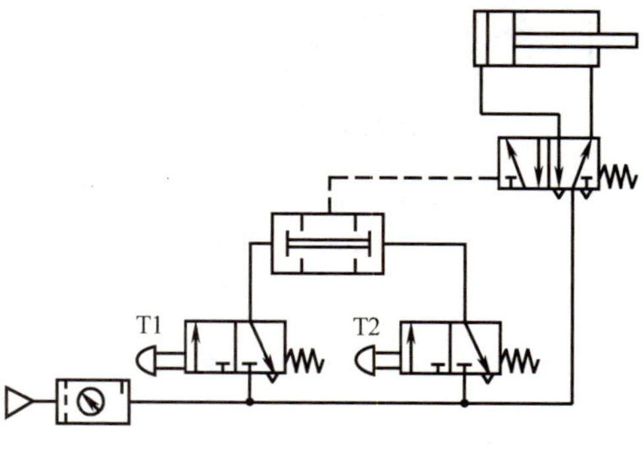

图 3-2-5　双作用气缸换向回路

（2）实训步骤

1）打开 FESTO FluidSIM-P 3.6 仿真软件，对图 3-2-5 所示气动回路进行仿真。

2）按照气动回路选取所需的气动元件和辅件。

3）将选好的气动元件安装在气动实训台的适当位置上，在压缩空气关掉的前提下，通过管接头和管路按回路进行连接，并检查气路连接是否正确可靠，气缸动作范围内不会碰上配管及其他物体等。

4）气动回路连接完成并经检查无误后方可打开气源，调定要求的压力。调试气路时要关闭气源。

5）分别按下手动二位三通换向阀的按钮 T1 和 T2，观察气缸的运动情况，同时按下 T1 和 T2，观察气缸的运动情况。

6）实训完成后应先关闭气源，再拆卸气路，拆卸后每个元件应放回原位。

3. 实训 3

（1）实训内容　图 3-2-6 所示为用双作用气缸从传送带上传送工件。按下按钮或踩下脚踏板开关，活塞杆伸出，将工件从传送带 1 推送到传送带 2；松开开关，活塞杆缩回到气缸的末端。

图 3-2-7 所示为双作用气缸换向回路，压缩空气由气源经排水过滤器和调压阀、截止阀向系统供气，气压设定为 0.5MPa，利用两个手动二位三通换向阀 T1 和 T2、一个梭阀、一个气控二位五通换向阀，完成双作用气缸活塞杆的伸出和缩回控制。

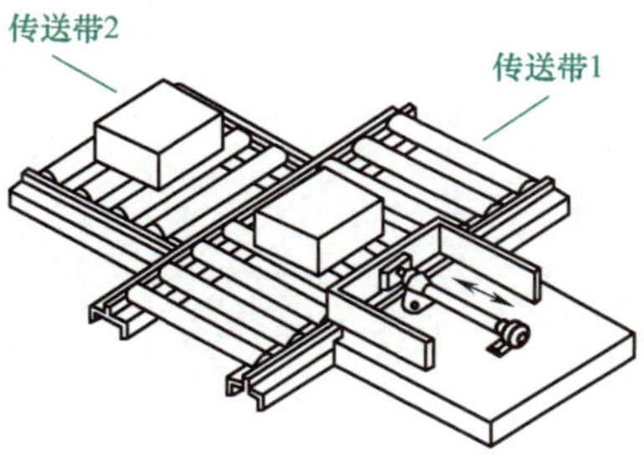

图 3-2-6　用双作用气缸从传送带上传送工件

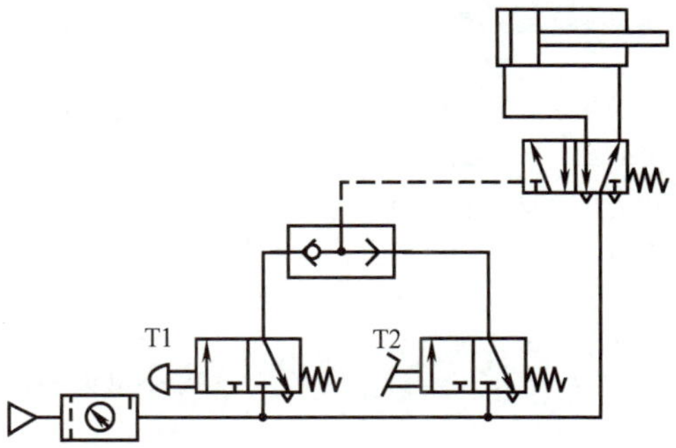

图 3-2-7　双作用气缸换向回路

（2）实训步骤

1）打开 FESTO FluidSIM-P 3.6 仿真软件，对图 3-2-7 气动回路进行仿真。

2）按照气动回路选取所需的气动元件和辅件。

3）将选好的气动元件安装在气动实训台的适当位置上，在压缩空气关掉的前提下，通过管接头和管路按回路进行连接，并检查气路连接是否正确可靠，确保气缸动作范围内不会碰上配管及其他物体等。

4）气动回路连接完成并经检查无误后方可打开气源，调定要求的压力。调试气路时要关闭气源。

5）分别按下手动二位三通换向阀的按钮 T1 和 T2，观察气缸的运动情况。

6）实训完成后应先关闭气源，再拆卸气路，拆卸后每个元件应放回原位。

四、注意事项

1）气动回路和电气回路的连接完成后，一定要等到教师检查后方可进行实验。

2）有个别实际元件在仿真软件元件库中找不到，可替换处理。

3）气管切断时，应保证切口垂直，且管子外部无伤痕。气管连接时，应注意松紧适度。

4）活塞杆运动路程上不得有阻碍。

5）气动元件要安装牢固，管路不许缠绕和扭折。引入压缩空气之前，要检查所有螺纹连接部位、气动软管插接是否牢固，因为通入压缩空气后容易发生脱头，谨防发生危险甚至导致事故。拆卸检查更换元件时一定要关断气源。

6）注意换向阀的工作压力范围，调定的气源工作压力在其范围内。

7）实训完成后应先关闭气源，再拆卸气路，拆卸后每个元件应放回原位。

五、实训评价

评价反馈表见表3-2-1。

表3-2-1　评价反馈表

实训名称			学生姓名	学号	班级	日期
项目内容	配分	评分标准			得分	
送料装置控制气路	20分	1. 会用FESTO仿真软件仿真　10分 2. 会组装气动回路及PLC编程　10分				
压力机组装零件的气动回路	10分	1. 会用FESTO仿真软件仿真　5分 2. 会组装气动回路　5分				
传送带传送工件气动回路	20分	1. 会用FESTO仿真软件仿真　10分 2. 会组装气动回路　10分				
实训步骤及注意事项	20分	1. 熟悉实训步骤的内容　10分 2. 理解注意事项中的问题　10分				
文明生产、小组合作	30分	1. 严格遵守安全规程、文明生产、规范操作　20分 2. 小组协作、共同完成　10分				
总评						

六、实训思考

1）说明双压阀和梭阀的作用。

2）如图3-2-5所示回路中，若T1和T2其中之一起作用，即可控制双作用气缸伸出，则应该更换双压阀为何种阀？气动回路应如何更改？

实训三　气动调压回路组装与调试

一、实训目的

1）加深理解调压回路的组成原理及回路特性。

2）能应用 FESTO FluidSIM-P 3.6 气动仿真软件制作简单的气动回路并进行仿真。

3）能够完成气动调压控制回路的组装和调试。

二、实训器材

1）工具：扳手、螺钉旋具等。

2）器材：气动实训台、计算机（已安装 FESTO FluidSIM-P 3.6 气动仿真软件）、导线。

三、实训内容与步骤

1. 压模加工控制气路

（1）实训内容　如图 3-3-1 所示，用模具对塑料工件进行压模加工，模具由一个双作用气缸驱动。当驱动按钮阀动作时，模具伸出，并对塑料工件进行压模加工。只要达到预定压力，模具就复位，预定压力可调。

图 3-3-2 所示为气动控制原理。系统气压设定为 0.6MPa，顺序阀设定压力为 0.5MPa，当驱动换向阀动作时，气缸活塞杆伸出并对工件进行加工。当系统压力达到顺序阀设定压力时，气缸就复位。

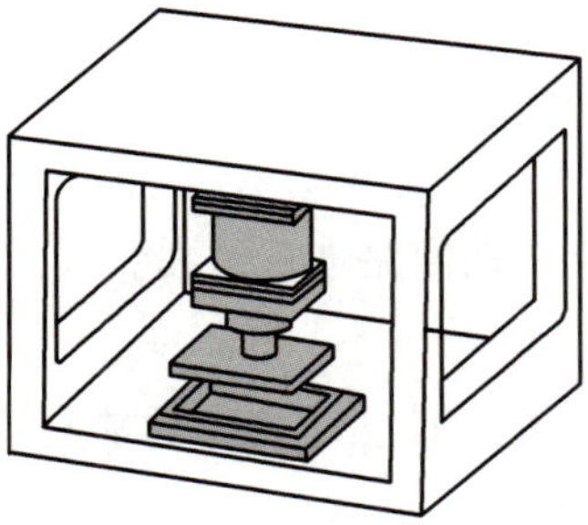

图 3-3-1　压模加工

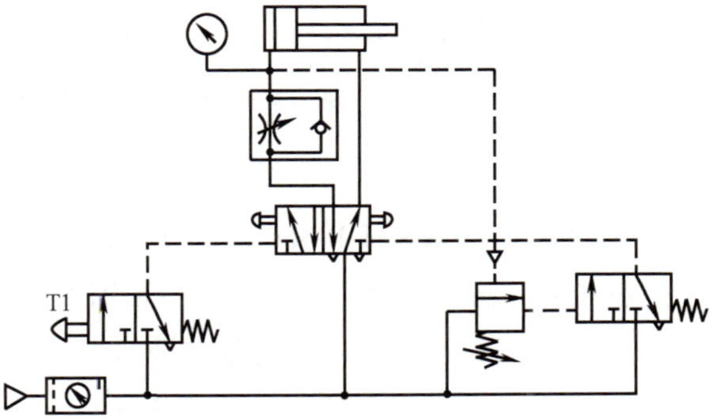

图 3-3-2　气动控制原理

（2）实训步骤

1）打开 FESTO FluidSIM-P 3.6 仿真软件，对图 3-3-2 所示气动回路进行仿真。

2）按照气动回路选取所需的气动元件和辅件。

3）将选好的气动元件安装在气动实训台的适当位置上，在压缩空气关掉的前提下，通过管接头和管路按气动回路进行连接，并检查气路连接是否正确可靠，确保气缸动作范围内不会碰上配管及其他物体等。

4）气动回路连接完成并经检查无误后方可打开气源，调定要求的压力。调试气路时要关闭气源。如果活塞杆不在缩回位置，必须通过手动驱动二位五通阀来使气缸复位，调节单向节流阀、压力顺序阀并记录压力表的数值。

5）按下手动二位三通换向阀的按钮 T1，观察气缸的运动情况。

6）实训完成后应先关闭气源，再拆卸气路，拆卸后每个元件应放回原位。

2. 电气控制及 PLC 控制

（1）实训内容　图 3-3-3 所示为采用压力继电器及电气控制实现的气动回路及电气控制回路，系统气压设定为 0.6MPa，当按下按钮 SB1 时，电磁阀 1YA 动作，气缸活塞杆伸出并对工件进行加工。当系统压力达到压力继电器的设定压力时，气缸就复位。

具体要求为：

1）请根据要求利用 FESTO FluidSIM-P 3.6 仿真软件对气动回路和电气控制回路进行仿真操作。

2）在气动实训台上根据气动回路和电气控制回路进行连接并操作。

3）根据图 3-3-4 所示 PLC 的 I/O 接线图，编写 PLC 梯形图程序和顺序功能图程序，并进行 PLC 的连接和程序输入。

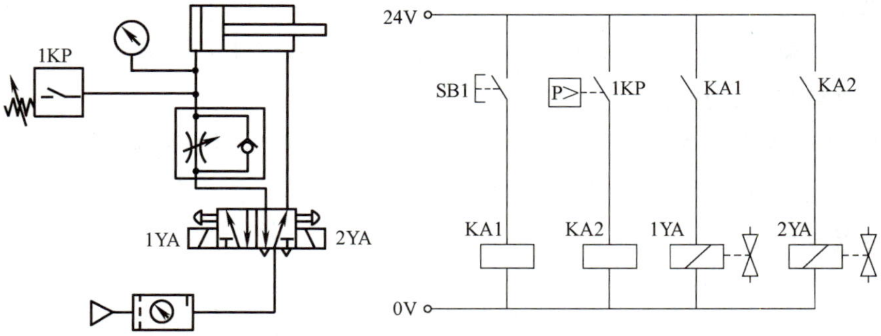

图 3-3-3　气动回路及电气控制回路

（2）实训步骤

1）打开 FESTO FluidSIM-P 3.6 仿真软件，对图 3-3-3 所示气动回路进行仿真。

2）按照气动回路选取所需的气动元件和辅件。

3）将选好的气动元件安装在气动实训台的适当位置上，在压缩空气关掉的前提下，通过管接头和管路按回路进行连接，并检查气路连接是否正确可靠，确保气缸动作范围内不会碰上配管及其他物体等。

4）按照电气控制回路进行电气接线。

5）气动回路连接完成并经检查无误后方可打开气源，调定要求的压力。调试气路时要关闭气源。如果活塞杆不在缩回位置，必须通过手动驱动二位五通阀来使气缸复位，调节单向节流阀、压力继电器并记录压力表的数值。

6）按下电气按钮 SB1，观察气缸的运动情况。

7）上述实训内容完成以后将电气控制回路拆除，并按照图 3-3-4a 所示进行 PLC 控制线路的连接。

8）PLC 的梯形图和顺序功能图程序如图 3-3-4b 和图 3-3-4c 所示。将程序输入 PLC 进

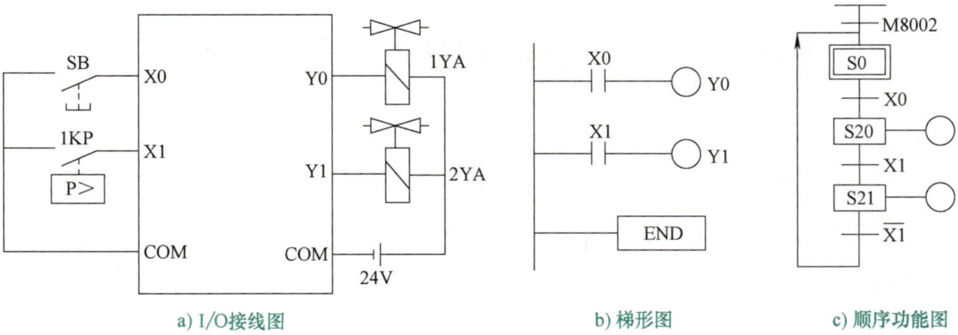

图 3-3-4　PLC 的 I/O 接线图及程序

行操作，观察气缸的运动情况。

9）实训完成后应先关闭气源，再拆卸气路，拆卸后每个元件应放回原位。

10）拆除 PLC 的控制线路接线，所有线路放回原位。

四、注意事项

1）注意压力顺序阀的设定值要小于系统压力，以保证换向的可靠性。

2）接通压缩空气时，要注意活塞杆也可能会突然伸出，因为二位五通双气控换向阀所处的控制位置在外部是看不到的。

3）其他注意事项同本实训项目的实训一。

五、实训评价

评价反馈表见表 3-3-1。

表 3-3-1　评价反馈表

实训名称			学生姓名	学号	班级	日期
项目内容	配分	评分标准				得分
压模加工控制气路	20 分	1. 会用 FESTO 仿真软件仿真　10 分 2. 会组装气动回路　10 分				
压力继电器及电气控制实现的压模气路	10 分	1. 会用 FESTO 仿真软件仿真　5 分 2. 会组装气动回路　5 分				
电气控制及 PLC 控制	20 分	1. 会电气控制回路绘制及接线　10 分 2. 会 PLC 控制接线及编程　10 分				
实训步骤及注意事项	20 分	1. 熟悉实训步骤的内容　10 分 2. 理解注意事项中的问题　10 分				
文明生产、小组合作	30 分	1. 严格遵守安全规程、文明生产、规范操作　20 分 2. 小组协作、共同完成　10 分				
总评						

六、实训思考

如果正在伸出的气缸杆碰到障碍物，气缸杆会在达到模压位置前缩回，为什么？

实训四 气动速度控制回路组装与调试

一、实训目的

1）加深理解气动速度控制回路的组成原理及回路特性。

2）能应用 FESTO FluidSIM-P 3.6 气动仿真软件制作简单的气动回路并进行仿真。

3）能够完成气动速度控制回路的组装和调试。

二、实训器材

1）工具：扳手、螺钉旋具等。

2）器材：气动实训台、计算机（已安装 FESTO FluidSIM-P 3.6 气动仿真软件）、导线。

三、实训内容与步骤

1. 实训1

（1）实训内容 如图 3-4-1 所示，借助于垂直活动支点臂，将煤砖按选择需要送到上、下两条传送带上。通过控制阀来决定是送到上面一条还是下面一条传送带。假设气缸的初始位置是在尾端位置。

图 3-4-2 所示为气缸速度控制回路，压缩空气由气源经排水过滤器和调压阀、截止阀向系统供气，气压设定为 0.5MPa，利用两个二位三通阀的按钮控制一个双气控二位五通换向阀控制气缸活塞杆的伸出，利用单向节流阀控制速度，采用排气节流。

具体要求为：

1）运用 FESTO FluidSIM-P 3.6 仿真软件进行仿真。

2）根据气路要求，进行管线连接并实验。

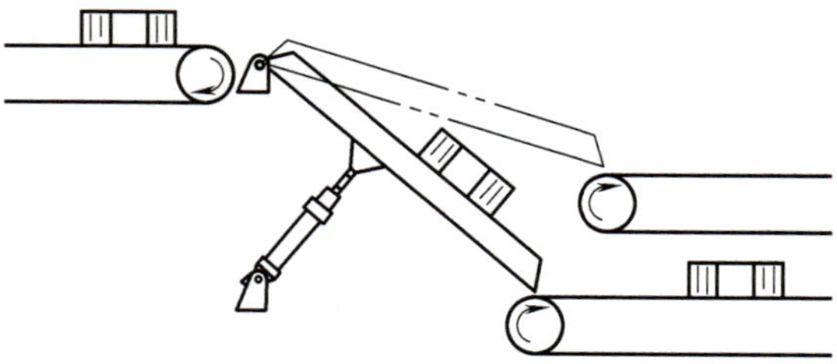

图 3-4-1 运送煤砖

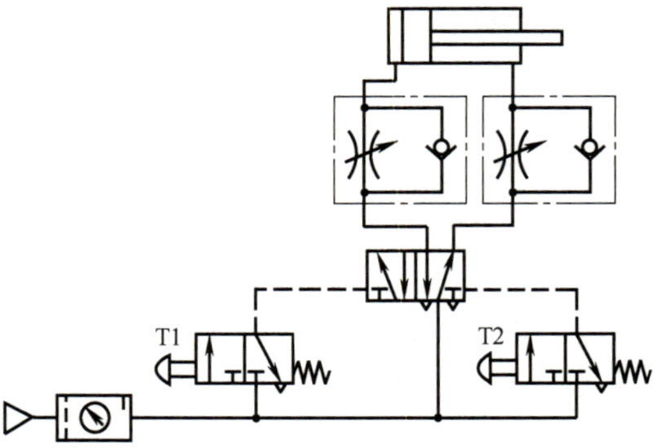

图 3-4-2 气缸速度控制回路

（2）实训步骤

1）打开 FESTO FluidSIM-P 3.6 仿真软件，对图 3-4-2 所示气动回路进行仿真。

2）按照气动回路选取所需的气动元件和辅件。

3）将选好的气动元件安装在气动实训台的适当位置上，在压缩空气关掉的前提下，通过管接头和管路按气动回路进行连接，并检查气路连接是否正确可靠，确保气缸动作范围内不会碰上配管及其他物体等。

4）气动回路连接完成并经检查无误后方可打开气源，调定要求的压力。调试气路时要关闭气源。

5）分别按下手动二位三通阀的按钮 T1 和 T2，观察气缸的运动情况，调整节流阀的开度，分析气缸的速度变化。

6）实训完成后应先关闭气源，再拆卸气路，拆卸后每个元件应放回原位。

2. 实训 2

（1）实训内容　图 3-4-3 所示为用双作用气缸将电热焊接压板压在旋转滚筒表面的塑料板上，将塑料板热熔焊成圆管。按钮阀控制压紧气缸动作。活塞杆在伸出压到塑料板后保持 6s，然后立即缩回。压紧气缸活塞杆伸出运动速度要较慢，因此要实现速度可调。

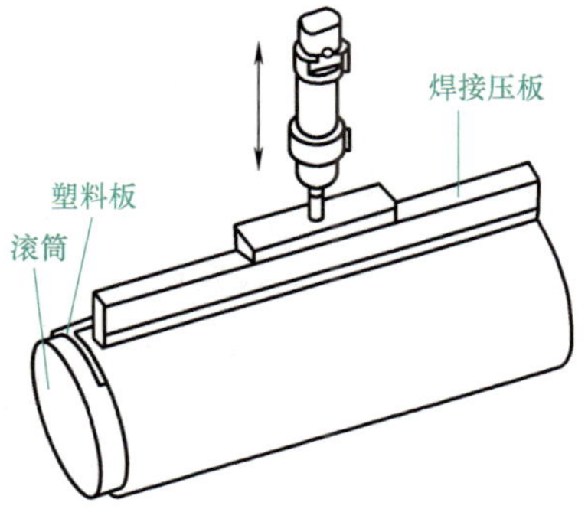

图 3-4-3　用双作用气缸将电热焊接压板压在旋转滚筒表面的塑料板上

具体要求为：

1）请根据要求利用 FESTO FluidSIM-P 3.6 仿真软件对气动回路进行仿真操作。

2）在气动实训台上根据气动回路和电气控制回路进行连接并操作。

（2）实训步骤

1）打开 FESTO FluidSIM-P 3.6 仿真软件，对图 3-4-4 所示气动回路进行仿真。

2）按照气动回路选取所需的气动元件和辅件。

3）将选好的气动元件安装在气动实训台的适当位置上，在压缩空气关掉的前提下，通过管接头和管路按气动回路进行连接，并检查气路连接是否正确可靠，确保气缸动作范围内不会碰上配管及其他物体等。

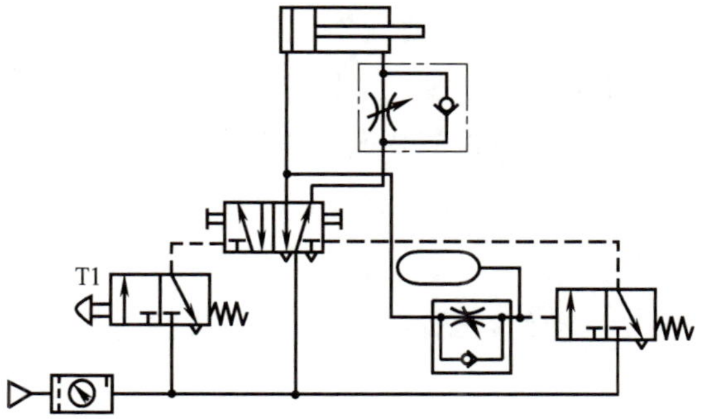

图 3-4-4　气动回路

4）气动回路连接完成并经检查无误后方可打开气源，调定要求的压力。调试气路时要关闭气源。如果活塞杆不在缩回位置，必须通过手动驱动二位五通阀来使气缸复位，调节两个单向节流阀调节活塞速度和延时速度。

5）按下阀按钮 T1 时，观察气缸的运动情况。

6）实训完成后应先关闭气源，再拆卸气路，拆卸后每个元件应放回原位。

3. 实训 3

（1）实训内容　如图 3-4-5 所示为采用二线式磁性开关（SQ1 和 SQ2）进行 PLC 控制实现的气动回路及 I/O 接线图，当按下按钮 SB1 时，活塞开始往复运动，且活塞在起点和终点都延时等待 2s；当按下按钮 SB2 后，活塞将停止在初始位置。活塞运动的速度由单向节流阀控制。

具体要求为：

1）在气动实训工作台上根据气动回路图和 I/O 接线图进行电气控制回路连接操作。

2）根据控制要求的内容，编写 PLC 的梯形图和顺序功能图程序，并进行 PLC 的连接和程序输入。

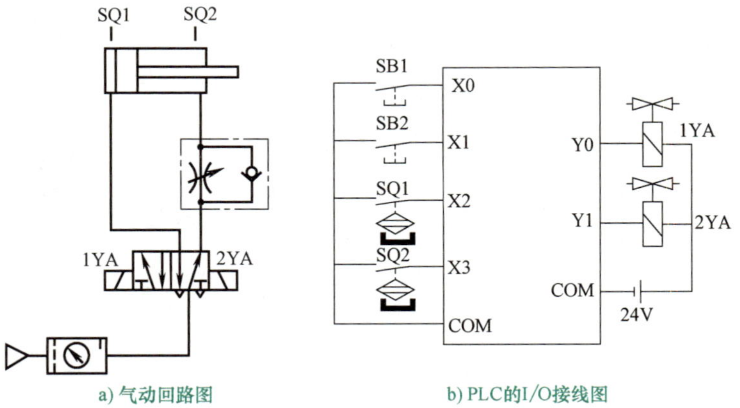

图 3-4-5　气动回路图及 I/O 接线图

（2）实训步骤

1）按照图 3-4-5 所示的气动回路图和 I/O 接线图，选取所需的气动元件和辅件及 PLC 电气元件。

2）将选好的气动元件安装在气动实训台的适当位置上，在压缩空气关掉的前提下，通过管接头和管路按气动回路进行连接，并检查气路连接是否正确可靠，确保气缸动作范围内不会碰上配管及其他物体等。

3）气动回路连接完成并经检查无误后方可打开气源，调定要求的压力。调试气路时要关闭气源。

4）气动回路调试完成以后，进行电气回路的连接，按照图 3-4-5b 所示进行 PLC 控制线路的连接。

5）PLC 的梯形图和顺序功能图程序如图 3-4-6 所示，将程序输入 PLC 中。

6）分别按下按钮 SB1 和 SB2，观察气缸的运动情况是否符合要求。

7）实训完成后应先关闭气源，再拆卸气路，拆卸后每个元件应放回原位。

8）拆除 PLC 的控制线路接线，所有线路放回原位。

四、注意事项

1）调节单向节流阀和延时阀时，避免将调节螺钉拧出或拧得太松，调整好速度后要将节流阀的锁紧螺母拧紧，防止气动系统在运动过程中松动。

2）接通压缩空气时，要注意活塞杆也可能会突然伸出，因为二位五通双气控换向阀所处的控制位置在外部是看不到的。

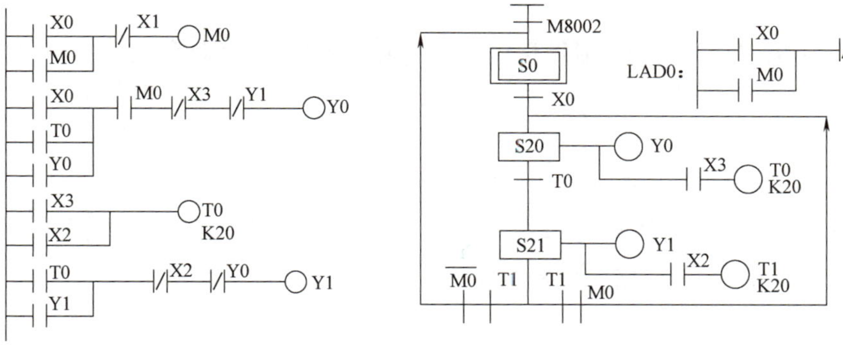

a) 梯形图　　b) 顺序功能图

图 3-4-6　PLC 的梯形图和顺序功能图

3）其他注意事项同本实训项目的实训一。

五、实训评价

评价反馈表见表 3-4-1。

表 3-4-1　评价反馈表

实训名称			学生姓名	学号	班级	日期
项目内容	配分	评分标准				得分
煤砖输送带控制气路	20 分	1. 会用 FESTO 仿真软件仿真　10 分 2. 会组装气动回路　10 分				
塑料板热熔气路	10 分	1. 会用 FESTO 仿真软件仿真　5 分 2. 会组装气动回路　5 分				
PLC 控制延时等待往复控制	20 分	1. 会气动回路组装　10 分 2. 会 PLC 控制接线及编程　10 分				
实训步骤及注意事项	20 分	1. 熟悉实训步骤的内容　10 分 2. 理解注意事项中的问题　10 分				
文明生产、小组合作	30 分	1. 严格遵守安全规程、文明生产、规范操作　20 分 2. 小组协作、共同完成　10 分				
总评						

六、实训思考

根据图 3-4-5 编制 PLC 程序时，若电磁线圈 1YA 通电后立即断电，请问此时活塞是否还在运动？为什么？

实训五　气动顺序控制回路组装与调试

一、实训目的

1）加深理解气动顺序控制回路的组成原理及回路特性。

2）能应用 FESTO FluidSIM-P 3.6 气动仿真软件制作简单的气动回路并进行仿真。

3）能够完成气动顺序控制回路的组装和调试。

二、实训器材

1）工具：扳手、螺钉旋具等。

2）器材：气动实训台、计算机（已安装 FESTO FluidSIM-P 3.6 气动仿真软件）、导线。

三、实训内容与步骤

1. 实训1

（1）实训内容　如图 3-5-1 所示，用两个气缸从垂直料仓向滑槽传递工件，完成装料的过程。按下按钮，气缸从 1A1 伸出，将工件从料仓推到气缸 2A1 前面的位置上，等待气缸 2A1 将其推入输送滑槽。气缸 2A1 的活塞伸出，将工件推入装料箱后，气缸 1A1 活塞回缩，到位后气缸 2A1 活塞缩回，完成一次工件传递过程。

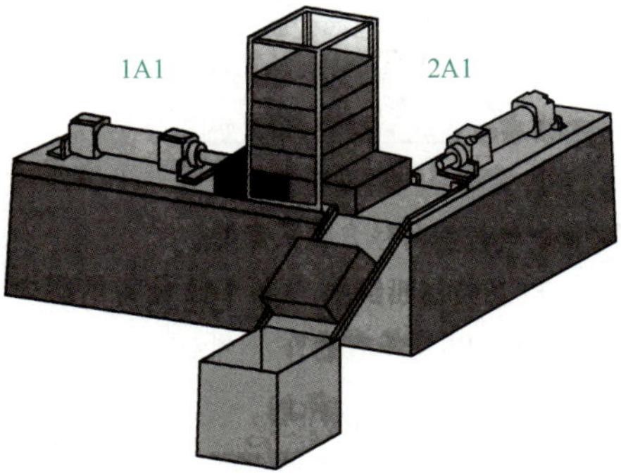

图 3-5-1　工作示意图

在图 3-5-2 所示的气动回路中，按下按钮 1S1 后，气缸的动作顺序是 1A1 伸出→2A1 伸出→1A1 缩回→2A1 缩回，完成一个传送的工作循环。

具体要求为：

1）请根据要求利用 FESTO FluidSIM-P 3.6 仿真软件对气动回路进行仿真操作。

2）在气动实训台上根据气动回路进行连接并操作。

（2）实训步骤

1）打开 FESTO FluidSIM-P 3.6 仿真软件，对图 3-5-2 所示气动回路进行仿真。

2）按照气动回路选取所需的气动元件和辅件。

3）将选好的气动元件安装在气动实训台的适当位置上，在压缩空气关掉的前提下，

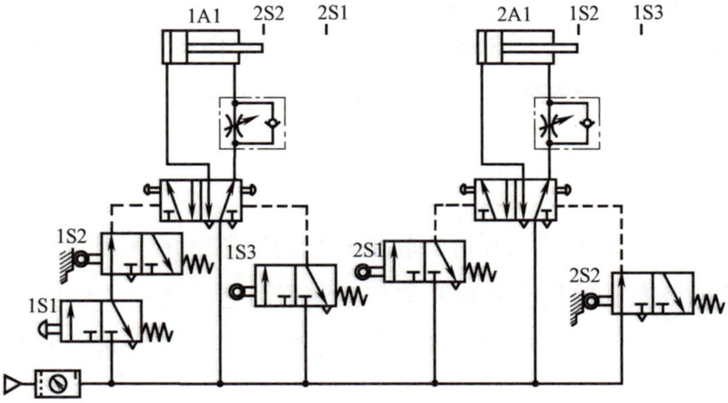

图 3-5-2　气动回路

通过管接头和管路按气动回路进行连接，并检查气路连接是否正确可靠，确保气缸动作范围内不会碰上配管及其他物体等。

4）气动回路连接完成并经检查无误后方可打开气源，调定要求的压力。调试气路时要关闭气源。如果活塞杆不在缩回位置，必须通过手动驱动二位五通阀来使气缸复位。

5）按下手动二位三通换向阀的按钮 1S1，观察气缸的运动情况。

6）实训完成后应先关闭气源，再拆卸气路，拆卸后每个元件应放回原位。

2. 实训 2

（1）实训内容　图 3-5-3 所示为采用二线式磁性开关（SQ3 和 SQ4）和 NPN 型电容式接近开关（SQ1 和 SQ2）进行电气控制实现的气动回路及电气控制回路，当按下按钮 SB1

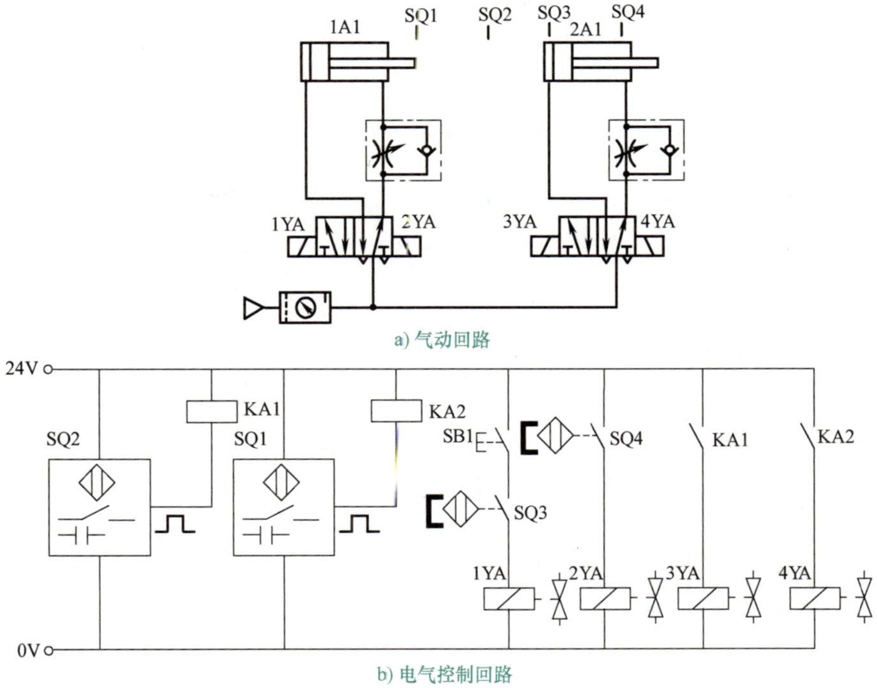

图 3-5-3　气动回路及电气控制回路

时，由于开关SQ1和SQ3闭合，电磁阀1YA动作，气缸1A1活塞杆伸出；当活塞杆接近开关SQ2时，电磁阀3YA动作；此时气缸2A1的活塞杆伸出，当磁性开关SQ4闭合时，电磁阀2YA动作，气缸1A1的活塞返回，当接近开关SQ1重新闭合时，电磁阀4YA动作，气缸2A1活塞返回。

具体要求为：

1）利用FESTO FluidSIM-P 3.6仿真软件对气动回路和电气控制回路进行仿真操作。

2）在气动实训台上根据气动回路和电气控制回路进行连接并操作。

3）根据图3-5-4所示PLC的I/O接线图，编写PLC顺序功能图程序，并进行PLC的连接和程序输入。

（2）实训步骤

1）打开FESTO FluidSIM-P 3.6仿真软件，对图3-5-3所示气动回路进行仿真。

2）按照图3-5-3所示的气动回路和电气控制回路的要求，选取所需的气动元件和辅件及电气元件。

3）将选好的气动元件安装在气动实训台的适当位置上，在压缩空气关掉的前提下，通过管接头和管路按气动回路进行连接，并检查气路连接是否正确可靠，确保气缸动作范围内不会碰上配管及其他物体等。

4）气动回路连接完成并经检查无误后方可打开气源，调定要求的压力。调试气路时要关闭气源。

5）气动回路调试完成以后，进行电气回路的连接。

6）按下电气按钮SB1，观察气缸的运动情况。

7）调试完成以后将电气控制回路拆除，并按照图3-5-4a所示进行PLC控制线路的连接。

8）PLC的顺序功能图程序如图3-5-4b所示，将程序输入PLC中。

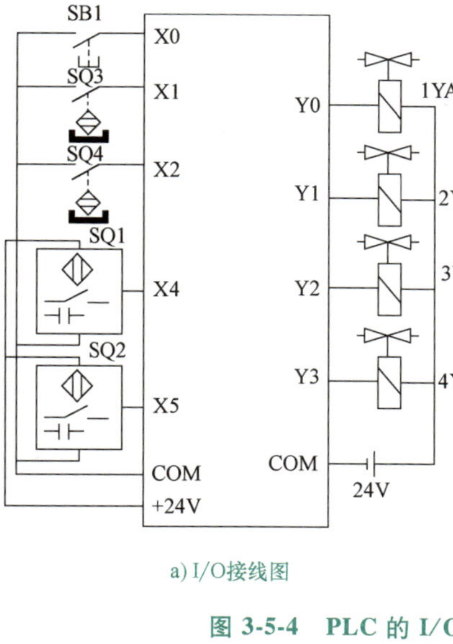

a) I/O接线图

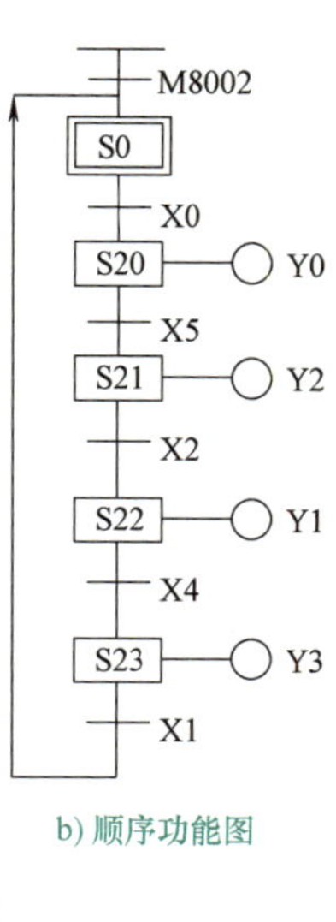

b) 顺序功能图

图3-5-4 PLC的I/O接线图及程序

9）实训完成后应先关闭气源，再拆卸气路，拆卸后每个元件应放回原位。

10）拆除 PLC 的控制线路接线，所有线路放回原位。

四、注意事项

1）注意磁性开关和接近开关的接线方式，磁性开关二线和三线式接线要注意区别，如为三线式磁性开关，所接线可参考电容式接近开关的接线。

2）在图 3-5-3 所示电气控制回路中 SQ1 和 SQ3 的起始位置，磁性开关和接近开关处于闭合状态。

3）其他注意事项同本实训项目的实训一。

五、实训评价

评价反馈表见表 3-5-1。

表 3-5-1　评价反馈表

实训名称			学生姓名	学号	班级	日期
项目内容	配分	评分标准			得分	
双缸装料控制气路 1	20 分	1. 会用 FESTO 仿真软件仿真　10 分 2. 会组装气动回路　10 分				
双缸装料控制气路 2 及电气线路	10 分	1. 会组装气动回路　5 分 2. 会进行电气线路的连接调试　5 分				
双缸装料控制气路 2 的 PLC 控制线路	20 分	1. 会 PLC 控制接线连接　10 分 2. 会 PLC 控制编程　10 分				
实训步骤及注意事项	20 分	1. 熟悉实训步骤的内容　10 分 2. 理解注意事项中的问题　10 分				
文明生产、小组合作	30 分	1. 严格遵守安全规程、文明生产、规范操作　20 分 2. 小组协作、共同完成　10 分				
总评						

六、实训思考

若磁性开关采用三线式，应如何修改实训中的电路图？

实训项目四　液压泵和液压执行元件的认识

实训一　液压实训台的认识

一、实训目的

1）认识 PLC 控制的液压实训台各部分的使用方法。

2）会进行油管快速接头的连接。

二、实训器材

1）工具：扳手、螺钉旋具等。

2）器材：液压实训台、计算机（已安装 FESTO FluidSIM-H3.6 仿真软件）、导线。

三、实训内容与步骤

1. 实训内容

认识液压工作台的各模块及其作用。

液压工作台主要由液压实验装置、电气装置、PLC 控制装置和计算机等组成，如图 4-1-1 所示。

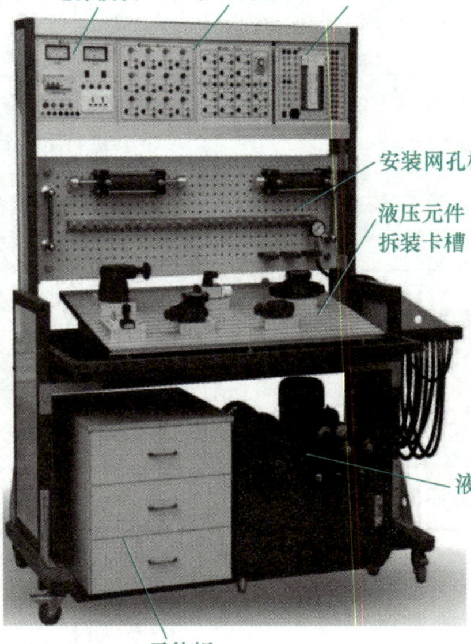

图 4-1-1　液压实训台

（1）液压实验装置　液压实验装置所使用的油管经过特殊设计，具有拆卸自动封闭功能。各液压元件的通口在不使用时即为堵死状态，因此无须安装油管堵头。

液压实验装置主要包括液压实训台架体、液压元件、液压泵和液压辅件等。

1）液压实训台架体采用铝合金实验板作为基本平台。根据实验要求，选用相应的元件，完成相应的油路连接，完成预定的实验目的。所有元件的连接采用的是快速安装。在实验中，油管可以在液压泵运行状态下直接插拔，油液不会发生泄漏。该装置使用的无泄漏接口和油管确保了操作环境的整洁。插入快速接头，就能构成致密的液压连接；断开连接时，自动密封式插座确保不漏油。仅在插拔的过程中，接触液压油的接头表面有少许的液压油。液压实训台架体主要由可双面作业的卡槽面板构成，面板上加工有多个卡槽，可供液压元件插装；也可采用在网孔板上安装液压元件。

2）液压元件是组成液压回路的压力、方向和流量控制元件。压力控制元件包括溢流阀、减压阀、顺序阀和压力继电器等。方向控制元件包括普通单向阀、液控单向阀、三位四通电磁换向阀（O 型、M 型）、二位四通电磁换向阀等。流量控制元件包括普通节流阀、单向节流阀、调速阀等。

3）液压泵是一种能量转换装置，把驱动电动机的机械能转换成油液的压力能，供液压系统使用。实验台安装了流量不同的双泵，可以各自独立接入回路，也可以联合使用，体积小，功率大，使用非常方便。

4）液压辅件包括油管、接头、蓄能器、行程开关、压力表、压力传感器等元件。

（2）电气装置　电气装置由继电器控制元件及控制面板等构成。继电器控制面板是由插孔和继电器按钮组成，通过组合插接不同插孔设计电气控制回路，为电磁换向阀的电磁铁提供 24V 直流工作电压。图 4-1-2 所示为电气及 PLC 装置控制面板。

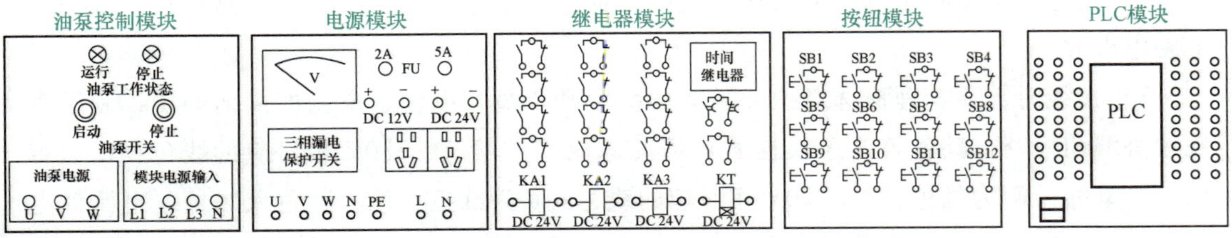

图 4-1-2　电气及 PLC 装置控制面板

（3）可编程序控制器 PLC　可编程序控制器用来设计自动测控系统，它具有检测模拟量、数字量和与计算机通信的功能。本综合实验采用三菱 FX2N-48MR 型可编程控制器、计算机及 SC-09 编程电缆。

2. 实训步骤

1）认知液压工作台整体结构：液压实验装置、电气装置和可编程控制器 PLC。

2）认知液压实验装置中的液压工作架体、液压元件、液压泵站位置和液压辅件。

3）认知电气装置的电气控制面板及 PLC 接口位置及作用。

4）快接接头的插拔操作。

① 连接时用手握住接口处的油管，使油管的中心线对准其连接阀口的中心线，不要晃动，直接向前插入。听到“咔”的声响，表示已经接好。

② 断开时，左手握住油管，使其保持与阀口的中心一致，右手握住油管前端的滚花部分，向后退，当滚花部分向后退到台阶时，油管即完成退出。

③ 无论是连接还是断开，都不要晃动、旋转，一定要直来直去。

④ 液压阀在制造时，由于加工工艺的要求，有的阀口位置与液压阀符号图的接口位置有所不同，液压阀的每个接口处都有相应的字母标注，请仔细辨认，认准后再连接。

四、注意事项

1）实验中应注意安全和爱护实验设备，严格遵守实验规程，不得擅自起动与当次实验无关的设备。实验中发现异常现象（如异常噪声、喷油等）应立即切断电源和保护现场，并向指导教师报告，以便妥善处理。

2）液压泵输出回路必须设置溢流阀或安全阀，定量泵输出的最高压力应调定为不超过6MPa。

3）连接电路、液压回路之前必须断开设备总电源，严禁带电连接电路和泵站起动状态下搭接液压回路。

4）所有液压实验必须在实训台出油口（P口）和回油口（T口）之间连接一个溢流阀，在此做压力调节和安全保护作用，启动泵站前要将溢流阀开口调节至最大，严禁带负载起动以免造成安全事故。

5）实验完毕后，要清洁好元器件，注意做好元器件的保养和实训台的清洁。

6）做实验之前必须熟悉元器件的工作原理和动作的条件，掌握正确合理的操作方法，严禁强行拆卸阀体，不要强行旋转各种元件的手柄，以免造成人为损坏。

7）通电后不要将手或导电物体戳进护套插座，禁止手上带水操作电路连接，以免造成触电事故。

8）接线时需要合理地选择护套插线的颜色和长短，以保证电路的简洁明了，利于直观地讲解和检查，颜色与线序根据实际情况选取（一般AC 380V相对应的线色：U为黄色、V绿色、W为红色；AC 220V相对应的线色：L为红色、N为蓝色或黑色；直流低电压：正极为红色，负极为黑色或蓝色）。

9）液压阀和模块均为弹卡式安装，使用时要确保安装稳固，以免做实验时掉落；油管搭接插装时要插装到位，以免加压后出现脱离现象。

10）溢流阀、节流阀为顺时针关小，逆时针开大；调速阀为顺时针开大，逆时针关小。

五、实训评价

评价反馈表见表4-1-1。

表4-1-1　评价反馈表

实训名称			学生姓名	学号	班级	日期
项目内容	配分	评分标准				得分
液压实训装置认识	10分	1. 正确认识实训台各部分名称　5分 2. 正确认识实训台各部分作用　5分				
电气及PLC控制装置认识	20分	1. 熟悉电气控制装置组成作用　10分 2. 熟悉PLC控制装置组成作用　10分				
实训步骤的认识	20分	1. 明确电路步骤　10分 2. 会进行液压管路的连接　10分				
实训注意事项	20分	1. 熟悉注意事项中内容　10分 2. 理解注意事项中的禁止问题　10分				
文明生产、小组合作	30分	1. 严格遵守安全规程、文明生产、规范操作　20分 2. 小组协作、共同完成　10分				
总评						

六、实训思考

在液压工作台上进行各种液压回路实验时，应注意哪些安全事项？

实训二　液压泵及液压缸的认识

一、实训目的

1）了解液压泵站的结构及各部分的组成。

2）了解液压缸的结构及安装。

二、实训器材

1）工具：专用扳手、螺钉旋具、铜棒和其他相关工具等。

2）器材：液压缸、液压泵站。

三、实训内容与步骤

1. 认知液压泵站

（1）实训内容　图 4-2-1 所示为工业双泵液压站的结构，通过与液压工作台上的液压泵站相比较，了解液压泵站的结构组成，了解液压泵站各组成部分的作用。

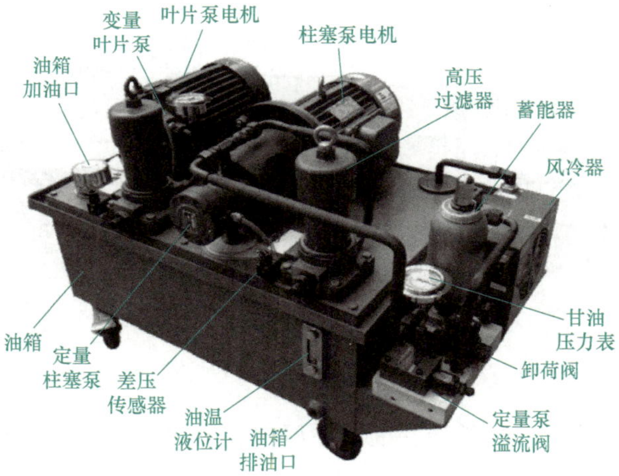

图 4-2-1　工业双泵液压站的结构

（2）实训步骤

1）认知液压泵站的加油口、出油口等。

2）请写出液压泵站各部分的名称及作用，填入表 4-2-1 中。

表 4-2-1　液压泵站的识别

序号	1	2	3	4	5	6
名称						
作用						

3）列出液压泵站的使用、维护保养。

① 液压泵站在运行前，首先检查是否缺少液压油；加油及维修保养时，必须断电卸

压后进行。

② 注意电动机的转向是否正确。

③ 定期检查溢流阀及压力开关上下限是否正常。该阀和开关起安全作用，一旦调定，不得再随意调整。

④ 定期检查、清洁过滤器，按要求更换液压油。

⑤ 每天工作结束后，关闭电源、整理元件归位并擦拭设备。

2. 拆卸液压缸

（1）实训内容　如图 4-2-2 所示，通过与工作台上液压缸相比较，了解双作用单杆活塞液压缸的结构组成及其作用。

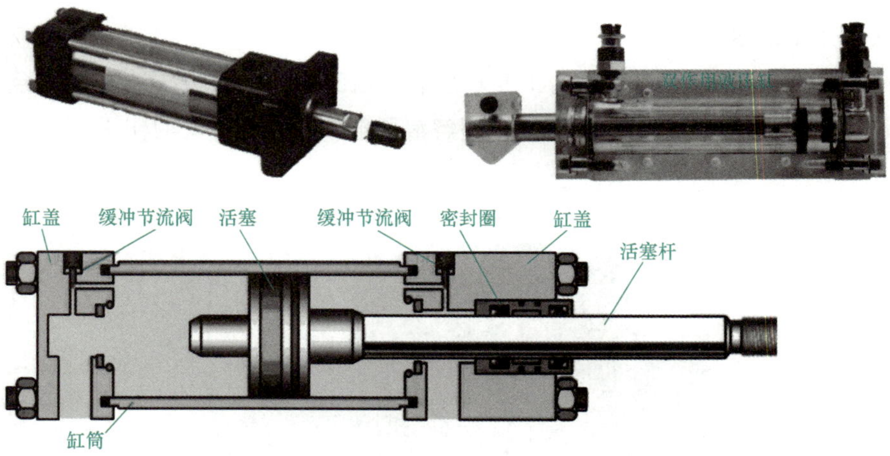

图 4-2-2　双作用单活塞液压缸的结构

（2）实训步骤

1）观察已拆卸的液压缸，掌握它的工作原理及各部分的结构关系。

2）分组拆卸液压缸，拆卸时要注意拆卸顺序，对拆卸下来的零件进行编号，放入指定位置摆好，勿乱扔乱放。了解所拆卸零件的结构及作用。

3）清洗所拆卸的零件表面的油污和粘附的机械杂质，检查液压缸中的防尘圈、密封圈、半环、卡圈是否损坏，损坏必须更换。

4）按技术要求组装液压缸，一般组装顺序和拆卸顺序相反。

5）组装好后，检查是否合格。合格后，向液压缸内注入机油，进行保养。

四、注意事项

1）在拆装液压缸时，要保持场地和元件的清洁。

2）在拆装液压缸时，要用专用或教师指定工具。

3）组装时不要将元件装反（特别是密封元件），注意元件的安装位置、配合表面以及密封元件，不要拉伤配合表面，不要损坏密封元件以及防尘圈。

4）在拆装液压缸时，如果某些液压元件出现卡死现象，不能用锤子敲打。在教师指导下，用铜棒轻轻敲打或加润滑油等方法来解除卡死现象。

5）安装完毕后要检查现场有无漏装元件。

五、实训评价

评价反馈表见表 4-2-2。

表 4-2-2　评价反馈表

实训名称			学生姓名	学号	班级	日期
项目内容	配分	评分标准				得分
认识液压泵站	10 分	1. 正确认识泵各部分名称　5 分 2. 正确认识液压泵各部分作用　5 分				
拆装液压缸	20 分	1. 正确拆卸液压缸部件，并进行清洗　10 分 2. 正确顺序装配液压缸部件　10 分				
实训步骤的认识	20 分	1. 明确实训操作步骤　10 分 2. 正确填写表格内容　10 分				
实训注意事项	20 分	1. 熟悉注意事项中内容　10 分 2. 理解注意事项中的禁止问题　10 分				
文明生产、小组合作	30 分	1. 严格遵守安全规程、文明生产、规范操作　20 分 2. 小组协作、共同完成　10 分				
总评						

六、实训思考

1）液压泵站各部分的作用是什么？

2）液压缸的组成是怎样的？其工作原理是什么？

3）液压缸活塞与活塞环、缸筒与缸盖是怎样连接的？

实训项目五　液压基本回路组装与调试

实训一　液压控制阀的认识

一、实训目的

1）了解三位四通电磁换向阀的 P、T、A、B 四个油口位置和电气控制装置。

2）了解先导式溢流阀的 A、B 两个油口位置和远程控制口 K 的位置。

3）了解三位四通电磁换向阀、先导式溢流阀、调速阀的拆卸和安装。

二、实训器材

1）工具：专用扳手、螺钉旋具、铜棒、钳子和其他相关工具等。

2）器材：二位四通电磁换向阀、先导式溢流阀、调速阀、导线。

三、实训内容及步骤

1. 元件的识别与图形符号绘制

（1）实训内容　元件的识别与图形符号绘制。

（2）实训步骤　根据表 5-1-1 所示的元件及对应名称画出其图形符号，并与实物端口进行对应。

表 5-1-1　元件的识别与图形符号绘制

元件	 溢流阀	 减压阀	 三位四通电磁换向阀
图形符号			
元件	 二位四通电磁换向阀	 单向节流阀	 压力继电器
图形符号			

2. 认识三位四通换向阀

（1）实训内容　如图 5-1-1 所示，三位四通电磁换向阀有四个油口：P、T、A、B。其中 P 接油泵，是换向阀的进油口；T 接油箱，是换向阀的出油口；A、B 接液压执行元件。这四个油口在阀体中间都有标记，便于安装时迅速认知。换向阀两侧是其电气控制装置，内部包括衔铁、线圈和电气插头等。

图 5-1-1　三位四通电磁换向阀

（2）实训步骤

1）认识换向阀的四个油口：P、T、A、B。练习用快速接头进行油口的插拔。

2）认识换向阀的电气控制装置，找到电磁线圈插头接线端。

3）学生分组拆卸三位四通电磁换向阀，拆卸时要注意拆卸顺序，对拆卸下来的零件进行编号，放入指定位置摆好，勿乱扔乱放。认知所拆卸零件的结构及作用。

4）清洗所拆卸零件表面的油污和粘附的机械杂质，检查换向阀中的防尘圈、密封圈、半环、卡圈是否损坏，损坏必须更换。

5）按技术要求组装换向阀，一般组装顺序和拆卸顺序相反。

6）组装好后，检查是否合格。合格后，向电磁换向阀内注入机油，进行保养。

3. 认识先导式溢流阀

（1）实训内容　图 5-1-2 所示的先导式溢流阀有两个油口：A、B。其中 A 接油泵，是先导式溢流阀的进油口；B 接油箱，是先导式溢流阀的泄油口。另外在阀上还有一个油

图 5-1-2　先导式溢流阀

口：远程控制口 K。这三个油口在阀体中间都有标记，便于安装时迅速认知。

（2）实训步骤

1）认识换向阀的两个油口：A、B 及远程控制口 K。练习用快速接头进行油口的插拔。

2）学生分组拆卸先导式溢流阀，拆卸时要注意拆卸顺序，对拆卸下来的零件进行编号，放入指定位置摆好，勿乱扔乱放。认知所拆卸零件的结构及作用。

3）清洗所拆卸的零件表面的油污和粘附的机械杂质，检查溢流阀中的防尘圈、密封圈、半环、卡圈是否损坏，损坏必须更换。

4）按技术要求组装溢流阀，一般组装顺序和拆卸顺序相反。

5）组装好后，检查是否合格。合格后，向先导式溢流阀内注入机油，进行保养。

4. 认识调速阀

（1）实训内容　图 5-1-3 所示的调速阀有两个油口：A、B。其中 A 是进油口，B 是出油口，通过 A、B 油口将调速阀连接在液压油路中，控制液压执行元件的速度。这两个油口在阀体中间都有标记，便于安装时迅速认知。

图 5-1-3　调速阀

（2）实训步骤

1）认知调速阀的两个油口：A、B。练习用快速接头进行油口的插拔。

2）学生分组拆卸调速阀，拆卸时要注意拆卸顺序，对拆卸下来的零件进行编号，放入指定位置摆好，勿乱扔乱放。认知所拆卸零件的结构及作用。

3）清洗所拆卸的零件表面的油污和粘附的机械杂质，检查调速阀中的防尘圈、密封圈、半环、卡圈是否损坏，损坏必须更换。

4）按技术要求组装调速阀，一般组装顺序和拆卸顺序相反。

5）组装好后，检查是否合格。合格后，向调速阀内注入机油，进行保养。

四、注意事项

1）在电磁换向阀、先导式溢流阀、调速阀中使用快速接头进行插拔练习时，一定要认清各个油口名称。

2）分组拆装电磁换向阀、先导式溢流阀、调速阀时，一定保持场地和元件的清洁。

3）分组拆装电磁换向阀、先导式溢流阀、调速阀时，一定要使用专用工具，一定要有教师在场指导。

4）组装时不要将元件装反（特别是密封元件），注意元件的安装位置、配合表面以及密封元件，不要拉伤配合表面，不要损坏密封元件以及防尘圈。

5）在拆装各种液压控制阀时，如果某些液压元件出现卡死现象，不能用锤子敲打，应在教师指导下，用铜棒轻轻敲打或加润滑油等方法来解除卡死现象。

6）安装完毕后要检查现场有无漏装元件。

五、实训评价

评价反馈表见表 5-1-2。

表 5-1-2　评价反馈表

<table>
<tr><th colspan="3">实训名称</th><th>学生姓名</th><th>学号</th><th>班级</th><th>日期</th></tr>
<tr><td colspan="3"></td><td></td><td></td><td></td><td></td></tr>
<tr><th>项目内容</th><th>配分</th><th colspan="4">评分标准</th><th>得分</th></tr>
<tr><td>元件的识别和图形符号绘制</td><td>10 分</td><td colspan="4">1. 正确认识液压控制元件　5 分
2. 正确绘出液压控制元件图形符号　5 分</td><td></td></tr>
<tr><td>拆装三位四通换向阀</td><td>20 分</td><td colspan="4">1. 正确拆卸三位四通换向阀，并进行清洗　10 分
2. 正确装配三位四通换向阀　10 分</td><td></td></tr>
<tr><td>拆装先导式溢流阀</td><td>20 分</td><td colspan="4">1. 正确拆卸先导式溢流阀，并进行清洗　10 分
2. 正确装配先导式溢流阀　10 分</td><td></td></tr>
<tr><td>拆装调速阀</td><td>20 分</td><td colspan="4">1. 正确拆卸调速阀，并进行清洗　10 分
2. 正确装配调速阀　10 分</td><td></td></tr>
<tr><td>文明生产、小组合作</td><td>30 分</td><td colspan="4">1. 严格遵守安全规程、文明生产、规范操作　20 分
2. 小组协作、共同完成　10 分</td><td></td></tr>
<tr><td>总评</td><td colspan="5"></td><td></td></tr>
</table>

六、实训思考

1）说明三位四通电磁换向阀的结构组成和工作位置。

2）说明先导式溢流阀的结构组成和工作位置。

3）说明调速阀的结构组成和工作位置。

实训二　液压方向控制回路组装与调试

一、实训目的

1）会方向控制回路的器件组装，加深对换向回路的认识。

2）能应用 FESTO FluidSIM-H 3.6 液压仿真软件制作简单的方向控制回路并进行仿真。

3）能够完成液压换向回路和锁紧回路的连接和调试。

二、实训器材

1）工具：扳手、螺钉旋具等。

2）器材：液压工作台、计算机（已安装 FESTO FluidSIM-H 3.6 液压仿真软件）、导线。

三、实训内容与步骤

1. 闸门启闭液压回路

（1）实训内容　图 5-2-1 所示为某水坝处闸门启闭系统，要求采用液压回路实现：常态时闸门关闭，按下上升按钮时闸门上升。

图 5-2-2 所示为采用三位四通电磁换向阀的换向回路，控制双作用液压缸活塞杆的移动方向。

具体要求：

1）运用 FESTO FluidSIM-H3.6 仿真软件进行仿真。

2）根据液压回路及电气控制回路要求，进行管线连接并实验。

3）根据图 5-2-3a 所示的 PLC 的 I/O 接线图，编写 PLC 梯形图程序。

图 5-2-1　闸门启闭系统

（2）实训步骤

1）打开 FESTO FluidSIM-H 3.6 仿真软件，对图 5-2-2 所示液压回路及电气控制回路进行仿真。

2）按照实训换向回路的要求，在实验台上找出所需的液压元件和辅件，检查是否完好。

3）将性能完好的液压元件安装在液压实训台的适当位置上，通过管路按回路要求进行连接，并检查回路连接是否正确可靠。

4）按照电气控制回路进行接线。

5）液压回路连接完成并经检查无误后方可打开电源。

6）分别按下按钮 SB1 和 SB3，观察液压缸的运动情况；然后分别按下按钮 SB2 和

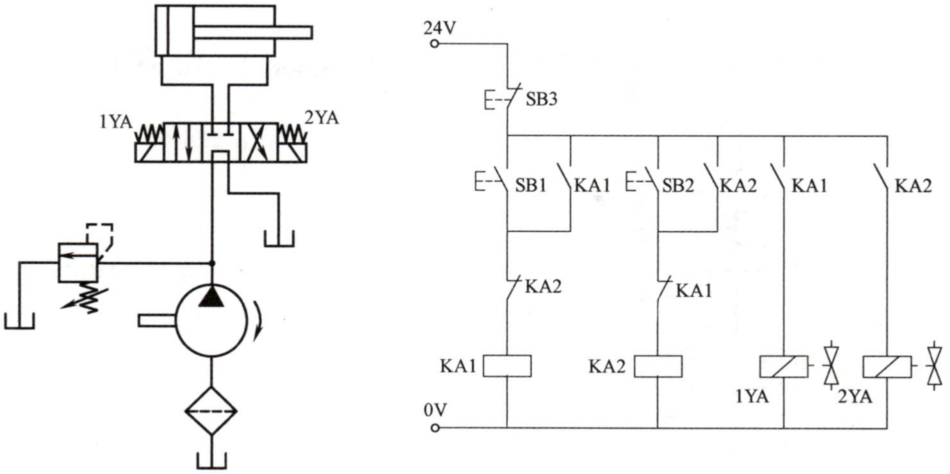

图 5-2-2　采用三位四通电磁换向阀的换向回路

SB3，观察液压缸的运动情况。

7）实训完成，关闭电源，拆卸液压回路和电气控制回路，使各元件复位。

8）PLC 控制的梯形图程序如图 5-2-3b 所示。

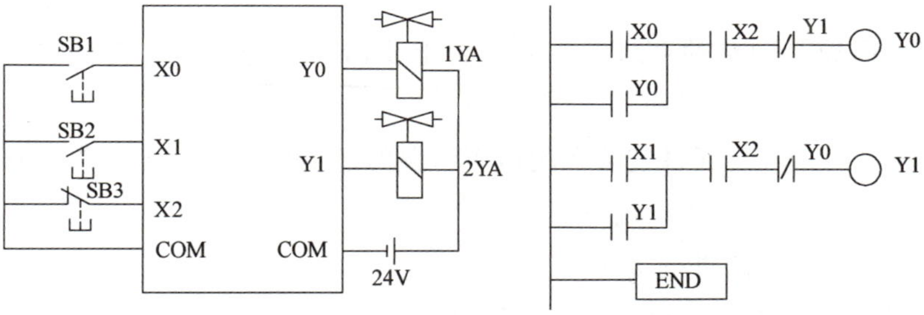

a) I/O接线图　　b) 梯形图

图 5-2-3　PLC 的 I/O 接线图及梯形图程序

2. 液压起重机液压回路

（1）实训内容　图 5-2-4 所示为液压起重机，液压系统对执行机构的往复运动过程中停止位置要求较高，其本质就是对执行机构进行锁紧，使之不动。选取合适的元件完成一个锁紧回路，使液压缸能在任意位置上停留，且停留后不会因外力作用而移动。

图 5-2-4　液压起重机

图 5-2-5 所示为采用液控单向阀的锁紧回路。具体要求：

1）运用 FESTO FluidSIM-H3.6 仿真软件进行仿真。

2）根据液压回路及电气控制回路要求，进

行管线连接并实验。

3）根据图 5-2-6a 所示的 PLC 的 I/O 接线图，编写 PLC 顺序功能图程序。

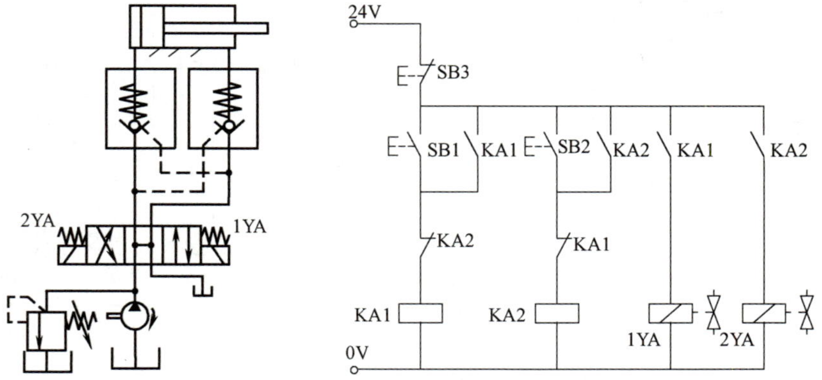

图 5-2-5　液控单向阀的锁紧回路

（2）实训步骤

1）打开 FESTO FluidSIM-H 3.6 仿真软件，对图 5-2-5 所示液压回路及电气控制回路进行仿真。

2）按照实训锁紧回路的要求，在实训台上找出所需的液压元件和辅件，检查是否完好。

3）将性能完好的液压元件安装在液压实训台的适当位置上，通过管路按回路要求进行连接，并检查回路连接是否正确可靠。

4）按照电气控制回路进行接线。

5）液压回路连接完成并经检查无误后方可打开电源。

6）分别按下按钮 SB1 和 SB3，观察液压缸的运动情况；然后分别按下按钮 SB2 和 SB3，观察液压缸的运动情况。液压缸运行过程中，若按下 SB3，1YA 或 2YA 都断电，观察液压缸的锁紧情况。

7）实训完成，关闭电源，拆卸液压和电气控制回路，使各元件复位。

8）PLC 的顺序功能图程序如图 5-2-6b 所示。

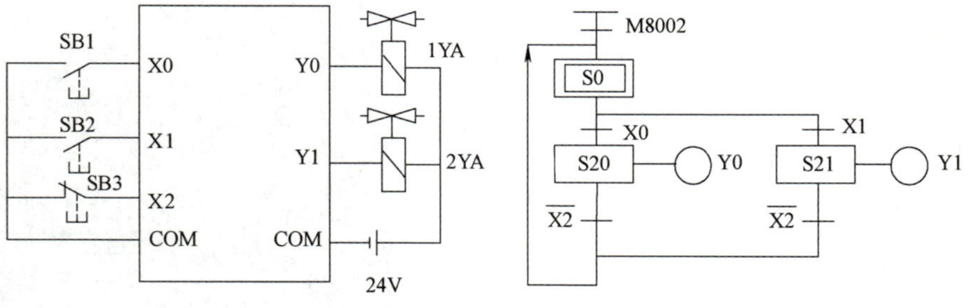

a) I/O接线图　　b) 顺序功能图

图 5-2-6　PLC 程序

四、注意事项

1）有个别实际元件在仿真软件元件库中找不到，可替换处理。

2）在实训回路连接好，确保油路连接无误，教师检查后再通电，起动油泵电动机。

3）实训油路连接应确保接头连接到位，可靠。

4）电磁阀的两个电磁铁必须接在同一组中，电磁阀的两个电磁铁不能同时通电。

5）实训过程中，发现回路中任何一处有问题，此时应立即关闭液压泵，只有当回路释放压力后才能重新进行实验。

6）实训完成后，要清理好元件；注意做好元件的保养和实训台的整洁。

7）活塞杆运动行程上不准有阻碍物。

五、实训评价

评价反馈表见表 5-2-1。

表 5-2-1　评价反馈表

实训名称			学生姓名	学号	班级	日期
项目内容	配分	评分标准				得分
闸门启闭液压回路	10分	1. 正确仿真液压和电气回路　5分 2. 正确组装液压回路　5分				
闸门启闭液压回路的电气及PLC控制	20分	1. 正确进行电气控制回路连接调试　10分 2. 正确用PLC进行连接控制回路和编程　10分				
液压起重机液压回路	20分	1. 正确仿真液压和电气控制回路　10分 2. 正确组装液压回路　10分				
液压起重机液压回路的电气及PLC控制	20分	1. 正确进行电气控制回路连接调试　10分 2. 正确用PLC进行连接控制回路和编程　10分				
文明生产、小组合作	30分	1. 严格遵守安全规程、文明生产、规范操作　20分 2. 小组协作、共同完成　10分				
总评						

六、实训思考

1）图 5-2-2 所示的液压回路中，活塞伸出和缩回的时间是否相同？为什么？

2）图 5-2-2 所示回路中，要想获得相同的效果，三位四通电磁换向阀还可采用什么样的中位机能？

3）图 5-2-5 所示回路中，若将三位四通电磁换向阀的中位换成 O 形，效果会更好吗？为什么？

实训三　液压压力控制回路组装与调试

一、实训目的

1）验证并掌握顺序阀的工作原理和特点，认识压力平衡回路。

2）能应用 FESTO FluidSIM-H 3.6 液压仿真软件制作压力控制回路并进行仿真。

3）认识压力继电器的使用方法。

二、实训器材

1）工具：扳手、螺钉旋具等。

2）器材：液压实验台、计算机（已安装 FESTO FluidSIM-H 3.6 液压仿真软件）、导线。

三、实训内容与步骤

1. 工件夹紧装置液压回路

（1）实训内容　图 5-3-1 所示为工件夹紧装置，利用压力继电器长时间保持液压缸的压力，以保证工件在加工过程中夹紧牢固。

图 5-3-2 所示为工件夹紧装置的液压回路和电气控制回路，按下按钮 SB1 时，活塞前进并保持夹紧状态；按下 SB2 按钮时，活塞松开退回。

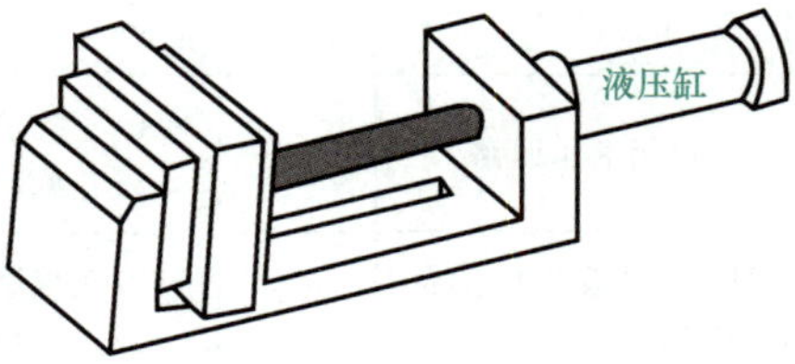

图 5-3-1　工件夹紧装置

具体要求：

1）运用 FESTO FluidSIM-H3.6 仿真软件进行仿真。

2）根据液压回路及电气控制回路要求，进行管线连接并实验。

3）根据图 5-3-3a 所示的 PLC 的 I/O 接线图，编写 PLC 梯形图程序。

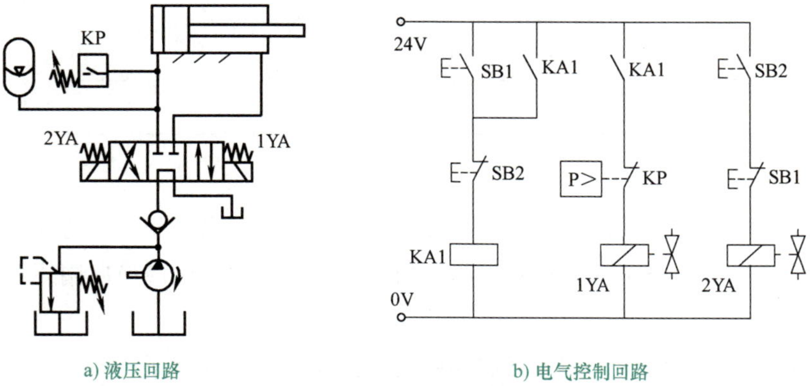

图 5-3-2　工件夹紧装置的液压回路和电气控制回路

（2）实训步骤

1）打开 FESTO FluidSIM-H 3.6 仿真软件，对图 5-3-2 液压回路及电气控制回路进行仿真。

2）按照工件夹紧装置液压回路，在实验台上找出所需的液压元件和辅件，检查是否完好。

3）将性能完好的液压元件安装在液压实训台的适当位置上，通过管路按回路进行连接，并检查回路连接是否正确可靠。

4）按照电气控制回路进行接线。

5）液压回路连接完成并经检查无误后方可打开电源。

6）按下按钮 SB1，观察液压缸的夹紧情况；然后按下按钮 SB2，观察液压缸的活塞退回情况。

7）实训完成，关闭电源，拆卸液压回路和电气控制回路，使各元件复位。

8）PLC 的梯形图程序如图 5-3-3b 所示。

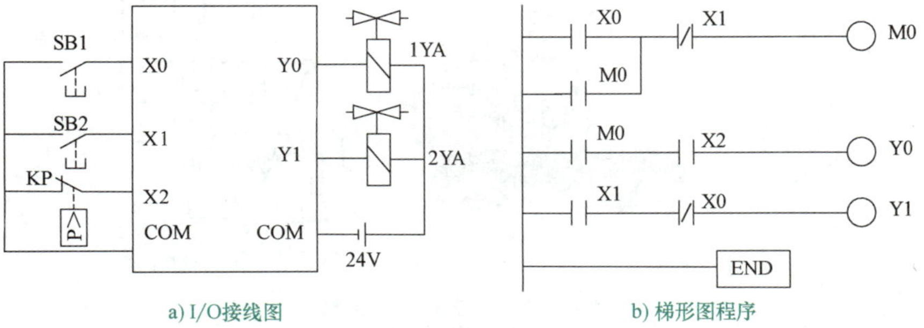

图 5-3-3　PLC 的 I/O 接线图及梯形图程序

2. 车载液压起重机液压回路

（1）实训内容　图 5-3-4a 所示为车载液压起重机。重物的吊起和放下是通过一个双作用液压缸的活塞杆伸出和缩回来实现的。为保证能平稳地吊起和放下重物，应对液压缸活塞的运动进行节流调速。为了使其起吊重物时能在任意位置停止，并让泵卸荷，实现节能，考虑到这种设备对速度稳定性没有严格要求，所以采用性价比好的节流阀，不用价格较贵的调速阀。

在液压缸活塞伸出放下重物时，重物对液压缸来说是负值负载。为了防止活塞不受节流控制而快速冲出，利用顺序阀产生的平衡力来支撑这个负载。

图 5-3-4b 所示为液压控制回路，操作三位四通换向阀的手柄使其右位接通时，起吊重物；手柄使其左位接通时，放下重物。

具体要求：

1）运用 FESTO FluidSIM-H3. 6 仿真软件进行仿真。

2）根据液压回路要求，进行管线连接并实验。

（2）实训步骤

1）打开 FESTO FluidSIM-H 3. 6 仿真软件，调用合适的元件进行液压回路仿真。

2）按照液压回路，在实训台上找出所需的液压元件和辅件，检查是否完好。

3）将性能完好的液压元件安装在液压实训台的适当位置上，通过管路按回路要求进行连接，并检查回路连接是否正确可靠。

4）液压回路连接完成并经检查无误后方可打开电源及液压源。

5）调节节流阀，观察其对液压缸速度的影响，并分析影响其速度的原因。

6）调节溢流阀，观察其对液压缸速度的影响，并分析影响其速度的原因。

7）调节顺序阀，观察其对液压缸速度的影响，并分析影响其速度的原因。

8）实训完成，关闭电源，拆卸液压和电气控制回路，使各元件复位。

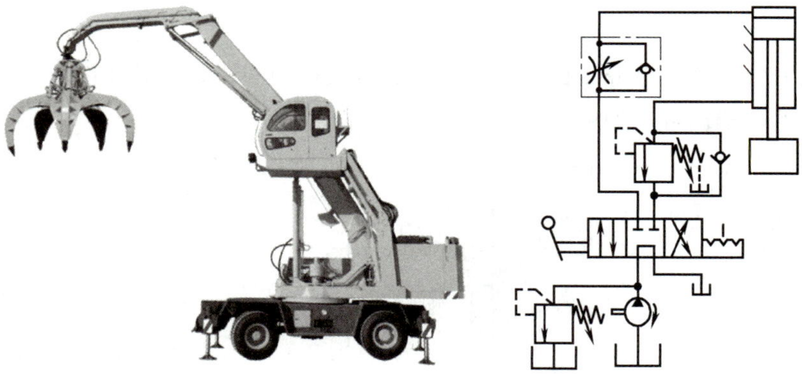

a) 起重机　　　b) 液压回路

图 5-3-4　车载液压起重机

四、注意事项

注意事项同本实训项目的实训二。

五、实训评价

评价反馈表见表 5-3-1。

表 5-3-1　评价反馈表

实训名称	学生姓名	学号	班级	日期

项目内容	配分	评分标准		得分
工件夹紧装置液压回路	10 分	1. 正确仿真液压回路和电气控制回路 2. 正确组装液压回路	5 分 5 分	
工件夹紧装置液压回路的电气控制	20 分	1. 正确绘制电气控制回路，并分析原理 2. 正确进行电气控制回路连接调试	10 分 10 分	
车载液压起重机液压回路	20 分	1. 正确仿真液压回路 2. 正确组装液压回路	10 分 10 分	
车载液压起重机液压回路的 PLC 控制	20 分	1. 正确进行 PLC 控制电路连接 2. 正确用 PLC 进行编程和调试	10 分 10 分	
文明生产、小组合作	30 分	1. 严格遵守安全规程、文明生产、规范操作 2. 小组协作、共同完成	20 分 10 分	
总评				

六、实训思考

1）图 5-3-4 所示的液压回路中，为什么用节流阀不用调速阀？

2）图 5-3-4 所示的液压回路中，溢流阀和顺序阀的作用有何不同？

实训四　液压调速控制回路组装与调试

一、实训目的

1）验证并掌握调速阀的工作原理和特点，认识液压调速回路。

2）能应用 FESTO FluidSIM-H 3.6 液压仿真软件制作调速控制回路并进行仿真。

3）掌握进油节流调速回路的调速性能、特点及不同之处。

二、实训器材

1）工具：扳手、螺钉旋具等。

2）器材：液压实训台、计算机（已安装 FESTO FluidSIM-H 3.6 液压仿真软件）、导线。

三、实训内容与步骤

1. 实训内容

图 5-4-1 所示为液压钻床。当工件在夹紧装置上被夹紧后，钻头的升降由双作用液压缸控制，按下起动按钮 SB1 后，液压缸活塞杆伸出，钻头快速下降，到达指定位置后（由行程开关 SQ2 控制），减速缓慢下降，对工件进行钻孔加工。加工完毕后，通过按下另一个按钮 SB2 控制液压缸缩回，为了保证钻孔质量，要求钻头下降的速度稳定且可以根据要求进行调节。

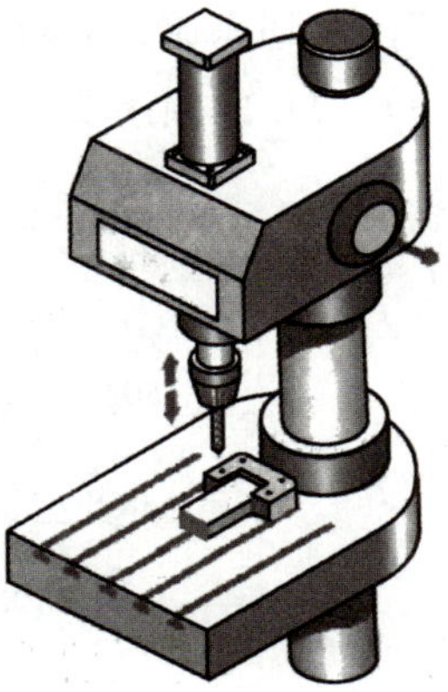

图 5-4-1　液压钻床

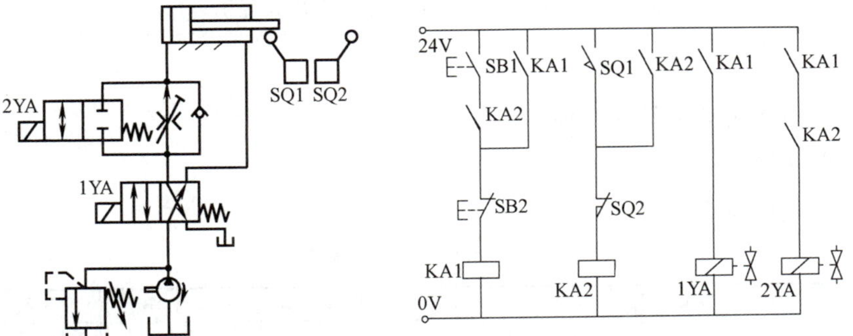

a) 液压回路　　b) 电气控制回路

图 5-4-2　钻头升降控制回路

图 5-4-2 所示为钻头升降控制回路，按下按钮 SB1 时，活塞快进，当行程开关 SQ2 压下时，活塞工进；按下 SB2 按钮时，活塞退回。

具体要求：

1）运用 FESTO FluidSIM-H3.6 仿真软件进行仿真。

2）根据液压回路及电气控制回路要求，进行管线连接并实验。

3）根据图 5-4-3a 所示的 PLC 的 I/O 接线图，编写 PLC 顺序功能图程序。

2. 实训步骤

1）打开 FESTO FluidSIM-H 3.6 仿真软件，对图 5-4-2 所示液压回路及电气控制回路进行仿真。

2）按照钻头升降液压回路，在实训台上找出所需的液压元件和辅件，检查是否完好。

3）将性能完好的液压元件安装在液压实训台的适当位置上，通过管路按回路要求进行连接，并检查回路连接是否正确可靠。

4）按照电气控制回路进行接线。

5）液压回路连接完成并经检查无误后方可打开电源。

6）按下按钮 SB1，观察活塞的运行情况；当活塞压下行程开关 SQ2 时，观察活塞的运行情况；按下按钮 SB2，观察液压缸的活塞退回情况。

7）实训完成，关闭电源，拆卸液压回路和电气控制回路，使各元件复位。

8）PLC 的顺序功能图程序如图 5-4-3b 所示。

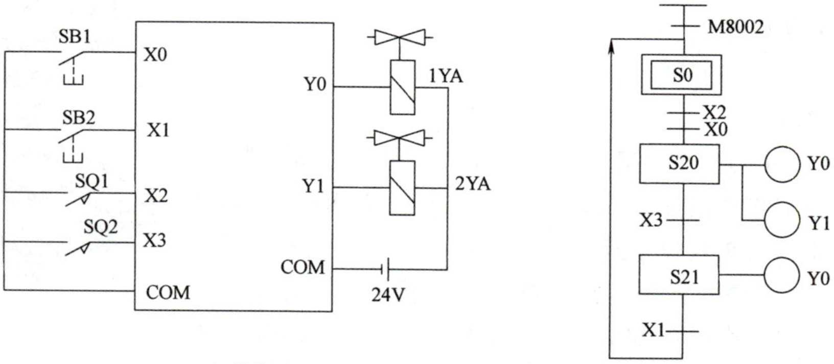

a) I/O接线图　　b) 顺序功能图程序

图 5-4-3　PLC 的 I/O 接线图及顺序功能图程序

四、注意事项

注意事项同本实训项目的实训二。

五、实训评价

评价反馈表见表 5-4-1。

表 5-4-1　评价反馈表

<table>
<tr><td colspan="3">实训名称</td><td>学生姓名</td><td>学号</td><td>班级</td><td>日期</td></tr>
<tr><td colspan="3"></td><td></td><td></td><td></td><td></td></tr>
<tr><td>项目内容</td><td>配分</td><td colspan="4">评分标准</td><td>得分</td></tr>
<tr><td>液压钻床液压回路</td><td>20 分</td><td colspan="4">1. 正确仿真液压回路和电气控制回路　10 分
2. 正确组装液压回路　10 分</td><td></td></tr>
<tr><td>液压钻床液压回路的电气控制</td><td>30 分</td><td colspan="4">1. 正确绘制电气控制回路，并分析原理　15 分
2. 正确进行电气控制回路连接调试　15 分</td><td></td></tr>
<tr><td>液压钻床液压回路的 PLC 控制</td><td>20 分</td><td colspan="4">1. 正确进行 PLC 控制电路连接　10 分
2. 正确用 PLC 进行编程和调试　10 分</td><td></td></tr>
<tr><td>文明生产、小组合作</td><td>30 分</td><td colspan="4">1. 严格遵守安全规程、文明生产、规范操作　20 分
2. 小组协作、共同完成　10 分</td><td></td></tr>
<tr><td>总评</td><td colspan="5"></td><td></td></tr>
</table>

六、实训思考

哪种调速回路的性能较好？如果要求液压缸速度不受负载的影响，应该选用哪种调速元件？

实训五　液压顺序动作回路组装与调试

一、实训目的

1）验证并掌握顺序动作回路的工作原理和特点。

2）能应用 FESTO FluidSIM-H 3.6 液压仿真软件制作顺序控制回路并进行仿真。

3）会使用接近开关和光电开关。

二、实训器材

1）工具：扳手、螺钉旋具等。

2）器材：液压实训台、计算机（已安装 FESTO FluidSIM-H 3.6 液压仿真软件）、导线。

三、实训内容与步骤

1. 实训内容

图 5-5-1 所示为包裹提升装置。主要由两个液压缸、光电开关及接近开关等组成，其中光电开关为托举平台上的包裹检测开关，4 个接近开关均为活塞杆的到位检测开关。当包裹被输送到托举平台上后，包裹提升装置在液压缸 1 的作用下将此包裹举起，然后再通过液压缸 2 将包裹推送到另一个传送带上，完成后，两液压缸的活塞杆同时缩回，从而完成一个包裹的提升及推送的过程。为了防止活塞运动速度过快使包裹破损，应对活塞杆的伸出速度进行调节。

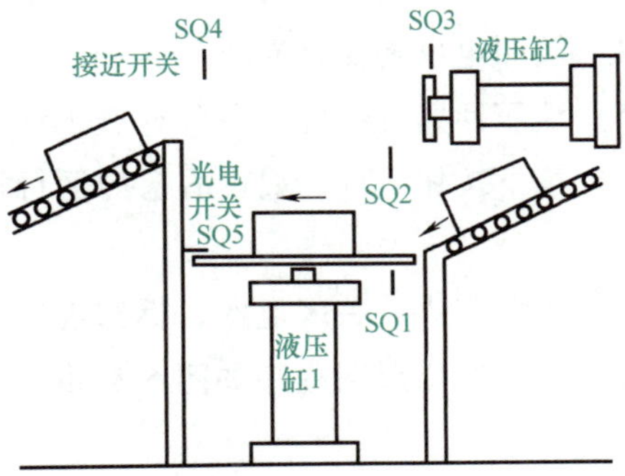

图 5-5-1　包裹提升装置

图 5-5-2 所示为包裹提升装置控制回路，按下按钮 SB1 时，缸 1 活塞杆伸出，当接近开关 SQ2 闭合时，缸 2 活塞杆伸出；当接近开关 SQ4 闭合时，两缸的活塞杆一起缩回。之后，当光电开关每检测到元件时，都执行上述循环。

具体要求：

1）运用 FESTO FluidSIM-H3.6 仿真软件进行仿真。

2）根据液压回路及电气控制回路要求，进行管线连接并实验。

3）根据图 5-5-3a 所示的 PLC 的 I/O 接线图，编写 PLC 梯形图程序。

2. 实训步骤

1）打开 FESTO FluidSIM-H 3.6 仿真软件，对图 5-5-2 所示液压及电气控制回路进行仿真。

2）按照包裹提升装置液压回路，在实训台上找出所需的液压元件和辅件，检查是否完好。

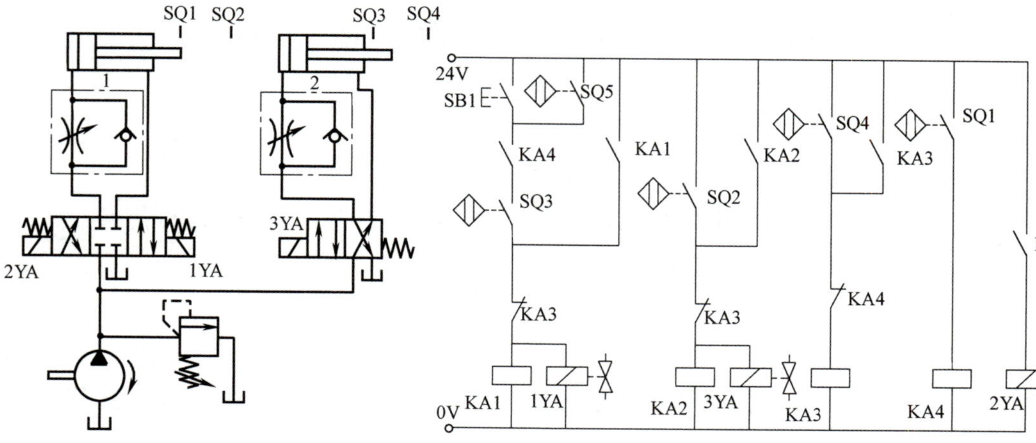

a) 液压回路　　　b) 电气控制回路

图 5-5-2　包裹提升装置控制回路

3）将性能完好的液压元件安装在液压实训台的适当位置上，通过管路按回路要求进行连接，并检查回路连接是否正确可靠。

4）按照电气控制回路进行接线。

5）液压回路连接完成并经检查无误后方可打开电源。

6）按下按钮 SB1，观察活塞的运行情况；当光电开关 SQ5 闭合时，观察活塞的运行情况。

7）实训完成，关闭电源，拆卸液压回路和电气控制回路，使各元件复位。

8）PLC 的梯形图程序如图 5-5-3b 所示。

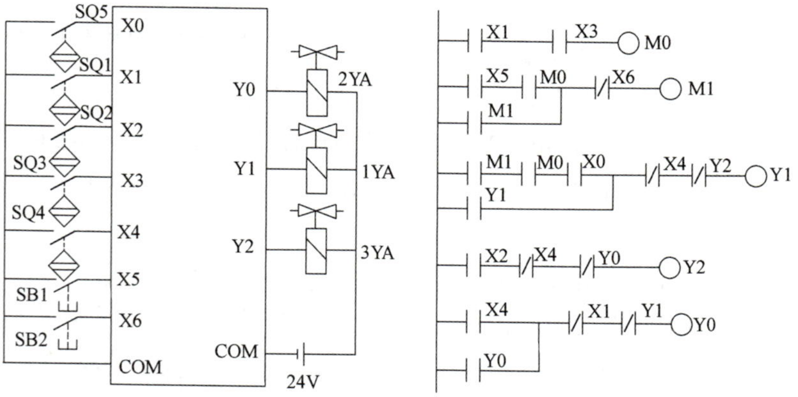

a) I/O接线图　　　b) 梯形图程序

图 5-5-3　PLC 的 I/O 接线图及梯形图程序

四、注意事项

注意事项同本实训项目的实训二。

五、实训评价

评价反馈表见表 5-5-1。

表 5-5-1　评价反馈表

实训名称	学生姓名	学号	班级	日期

项目内容	配分	评分标准	得分
包裹提升装置液压回路	20 分	1. 正确仿真液压回路和电气控制回路　10 分 2. 正确组装液压回路　10 分	
包裹提升装置液压回路的电气控制	30 分	1. 正确绘制电气控制回路,并分析原理　15 分 2. 正确进行电气控制回路连接调试　15 分	
包裹提升装置液压回路的 PLC 控制	20 分	1. 正确进行 PLC 控制电路连接　10 分 2. 正确用 PLC 进行编程和调试　10 分	
文明生产、小组合作	30 分	1. 严格遵守安全规程、文明生产、规范操作　20 分 2. 小组协作、共同完成　10 分	
总评			

六、实训思考

图 5-5-4 所示为自动装配机，液压缸 A、B 分别将两个工件压入基础工件的孔中。液压缸 A 将第一个工件压入，当压力达到或超过 20MPa 时液压缸 B 才将另一个工件压入；液压缸 B 先返回，然后液压缸 A 返回。请绘制液压回路，要求采用顺序阀控制液压缸的工作顺序。

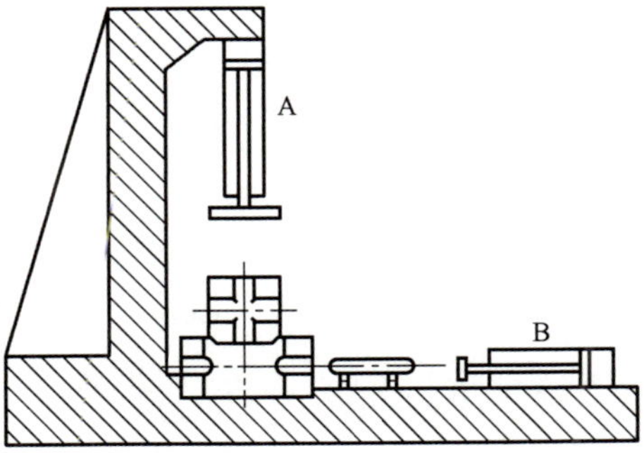

图 5-5-4　自动装配机